# 여행 말고 한달살기

김은덕×백종민 지음

나의
첫 한달살기
가이드북

어떤
책

20인치 캐리어에 들어갈 짐만 꾸리면 어느 도시에서든 불편하지 않게 살 수 있었어요.

너무 많이 가지려고 욕심 내지 않고도 웃는 날이 더 많았고요.

그게 우리가 이 책을 쓴 이유라고 할 수 있겠지?

많은 사람들이 살아 보는 여행을 떠날 수 있으면 좋겠습니다.

언제까지 이렇게 여행 할 거야?

가능하면, 평생!!

이 책을 읽기 전에

1. 우리가 생각하는 '한달살기'는!

여행과 한달살기는 대체 무엇이 다를까? 이른 새벽부터 밤 늦도록 많은 관광지를 둘러보는 여행자가 있을 테고, 같은 일주일을 머물더라도 천천히 동네에서 현지인들과 호흡하는 여행자가 있을 것이다. 한달살기는 결국 여행자의 태도의 문제다. 관광지에 욕심을 두지 않고 동네에 오래 머물며 그곳의 일상에 스며드는 여행. 그것이 얼마나 어려운지 우리는 모두 잘 알고 있다.

2. 이 책은 2인에 맞춰져 있다.

우리는 부부이고 늘 함께 살아 보는 여행을 해 왔다. 부모와 아이, 홀로 여행자는 이 점을 감안하고 이 책을 읽어 주기를 당부드린다. 아이 동반이라는 조건, 여자 혼자라는 불안감은 사실 여행지에서 더 도드라지게 마련이다. 이 책을 참고하되, 각자의 상황에 맞게 여행지, 준비물, 숙소 등을 선택하자.

3. 숙소비는 500달러, 생활비는 1,000달러가 기준

특별히 물가가 비싼 도시가 아니라면 우리는 한 달 숙소비를 500달러(이 책에서 '달러'는 특별한 표기가 없는 한 '미국 달러'를 뜻함) 내외에 맞추고 생활비는 1,000달러 이하로 썼다. 넉넉하다고 볼 수는 없겠다. 누군가에게는 평생 한 번 있을까 말까 한 특별한 여행이므로, 이렇게까지 빡빡하게 비용을 제한할 필요는 없을 것이다. 다만 돈 때문에 한달살기를 주저하는 분들이 있다면 우리의 노하우를 기꺼이 배워 가셨으면 좋겠다. 여러분들의 삶에서 살아 보는 여행은 그리 멀리 있지 않음을 기억해 주길.

4. 숙소는 에어비앤비

우리는 에어비앤비 초창기부터 이 회사와 함께해 왔다. 후원을 받고 있냐는 질문을 받을 정도인데 전혀 그렇지 않다. 그저 오래 이용하다 보니 어떻게 활용하면 좋은지 노하우가 생겼다. 에어비앤비는 이웃을 만들고 현지인과 교류하는 데 알맞은 플랫폼이라고 생각한다.

# 1장 살아 보는 여행을 권합니다

## 쫓기듯 바쁜 여행이 아닌
## 진짜 여행을 원한다면

대학생이 되고부터 적어도 1년에 한 번씩은 여행을 다녔다. 짧게는 일주일, 길게는 한 달을 낯선 도시의 골목을 걸었다. 그 여행들은 대체로 내게 주어진 여유 시간을 모두 이어 붙여서 마련한 것들이었다. 일과 학업, 빡빡한 일상에서 겨우 얻어 낸 귀한 시간을 모두 여행에 쏟아부었던 것이다.

나(은덕)뿐 아니라 틈만 나면 짐을 싸는 이들을 주변에서 심심찮게 볼 수 있다. 추석, 설 명절은 기본이고 공휴일에 연차를 붙여 1년에 꼭 한두 번은 해외로 나가는 직장인들이 있고, 몇 달 아르바이트로 돈을 모아 여행을 떠나고 돌아와서는 다시 아르바이트를 시작하는 사람들도 곧잘 볼 수 있다.

특별한 날을 축하하기 위해서, 혹은 함께 모일 이유가 필요해서 여행을 떠나기도 한다. 동창 모임, 친척 모임, 계 모임을 통해 패키지로 여행을 다녀오고, 정기적으로 가족 여행을 떠나거나 기념일에 맞춰 효도 여행을 가기도 한다.

여행만큼 우리 한 사람 한 사람에게 만족감과 행복감을 가져다주는 것도 드물기에, 떠나고 또 떠나는 것이지만 때로 우리는 여행에서조차 집약적으로 무언가를 보고 즐기고 먹어야 한다는 압박감에 시달린다. 극강의 가성비를 뽑아내려 '노오력'하다가 결국 하나라도 더 많이 보고 더 자주 먹어야 하는 일상의 경쟁에 휩쓸리기 일쑤다.

그런 여행에 피로를 느끼게 되면서 나는 좀 다른 여행을 갈망하게 되었다. 일정에 쫓기는 여행 말고, 유명 관광지에 집착하는 여행 말고, 맛집에 연연하는 여행 말고, 그곳의 진짜 모습을 바라보는 여행을 하고 싶었다. 다행히 종민과 나는 우리가 원하는 여행을 스스로 발견할 수 있었다. 어떻게 하면 더 여유로워지고, 자신에게 만족할 수 있고, 더 자주 행복을 느끼며 여행할 수 있는지를. 그러니까 '한달살기' 여행법을 말이다.

한달살기와 같은 '살아 보는 여행법'은 이미 워라밸을 존중하는 유럽 등지에서는 오래된 여행 스타일이다. 하지만 우리나라에서는 최근에 와서야 실현되고 있는 여행법이라고 할 수 있다. 장기 휴가 문화가 정착돼 있지 않은 우리나라에서 특히 한달살기는 직업이든, 시간이든, 경제적 요건이든 우리 삶에서 중요한 여러 가치들과 맞바꿔야만 실행할 수 있다. 그럼에도 불구하고 기꺼이 저지르고 싶은 여행법이기도 하다.

살아 보는 여행은 좀 독특한 지형에 놓여 있다. 배낭여행처럼 여행은 여행인데 챙겨 갈 준비물부터 보고 느끼는 것까지 다르다. 어학연수나 워킹홀리데이처럼 자기계발에의 목적이 있는 것도 아니고, 이민처럼 살러 가는 것도 아니다. 짐만 싸면 어디든 다녀올 수 있는 여행 전성시대에 차차 다른 욕망이 끼어들며 좀 더 깊이 있는 여행, 낯선 도시의 거주자로 생활하는 경험을 꿈꾸게 된 것이다.

우리 부부가 한 달에 한 도시에서 살아 보는 여행을 처음 시작한 건 2013년 4월 말레이시아 쿠알라룸푸르부터였다. 이후 지금까지 마흔일곱 번, 전 세계에 걸쳐 한 달씩 살아 보고 있다. 이런 우리를 보고 사람들은 자신들도 한달살기를 해 보고 싶다고 말한다. 하지만 처음 '한 달에 한 도시'씩 세계여행을 한다고 했을 때만 해도 세상에 그런 여행이 어디 있느냐며, 전세금까지 빼 들고 나간 여행인데 가능하면 더 많은 곳을 둘러봐야 하는 게 아니냐는 사람들이 대부분이었다. 한곳에 오래 머물기가 아까운 데다 여행지에서의 작은 시행착오조차 용납할 수 없다는 여행자들이 많았다. 때문에 가이드북에서 권하는 일정을 따라, 그중 하나도 빼먹지 않겠다는 듯 바쁘게 이동했다. 누군가의 블로그에서 봤던 풍경을 나도 봐야 남들에게 뒤처지지 않는 여행이라고 생각했다. 1년에 일주일 휴가를 떠나던 과거의 여행은 그랬다.

이제는 시간이 많은 사람이 부러운 시대다. 한달살기는 시간 부자, 즉 현대에서 가장 비싼 가치를 가진 여행자만이 할 수 있는 여행법이라는 점에서, 긴 시간을 잘 이용하는 사람의 여행법이라는 점에서, 어쩌면 그 나라 그 도시를 즐길 수 있는 최고의 선택이라 할 수 있다.

# 한달살기란?
## 살아 보는 여행이란?

한달살기를 떠났어도 여전히 시간에 쫓기는 여행을 하는 이들이 있다. 숨 쉴 짬 없는 계획과 빈틈없는 준비로 점철된 여행은 기간만 길어진 이전의 여행과 같다. 너무 반대 지점에 머물러서도 안 된다. 현실에서 도피하는 마음으로, 아무 생각 없이 쉬고 싶다는 마음으로 한달살기를 떠난다면 일주일도 안 돼 무료해질 것이다.

어떻게 지내야 괜찮은 한달살기가 될까? 우리는 한달살기를 떠나려는 여행자에게 거창한 계획보다는 자신의 취향을 따라 여행을 해 보라고 권한다. 축구가 좋다면 마드리드나 맨체스터 같은 축구클럽의 도시에서, 와인이 좋다면 보르도나 토스카나 지역에서 한 달을 머무는 것이다. 트레킹을 좋아하는 사람은 아름다운 풍경을 찾아 여행할 수도 있을 것이고, 달리기나 서핑을 좋아한다면 마라톤 대회나 서핑 스팟을 찾아갈 수 있다. 자신의 취향을 잘 모른다면 한 달이라는 시간을 통해 좋아하는 무언가를 비로소 찾아볼 수도 있다.

한달살기는 현지인들의 삶 속으로 들어가는 여행이다. 가능한 맛집보다는 숙소 주변 동네식당에서 밥을 먹고, 그 나라 식재료와 레시피로 음식을 만들어 보면 좋다. 숙소도 되도록이면 관광지와 거리가 있는, 현지인들이 사는 곳에 잡는 것이 한달살기를 즐기는 방법이다. 명동 한복판에는 여행자 숙소가 있을 뿐, 우리가 사는 곳은 명동이 아닌 것처럼.

# 특히, 이런 분들에게
## 한달살기를 권합니다

### 1. 휴직자 및 이직 준비자

돈과 시간에 비교적 자유로운 휴직자 및 이직 준비자에게 한달살기는 충분히 매력적인 여행법이다. 기존의 해외여행과는 좀 다른 여행을 갈망하는 이들은 다수의 여행 경험이 있는 직장인들이다. 이들은 10대, 20대에 배낭여행을 다녀왔고 워킹홀리데이, 어학연수 등 외국에서 지낸 경험이 있고, 직장인이 된 후에는 휴가를 이용해 해외여행을 해 왔다. 다만 비행기, 호텔 등이 가장 비싼 성수기 시즌이었다는 게 문제였달까. 현시점에서 상대적으로 긴 시간을 뺄 수 있는 휴직자들이야말로 한달살기의 기회를 얻은 사람이다. 휴직자들에게는 시간이 있고, 적당한 자금이 있으며, 무엇보다 쉬고 싶다는 강렬한 욕망이 있기 때문이다. 더욱이 한달살기를 경험하면서 자연스럽게 디지털 노마드의 삶으로 이동하는 케이스도 증가하고 있다. 한달살러(한달살기를 떠나는 여행자를 지칭하는 단어로 '한달살er', 즉 '한달살러'를 떠올려 보았다)의 삶에 안착한 이들은 자신이 가진 직업적 능력을 이용해 장소에 구애받지 않고 일하고 있다(우리도 이 책의 초고를 인도네시아 발리에서 마무리했다).

## 2. 50대 이상 은퇴자 부부

100세 시대에 한 번쯤 브레이크를 걸어도 별일 없다는 걸 알 만한 나이, 남은 인생을 배우자와 함께 풍요롭게 보내고 싶다는 욕구를 가진 이들이 바로 50대 이후의 은퇴자 부부다. 벌어 놓은 돈과 연금이 있는 은퇴자라면 실현 가능성이 더욱 높을 것이다.

경제적인 측면을 보더라도 외국에서 여유 있는 한달살기를 하는 비용이나 은퇴 후 국내에서 생활하는 비용은 크게 다르지 않다. 우리는 여름에는 시원한 나라에서, 겨울에는 따뜻한 지역에서 두세 달을 보내곤 한다. 현지 물가가 저렴한 태국, 베트남, 대만 등에서 한 달을 보낼 때 추가되는 비용은 항공료와 숙박비 정도고, 실제 생활비는 한국보다도 적게 든다. 이들 나라는 저가 항공편이 잘 마련되어 있어서 KTX로 서울-부산을 왕복하는 비용으로 다녀올 수 있고, 숙소는 수영장과 체육관이 딸린 콘도를 월 500달러(2인 기준) 안에서 구할 수 있다. 한달살러가 가져야 할 여유로운 마음까지 장착했다면 떠나지 못할 이유가 없다.

한달살기는 체력적인 부분에서도 이점이 많다. 비행기를 타고 이동하는 것만으로도 체력적인 부담이 많이 되는데, 유럽이나 미주로 떠났다면 시차 적응까지 해야 한다. 패키지여행은 버스를 타고 아침부터 밤까지 움직여야 하는데 나이 들수록 이것조차 버거워진다. 하지만 한달살기라면 주어진 한 달이란 시간을 잘 배분해 체력뿐만 아니라 날씨, 시차, 음식 등에서 오는 몸의 부담을 줄일 수 있다.

### 3. 가족(부모와 아이)

아이와 함께하는 시간을 충만하게 보내고 싶거나 육아로 지친 자기 자신에게 휴식을 주고 싶을 때 한달살기를 권하고 싶다.

아이에게 다양한 자극을 주는 방향으로 일정을 짜 보면 자연스레 현지 언어와 문화에 관심을 가질 가능성이 높다. 사소하게 영어로 음식을 주문하고, 놀이터에서 또래의 외국 친구들과 노는 기회를 만들어 주는 일이 어쩌면 학교나 캠프에 보내는 것보다 효과적일 것이다. 이것이 몇 년 사이 한달살기를 떠나거나 준비하는 부모가 급격히 늘어난 이유가 아닐까? 한국에서 할 수 있는 액티비티라도 부모와 함께하면 아이는 더 큰 행복을 느낀다. 장난감, 학습 자료, 유튜브가 없는 상태에서 아이가 무엇에 흥미를 느끼는지 관찰할 수 있는 시간을 가져 볼 수 있다. 어쩌면 아이와 함께하는 이 시간의 밀도만큼은 앞으로 두 번 다시 찾아오지 않을지도 모른다.

부모들도 한달살기를 아이뿐 아니라 수고한 자신에게 주는 선물이라고 생각한다면 어떨까? 한달살기를 할 도시만큼은 자신이 진정 가 보고 싶었던 곳으로 정하는 것도 좋은 방법이겠다. 부모가 기쁠 때, 비로소 아이의 행복도 찾아오니까 말이다.

# 한달살기가
## 좋은 이유

마흔일곱 번의 한달살기를 하며, 우리는 더 많은 사람들이 살아 보는 여행을 하면 좋겠다고 생각했다. 우리가 이 여행을 추천하는 이유는 크게 다섯 가지다.

- 오버투어리즘의 대안이 될 수 있다.
- 나에게 맞는 라이프스타일을 발견할 수 있다.
- 세상은 넓고, 우린 서로 다를 뿐임을 이해할 수 있다.
- 일상의 체력으로 충분하다.
- 생각보다 비용이 많이 들지 않는다.

**첫째, 오버투어리즘의 대안이 될 수 있다.**

사그라다 파밀리아 성당은 바르셀로나 여행자들이 꼭 한 번은 찾아가는 관광지다. '130년째 건축 중', '천재 건축가 가우디의 역작'이라는 수식어로 유명한 성당이기에, 관광객을 불러 모으기 위해서라도 완공을 미뤄야 할 것 같다는 생각이 들 정도다. 몰려든 관광객으로 시정부의 재정은 풍요로워졌지만 정작 바르셀로나 시민들은 홍역을 앓고 있다. 도시 곳곳에서 반 관광객 시위가 벌어지고, 벽에는 심심찮게 '투어리스트 고 홈'이라는 문구가 보인다. 바르셀로나뿐만 아니다. 이탈리아 베네치아 등 관광업이 주요 산업인 다른 도시들도 비슷한 분위기다.

관광업을 '굴뚝 없는 산업'이라고 부르지만 관광지에 사는 사람 모두가 관광객을 달가워하는 건 아니다. 관광객들이 유발하는 소음과 쓰레기는 현지인의 삶을 헝클어 놓는다. 이런 사정 속에서 한달살기는 오버투어리즘의 대안이 될 수 있다.

한달살기는 현지인들 틈 사이로 자연스럽게 흘러 들어가면서 그들의 문화를 존중하고 천천히 호흡하는 여행법이다. 실제로 한달살기 도시로 각광받는 치앙마이의 어느 콘도는 일주일 이하의 룸 렌트에 벌금을 매긴다. 단기 관광객이 드나들면서 입주민 피해가 발생하니 일주일 이상 머물 여행자만 받겠다는 콘도 자체 규정이다. 현지인과 여행자가 함께 일상을 공유하는 장기 체류 여행은 생각하는 것 이상으로 더 좋은 여행법이 될 수 있다.

## 둘째, 나에게 맞는 라이프스타일을 발견할 수 있다.

한달살기는 새로운 라이프스타일을 발견하는 여정이다. 낯선 지역으로 떠나 현지인의 삶으로 들어가는 일은 나를 발견하고 내 주변의 세상을 객관적으로 볼 수 있는 기회가 된다. 여행이란 내가 외로움을 느끼는 사람인지, 예기치 못한 사건사고들을 겪었을 때 어떻게 대처하는지, 익숙하지 않은 환경에서 어떻게 반응하는지, 이전에는 몰랐던 나를 무수히 발견하게 만든다.

나(은덕)는 내가 얼마나 자야 알람이 없어도 개운하게 깰 수 있는지, 내 몸이 필요로 하는 수면 시간이 도대체 얼마나 되는지를 한달살기 여행을 하고서야 알 수 있었다. 그전에는 일상에 치여서 내 수면 패턴조차 살필 수 없었던 것이다.

낯선 곳에서 보내는 한 달이라는 공백은 난생처음인 듯 나를 천천히 살

피고 되돌아볼 선물과도 같은 시간이다. 내가 원하는 모습과 내가 실현할 수 있는 모습의 간극을 객관적으로 살필 수 있다.

**셋째, 세상은 넓고, 우린 서로 다를 뿐임을 이해할 수 있다.**

여행을 '걸어 다니는 독서'라고 표현한 문구를 보고 무릎을 탁 쳤던 기억이 난다. 여행지에 가서, 그것도 한 달씩이나 머물면서, 책 한 권 읽지 않고 오는 나 자신이 실망스럽던 차였다. 낯선 풍경이 오감을 깨우쳐 주느라 바쁜데 책이 시야에 들어올 리 만무하다. 한달살기는 잠시 그 도시의 사람이 되어 살아 보는 것이기 때문에 우리는 챙겨야 할 것들이 많다. 옆집에 누가 사는지, 슈퍼마켓은 어딘지, 세탁기 사용법까지 말이다. 책을 읽을 여유가 없는 것이다. 또한 한달살러는 쓰레기 분리배출 방법까지 익혀야 한다. 한달살기의 애로사항 중 높은 순위를 차지하는 부분이 이 분리배출이다. 내가 알고 있는 방법이 이 도시에서는 통하지 않는다는 사실이, 새로운 룰을 배워야 한다는 사실이 매번 놀랍다.

예를 들면 삿포로는 거의 매일 분리배출을 해야 한다. 월요일은 종이류, 화요일은 플라스틱, 수요일은 타지 않는 용품, 뭐 이런 식이다. 한꺼번에 모든 품목을 분리배출할 수 있는 우리 동네와 비교해 보면 영 까다롭다. 그것도 이른 아침, 시간도 꼭 정해져 있다. 뭐랄까, 우리나라는 쓰레기를 배출하는 시민들의 편의가 최우선이지만 삿포로는 쓰레기를 수거하는 노동자를 위해 시스템이 돌고 있다는 인상을 받았다. 또 특이하게, 내놓은 재활용품들 위에 그물망을 쳐야 하는 번거로움이 있었다. 이건 얼마 지나지 않아 이유를 알게 되었지만 곤혹스러운 수업료를 치러야 했다.

현관문 밖에 쓰레기를 놓아두었다가 잠깐 외출을 하고 돌아온 날이었다. 우리가 내놓았던 쓰레기봉투는 반쯤 터져 있었고 복도는 온통 쓰레기 투성이였다. 무언가 잘못되었음을 직감했다. 삿포로에는 유달리 까마귀가 많다. 까마귀 백 마리가 전깃줄 위에 앉아 있는 걸 보노라면 흡사 앨프리드 히치콕의 영화 〈새〉의 한 장면처럼 누구 하나 죽는 게 아닐까 싶은 공포가 밀려온다. 그제야 까마귀의 몹쓸 버릇 중 하나가 쓰레기봉투 파헤치기라는 사실을 알았다. 현관 앞이 쓰레기로 엉망이 된 이유와 분리배출 공간에 그물망을 쳐 놓아야 하는 이유는 바로 까마귀였다. 한국에서는 한번도 생각해 본 적 없는 상황이다.

한달살기는 이런 작은 것 하나하나를 발견하고 마주하는 재미를 가져다준다. 책을 읽고 영화를 보고도 그 도시를 알 수 있지만, 한달살기는 내 몸으로 직접 느끼는 일에 대한 감각과 현지인들의 삶을 이해하는 즐거움을 전해 준다. 세상은 넓고, 우리의 삶에는 저마다의 방식이 있고, 거기에는 나름의 이유가 있기 마련이다. 틀린 게 아니고 다르다는 걸 몸으로 익힐 수 있다.

**넷째, 일상의 체력으로 충분하다.**

보통의 직장인이었던 우리가 세계여행을 감히 떠날 수 있었던 건 그 여행방식이 한달살기였기 때문이다. 처음 한달살기를 떠날 때만 해도 우리는 야근한 번에 며칠씩 나가 떨어지는 약골이었다. 규칙적인 운동은 남의 일이었고 기껏해야 새해 반짝 다짐이 전부였다. 자기관리에 남다른 관심을 쏟지 않고서는 대부분의 직장인은 감히 운동할 엄두를 내지 못하니까.

어느 해 겨울, 태국에서 짧은 휴가를 보내고 돌아왔다. 서울은 여전히 혹한의 추위 속에 있었다. 귀국 후 얼마지 않아 온몸에 빨갛게 두드러기가 났다. 증상을 살펴보니 한랭 질환의 일종이었다. 짧은 사이 여름 기후와 겨울 기후를 오가다 보니 몸이 보내온 휴식의 신호였다. 여행 중 혹은 귀국후에 몸이 축나는 건 갑자기 바뀐 환경에 면역력이 떨어지는 탓이 크다. 인간의 몸은 지독히도 기온에 예민해서 반드시 적응 기간이 필요하다. 한 달이라는 시간은 우리가 그 도시의 기후와 음식, 잠자리에 천천히 적응할 시간을 준다. 한달살기라면 아무리 체력이 비루해도, 다리 근력이 부족해도 시간을 천천히 쓰면서 무리 없이 여행을 즐길 수 있다. 한 달이란 시간이 일상의 체력으로도 충분히 다른 환경에 적응시켜 주기 때문이다.

**마지막으로, 한달살기는 생각보다 비용이 많이 들지 않는다.**

여행 비용에서 높은 비중을 차지하는 항공료, 숙박비, 생활비를 살펴보자.

**1. 생활비**

한달살기는 여행에 초점을 맞추는 게 아니라 생활, 즉 살아 보기에 방점이 찍힌다. 그렇기 때문에 '여행 경비'라는 표현보다는 '생활비'가 더 적당해 보인다. 한국에 거주하고 있는 자신의 생활비를 한달살기 도시에 적용해 보면 어느 정도 예산이 나올 것이다.

　우리도, 한국과 비슷한 수준에서 한달살기 생활비를 책정한다. 이는 꽤 납득할 만한데 서울의 물가가 세계 어느 도시와 비교해도 높은 축에 들기 때문이다. 즉, 한국에서 생활하는 비용이면 외국에서도 부족하지 않게 지낼 수 있다는 뜻이다. 이렇게 따져 보면 한달살기에 생활비 외에 추가로 들어가는 비용은 항공료와 숙소비 정도가 된다.

## 2. 항공료

시간이 많은 한달살기 여행자에게는 상대적으로 선택할 수 있는 옵션이 다양하다. 다음은 우리가 이용했던 항공권 정보다. 성수기에 움직여도 얼마든지 저렴한 비용으로 왕복 항공권을 구할 수 있다. 물론 조기예매는 필수다.

**인천 ↔ 바르셀로나 왕복**
6월 출발
루프트한자 항공
1회 경유
75만 원

**인천 ↔ 삿포로 왕복**
7월 출발
제주 항공
직항
20만 원

**인천 ↔ 이스탄불 왕복**
7월 출발
아시아나 항공
직항
75만 원

**인천 ↔ 호찌민 왕복**
12월 출발
티웨이 항공
직항
17만 원

## 3. 숙박비

어느 도시에 갈지, 집 전체 또는 방만 렌트할지에 따라 여러 옵션이 주어진다. 숙소에 대한 취향이 확고하다면 옵션 중 우선순위를 둘 수 있지만 그렇지 못하다면 수많은 선택지 속에서 허우적거리다 지쳐서 결국 여행을 포기하는 경우도 종종 발생한다. 우리는 이런 상황을 막고자 약간의 제약을 둔다. 어느 도시를 가든지 한 달 숙박비가 500달러 정도여야 한다는 것이다. 이렇게 마지노선을 정하고 나면 숙소 선택의 폭이 좁아지고 그 안에서 최선의 선택을 하게 된다. 숙박비로 한 달에 500달러는 큰 지출이 아니기 때문에 이는 두 사람이 계속해서 여행을 해 나갈 수 있는 동력이 되어 주기도 한다.

# 한달살기 후에 찾아온
## 변화

남의 집 방 한 칸을 빌려 한달살기 여행을 하면서, 우리는 집뿐 아니라 물건과 공간을 나눠 쓰는 일에 점차 익숙해졌다. 여행지에서도 필요한 물건을 구할 수 있으므로 여행 짐은 20인치 기내용 캐리어 하나씩으로 제한하고 그만큼만 채워 간다. 살아가는 데 많은 것이 필요치 않음을 몸과 마음으로 각성했다고 해도 좋을 것이다.

한달살기 여행을 위해서는 한국에서부터 가져가야 할 물건 목록이 꽤 길 것이라 예상하겠지만, 실제로는 여권과 지갑, 항공권만 있으면 얼마든지 한 달을 여행할 수 있다. 앞서 말했듯이 우리 일상생활에 필요한 물건은 세상 어디에서나 구할 수 있다. 모양과 기능이 조금 부족할 수 있지만 한 달은 그 정도 불편함은 충분히 감수할 만한 시간이다.

처음부터 이런 미니멀리즘 여행이 우리 안에 있던 건 아니다. 2014년 파리에서의 한달살기가 생각의 변화를 가져다줬다. 파리 숙소에는 적응하는 데 시간이 좀 필요했다. 집 전체를 빌렸지만 고작 세 평짜리였다. 그 좁은 공간에 알뜰살뜰 샤워부스와 부엌, 이층침대와 옷장까지 들어차 있다. 침대 위아래 칸에 각자 몸을 뉘어 봤지만 천장과 침대가 너무 가까워서 일주일은 잠을 설쳤다. 자고 있는 동안 천장이 몸을 덮쳐 압사하고 말 것 같은 답답함에 시달렸다. 하지만 이내 그 좁은 집에서도 적응해 가는 우리를 보면서 앞으로도 필요한 것들만 최소한으로 두고 살아가자는 결심이

섰다. 공간이 좁으면 그만큼만 두고 살 수 있고 그 안에서도 적응하기 마련이라는 걸 경험했기 때문이다. 넓은 집에 살아도 빈 공간을 그냥 두지 못하고 그만큼 큰 가구를 들이고, 그렇게 늘어나는 짐에 더 넓은 집을 찾아 이사하는 게 우리의 삶이지 않은가. 하지만 이렇게 작은 집에 살면 많이 소유하지 않아도 될 것이고, 필요 없는 것들을 사지 않을 터였다.

한 달에 한 도시씩 2년을 여행하고 한국에 돌아와서 우리가 두고 떠난, 방 한가득 쌓여 있는 짐을 마주했을 때에는 깊은 한숨이 나왔다. 이후 추리고 또 추려 1톤 트럭에 이삿짐이 다 들어가는 간소한 삶을 살고 있다. 우리에게 꼭 필요한 것들만 욕심내며 소중한 것들에 집중하는 삶. 한달살기 여행 이후 자연스럽게 삶의 방식이 이쪽으로 넘어간 것이다. 이것이 파리에서의 세 평 숙소와 한달살기 여행이 우리에게 준 선물이다.

# 한달살기,
# 이렇게 준비해요

**떠나고 싶은 도시를 추려 본다.**
- 평소 내가 동경하던 도시는 어디인가? 파리? 런던? 발리?
- 시간 여유가 있다면 해 보고 싶었던 일은 무엇인가? 운동? 글쓰기?

**날씨를 살펴보고 최종 도시를 결정한다.**
- 여름 출발이라면 타이베이, 홍콩, 로마 등은 피하자.
- 겨울 출발이라면 유럽은 피하자.

**에어비앤비에서 숙소를 찾는다.**
- 한달살기 비용의 8할은 항공권과 숙소! 28박 이상이라야 장기 할인 요금이 적용된다.
- 제시된 금액보다 300달러 할인된 가격으로 호스트와 협상한다.

**항공권을 구매한다.**
- 출입국일을 월 단위로 검색. 특정 날짜 지정보다 저렴한 항공권을 발견할 수 있다.
- 출입국일은 주말이 아닌 평일로 설정

**떠나기 전 필요한 작업들**
- 체크카드 2개 이상 개설
- 여행자 보험은 필수! 휴대품 보상과 해외질병 보장 항목 체크
- 호스트와 같이 생활하는 숙소라면, 기념품 준비

**여행가방 싸기**
- 날씨 앱으로 현지 작년 기온 검색. 기온, 강수량 참고해 우비, 우산, 점퍼 등 빼거나 넣기
- 1인용 밥솥, 전기 모기향, 전기요 등 여행지에서 구하기 어려운 물품들 위주로 챙기기

# 우리 두 사람이 안내자입니다

# 한달살기를 즐기는 방법 10

### 1. 하루에 한 가지 스케줄만!

한 달은 생각보다 긴 시간이다. 단기 여행을 하던 속도 그대로 스케줄을 짠다면 그저 바쁜 한 달이 될 가능성이 높으니 하루에 한 가지 일정만 잡자. 그리고 그 일정 안에 오래도록 머무는 방식을 택할 것. '빨리빨리'에 익숙하다면 시간 낭비처럼 느껴지겠지만 그때의 공기, 냄새, 그리고 햇살을 담은 느릿한 감각이 그 도시를 기억하는 새로운 방법이 되어 줄 것이다. 우리의 여행 속도가 궁금하다면→172쪽

## 2. 휴대폰과 멀어지기

가만 보면 우리의 느긋함을 빼앗은 건 시도 때도 없이 울리는 카톡 메시지, SNS나 메일 알림 등 스마트폰과 관련한 것일 때가 많다. 한달살기 중 일을 해야 하는 경우가 아니라면 스마트폰은 지도 정도로만 사용할 것을 권한다. 스마트폰과 멀어진 만큼 다른 여행의 감각들로 기억되는 한 달이 될 것이다.

### 3. 하루에 한 번, 현지 음식 맛보기

음식은 현지인과 그 나라 문화, 기후, 지형을 이해하는 데 폭넓은 지식을 제공해 준다. 그런 이유로 하루에 한 끼는 그 나라, 그 도시 사람들이 즐겨먹는 현지 음식을 먹어 보자. 또 동네사람들이 이용하는 마켓에서 장 봐 온 식재료로 현지 음식을 직접 만들어 보자. 현지 음식을 즐기는 법이 궁금하다면→206쪽

## 4. 이웃에게 먼저 인사하기

한달살기 숙소는 관광지가 아니라 현지인들이 사는 지역이 될  확률이 높다. 생김새가 다른 나로 인해 이웃들은 경계의 눈빛을 보낼지도 모른다. 그럴 때는 기분 나빠하지 말고 숙소 주변에서 마주치는 이웃들에게 먼저 환한 웃음으로 인사를 건네 보자. 작은 미소는 이웃과의 관계 형성에 큰 도움이 된다. 이웃을 대하는 마음가짐은 →278쪽

## 5. 대중교통 이용하기

길을 잃어버릴지도 모른다는 두려움 때문에 대중교통을 이용하지 않았다면 잠시 불안함은 접어 두자. 우리는 짧은 시간 동안 많은 것을 봐야 하는 관광객이 아니다. 길을 잃어버리면 왔던 길을 되돌아가 집으로 돌아와도 되고 현지인들에게 도움을 요청할 수도 있다. 그것도 어렵다면 택시를 잡아 타면 되니 두려워 말자. 대중교통 이용하는 방법은→239쪽

## 6. 단골식당 만들기

나만의 단골식당 만들기는 어려운 일일 수도 있다. 적어도 3일에 한 번은 똑같은 식당을 찾아야 가게 주인 혹은 직원들과 안면을 틀 수 있다. 여러 식당에 들러 다양한 음식을 맛보고픈 충동을 억제해야 하지만 일단 단골이 되고 나면 여행자가 아니라 이곳 주민을 대하는 듯한 그들의 살가운 태도에 흠뻑 빠져든다. 깊은 관계를 만들 수 있는 것이 한달살기의 매력이다. 단골식당 만드는 방법은→290쪽

## 7. 지역 도서관 찾아가기

평소 책을 읽지 않는 사람이더라도 도서관에 가면 다른 즐거움을 찾을 수 있다. 현지인들이 어떤 식으로 시간을 보내는지 흥미롭게 지켜볼 수 있고, 책을 읽는 노인부터 교과목을 공부하는 학생까지 다양한 연령층의 현지인을 만날 수 있다. 또한 지역에서 벌어지는 축제, 행사 등 정보도 구할 수 있다. 도서관은 한달살기의 중요한 자료 창구가 되어 준다. 도서관의 공기가 궁금하다면→188쪽

## 8. 공원에서 낮잠 자기

한겨울에 한달살기를 하는 게 아니라면 숙소 근처 공원이 어디에 있는지 꼭 체크하자. 공원에서 매일 같은 시간에 산책하기, 한낮에 일광욕하기, 공원 주변 카페에 앉아 풍경 감상하기는 내가 머물고 있는 곳을 즐기기에 더없이 좋은 방법이다. 현지인처럼 살아 보는 한달살기 여행에 이보다 잘 어울리는 일과도 없다. 공원 라이프가 궁금하다면→186쪽

## 9. 대학교 방문하기

튀르키예, 이란 등 일부 국가를 제외하면 대부분 대학교는 외부인 출입이 가능하다. 학생 식당에서 밥을 먹고 학생들의 일과를 지켜보는 것만으로도 그 도시의 깊숙한 부분까지 들여다본 기분이 든다. 대학에서 외국인을 위한 어학연수 과정을 찾을 수도 있다. 언어는 음식과 함께 현지 문화를 이해하는 중요한 수단임을 잊지 말자. 현지 대학에서 외국어 배우기는 →269쪽

## 10. 매일 여행 기록하기

기억은 왜곡되기 마련이다. 하지만 기록으로 남겨 놓는다면 그 순간의 공기까지 오래 붙들 수 있다. 하루 일과를 기록하는 방법에는 영수증을 모아 가계부 작성하기, 사진이나 그림으로 순간 남기기, 그리고 고전적이나 가장 분명한 방법인 일기 쓰기까지 다양한 형태가 있다. 자신에게 잘 맞는 방법을 찾는 게 중요하다. 어떻게 기록할지 정했다면 잘되지 않더라고 한달살기 내내 꾸준히 기록해 나가기를 권한다.

해변에 가도 여행자들은 사진 찍기 바쁘다. 하얀 파도가 밀려와도,
지중해의 태양이 빛나고 있어도 옷을 벗고 즐기는 이는 현지인뿐이다.
한달살러라면 당신에게도 햇볕을 즐길 수 있는 시간이 주어진다.
하루 날 잡고 해변으로 가서 지금과는 다른 방식으로 바다를 즐겨 보자.

동네를 거닐다가 게임에 열중하고 있는 현지인들을 만났다.

그 옆에 서서 한참을 구경했다. 그들이 내게 말을 걸어 줘도 알아들을 수 없었다.

서로 웃기만 하다 그들이 먼저 카메라를 가리켰다.

그러고는 손가락으로 브이를 그렸다.

특별한 일정이 없어도 괜찮다. 볕 좋은 공원에 앉아
사람들을 구경하는 것만으로 그 하루는 충분하니까.
그 한가로운 시간만이 아이를 대신해 물을 받아 주는,
이런 따뜻한 장면을 마주할 수 있게 해 준다.

동물을 대하는 태도가 그 도시 사람들의 삶을 대변한다.
자리 하나를 길고양이에게 내주어도 괜찮은 사람들이라면
먼 땅에서 온 이방인에게도 손을 내밀어 주리라는 믿음이 생긴다.

월정기권을 들고 트램에 올라탄다. 목적지는 없다. 출근 시간 사람들 틈에 끼어도 보고,
한가로이 기점에서 종점까지 작은 여행도 떠나 본다. 만원버스라는 지긋지긋한
일상의 풍경이라도 여행 중이라면 달리 보이니까.

# 2장 어디에서 살아 볼까?

김은덕, 백종민이
살아 본 도시들

**북아메리카**

뉴욕

**유럽**

에든버러
런던
베를린
파리
취리히
바카르
빌바오
피렌체
바르셀로나
이스탄불
이즈미르
마요르카
닷차
세비아

**북대서양**

**아프리카**

**남아메리카**

사우바도르
타리하
아순시온
멘도사
부에노스아이레스
몬테비데오
발디비아

**남대서양**

푼타아레나스

|    | 방문 일시 | 국가 | 도시 |
|----|----------|------|------|
| 01 | 2013년 4월 | 말레이시아 | 쿠알라룸푸르 |
| 02 | 2013년 5월 | 튀르키예 | 이스탄불 |
| 03 | 2013년 6월 | 이탈리아 | 피렌체 |
| 04 | 2013년 7월 | 크로아티아 | 바카르 |
| 05 | 2013년 8월 | 스코틀랜드 | 에든버러 |
| 06 | 2013년 9월 | 잉글랜드 | 런던 |
| 07 | 2013년 10월 | 스페인 | 세비야 |
| 08 | 2013년 11월 | 미국 | 뉴욕 |
| 09 | 2013년 12월 | 칠레 | 발디비아 |
| 10 | 2014년 1월 | 칠레 | 푼타아레나스 |
| 11 | 2014년 2월 | 아르헨티나 | 부에노스아이레스 |
| 12 | 2014년 3월 | 아르헨티나 | 멘도사 |
| 13 | 2014년 4월 | 우루과이 | 몬테비데오 |
| 14 | 2014년 5월 | 파라과이 | 아순시온 |
| 15 | 2014년 6월 | 볼리비아 | 타리하 |
| 16 | 2014년 7월 | 브라질 | 사우바도르 |
| 17 | 2014년 8월 | 독일 | 베를린 |
| 18 | 2014년 9월 | 튀르키예 | 이스탄불 |
| 19 | 2014년 10월 | 프랑스 | 파리 |
| 20 | 2014년 11월 | 이란 | 테헤란 |
| 21 | 2014년 12월 | 네팔 | 포카라 |
| 22 | 2015년 1월 | 인도 | 고아 |

| | 방문 일시 | 국가 | 도시 |
|---|---|---|---|
| 23 | 2015년 2월 | 미얀마 | 만달레이 |
| 24 | 2015년 3월 | 태국 | 방콕 |
| 25 | 2015년 4월 | 인도네시아 | 롬복 |
| 26 | 2015년 5월 | 대만 | 타이베이 |
| 27 | 2015년 11월 | 태국 | 푸껫 |
| 28 | 2015년 12월 | 태국 | 치앙마이 |
| 29 | 2016년 1월 | 태국 | 방콕 |
| 30 | 2016년 2월 | 대만 | 타이난 |
| 31 | 2016년 7월 | 일본 | 삿포로 |
| 32 | 2016년 8월 | 일본 | 삿포로 |
| 33 | 2017년 6월 | 스페인 | 바르셀로나 |
| 34 | 2017년 7월 | 스페인 | 빌바오 |
| 35 | 2017년 8월 | 스페인 | 마요르카 |
| 36 | 2017년 12월 | 베트남 | 달랏 |
| 37 | 2018년 1월 | 대만 | 가오슝 |
| 38 | 2018년 7월 | 튀르키예 | 이스탄불 |
| 39 | 2018년 8월 | 튀르키예 | 닷차 |
| 40 | 2019년 7월 | 말레이시아 | 쿠알라룸푸르 |
| 41 | 2019년 8월 | 인도네시아 | 빌리 |
| 42 | 2020년 2월 | 베트남 | 하노이 |
| 43 | 2021년 10월 | 스위스 | 취리히 |
| 44 | 2022년 3월 | 튀르키예 | 이즈미르 |
| 45 | 2022년 4월 | 조지아 | 트빌리시 |
| 46 | 2022년 9월 | 태국 | 방콕 |
| 47 | 2023년 12월 | 대만 | 타이중 |

# 평소 동경하던 도시에서
## 살아 본다

사람들은 누구나 마음속에 품은 도시가 있다. 그런데 그 도시가 정말로 한 달을 보낼 만큼의 가치가 있는지 판단이 안 설 뿐이다. 여러분이 이 책을 읽는 이유도, 강연장에서 만난 분들이 우리에게 조언을 구하는 이유도 마찬가지일 것이다.

여행지를 골라 달라는 요청을 받을 때면 우리는 질문이 많아진다. 취미, 현재 관심사, 취향, 심지어 겨울이 좋은지, 여름이 좋은지 세세하게 물어본 후에야 그들의 입밖으로 마음속에 품은 도시의 이름이 튀어나온다.

10대 시절, 영화를 좋아했던 나(은덕)는 그 시절 영화 소녀 소년이 그러하듯 프랑스 파리를 동경했다. 자본에 침식당한 할리우드 영화는 품위가 없다고, 오로지 고상하고 어려운 프랑스 영화만이 최고라고 생각하던 철없던 시기다. 제2외국어로 프랑스어를 선택하고 기회가 된다면 파리로 영화 공부, 그도 아니면 여행이라도 다녀오길 꿈꿨다. 머지않아 영화는 내 길이 아니다 싶더니 프랑스도 점점 관심 밖이 되었지만 그 당시 파리는 일주일이고 한 달이고 알고 싶고, 가고 싶은 로망의 도시였다.

자아실현이라는 거창한 꿈보다 음식이 눈에 들어오는 건 나이 들면서 나타나는 자연스러운 현상인가 보다. 어느 날인가 아르헨티나는 인구 한 명당 소가 세 마리이고 팜파스에서 자유롭게 자라서인지 그 맛도 좋다는 별 신빙성 없는 정보가 귀에 꽂혔다. 아르헨티나 소고기를 먹겠다는 작은 바람이 세계여행의 불씨를 지펴 놓았다. 주변 사람들에게 같이 아르헨티나에 가지 않겠냐고 떠보고 다녔는데 딱 한 사람 고개를 끄덕인 이가 지금 함께 살고 있는 종민이다.

자, 지금까지 재미도 없는 내 이야기를 꺼낸 이유는 누구나 가슴속에 품은 도시나 나라 한두 개쯤은 있다는 사실을 떠올려 보자는 의미에서다. 당신에게 아무 조건 없이 한 달이라는 시간과 천만 원의 돈이 주어졌고 가고 싶은 도시를 선택하라는 달콤한 제안이 들어왔다고 치자. (아, 생각만 해도 가슴 설레는 속삭임이다.) 지금 이 순간 그런 제안이 내게 들어온다면 한여름의 캐나다 몬트리올로 떠나겠다. 한 달 내내 야외에서 펼쳐지는 재즈 페스티벌에서 음악에 취해 선선하고 푸르른 여름을 온몸으로 느끼고 싶다. 그도 아니면 지구상에 마지막 남은 자연 그대로의 땅이라는 러시아 캄차카반도에 가고 싶다. 그곳에서 온천, 트레킹을 하며 자연과 물아일체가 되는 한 달을 가져 보겠다.

사실 그 도시에 뭐가 있는지, 날씨는 어떤지, 무얼 먹을 수 있는지 구체적으로 알고 사랑에 빠지는 경우는 거의 없다. 몬트리올과 캄차카에 관해 내가 아는 정보도 피상적이고 단편적이다. 누군가의 말 한마디에, 영화의 한 장면 때문에 호기심이 생긴 경우가 태반일 것이다. 내가 몬트리올에서 한달살기를 해 보고 싶어진 것도 어느 가수가 한 달 동안 재즈 페스티벌에서 지낸 여행담을 라디오에 나와 이야기하는 걸 듣고 나서다.

어쩌면 한 개의 도시, 혹은 여러 개의 도시가 나열될지도 모른다. 그러니까 누구나 다 가는 한달살기의 유행 도시 말고 내가 이제껏 마음에 품어 온 도시를 선택하는 일이 한달살기를 준비하는 우리의 첫 시작이 되어야 할 것이다. 그래서 나는 한달살기 도시를 추천해 달라는 말에 강력하고 확신에 찬 어조로 "어디를 가면 좋습니다"라는 말을 쉬이 꺼낼 수 없다. 대신 평소에 흠모하거나 좋아하는 도시를 말해 달라고 되묻곤 한다. 그 도시가 우연히도 내가 가 봤던 곳이라면 한달살기에 있어 그 도시의 장점을 알려 주는 것으로 당신의 선택이 틀리지 않았음을 확인시켜 준다. 만약 가 보지 못한 곳이라면 당신이 왜 가고 싶어 했는지 그 열정을 다시금 떠올리게 하는 것으로 내 할 일을 마치는 편이다.

나머지 요건들은 부차적인 선택의 결과들일 뿐이다. 날씨, 물가, 숙소, 항공편 등을 고려해 지금이 아닌 다음 순간으로 미뤄 둘지 여부는 도시를 선택한 후에 결정해도 늦지 않다.

한달살기를 어느 도시로 떠날지 다른 사람이 아닌 나의 강렬한 내적 동기로 정해야 하는 이유는 또 있다. 여행 후일담을 늘어놓다 보면 "거기까지 가서 그걸 안 먹어 봤다고? 거긴 가 본 거지?"라는 이야기를 숱하게 듣는다. 우리의 경험치는 한정적이고 내가 한 여행이 모름지기 최고가 되어야 하니까 다른 사람이 안 해 봤다고 하면 마치 태산이라도 무너진 듯이 군다. 거기에 귀가 얇은 우리는 여지없이 흔들린다. 내적 동기가 강해야만 이런 유혹에 덜 흔들릴 것이다.

---

**한국인이 가장 많이 가는 한달살기 여행지**

| | |
|---|---|
| 1. 태국 방콕 | 6. 캐나다 밴쿠버 |
| 2. 필리핀 마닐라 | 7. 미국 로스앤젤레스 |
| 3. 베트남 호찌민 | 8. 캄보디아 프놈펜 |
| 4. 필리핀 클락 | 9. 태국 치앙마이 |
| 5. 베트남 하노이 | 10. 말레이시아 쿠알라룸푸르 |

---

*출처: 인터파크투어
인터파크투어를 통해 2016~2018년 판매된 항공권 중 인앤아웃이 동일한 도시에서, 한달(29~31일) 간격으로 이루어진 수요를 분석한 결과.

---

# 날씨 좋은 도시로
# 떠난다

한국과 거리가 먼 지역일수록 계절이나 기온만으로 체감온도를 예측하기가 어렵다. 그 예로 우리의 신혼여행지였던 5월의 런던이 떠오른다. 날씨 좋은 한국의 5월만 생각하고 갔는데 런던은 아직 겨울이 끝나지 않은 듯 한국의 2월 말이나 3월 초의 으슬으슬함을 동반한 비가 내리고 있었다. 옥스퍼드 서커스Oxford Circus에서 급히 두꺼운 옷과 우산을 사야 했다.

여행의 만족도를 좌우하는 요소 중 하나가 바로 날씨다. 아무리 좋은 여행지에 간다 해도 머무는 내내 비나 눈이 오거나 태풍이나 강추위가 찾아온다면 여행에 만족하기가 어렵다. 최근에 큰 지진이 난 곳이라면 피해 복구로 여행이 어려울 수도 있고 여진이 있을 가능성도 있다. 때문에 현지 기후나 계절의 특성 등 기상 정보를 반드시 체크해야 한다. 또 지진, 태풍, 우기 등 다양한 관점에서 기상 정보에 접근해야 한다.

항공권을 구매하기 전 기상 정보를 수집한다. 동남아시아를 목적지로 정했다면 우기와 가장 더운 시기를 피해야 할 것이고, 유럽이 목적지라면 습하고 자주 비가 내리는 겨울철이라도 감수할지 고민해야 한다. 항공권을 구매한 다음에 이런 문제에 직면하면 선택에 후회만 남는다. 다시 한 번 강조하자면, 즉흥적으로 한달살기를 떠나는 경우가 아니라면 목적지 다음으로 중요하게 생각해야 하는 사항은 현지 날씨다. 항공권이 목적지 다음으로 중요한 사항이라고 생각하는 이들도 있지만 항공권은 성수기가 아닌 이상(때론 성수기라 하더라도) 출입국일만 조금 조정해도 저렴한 표를 구할 수 있다. 돈을 절약하는 것도 중요하지만 경비만 생각하면 얻는 것보다 잃는 것이 더 많을 수 있다.

목적지와 시기를 정한 후, 전년도 같은 기간의 날씨 정보를 파악해 내가 여행할 시기의 날씨를 예측해 보자.

### ① 구글에서 날씨 알아보기

**검색창에 목적지+'권장 방문 시기' 입력**

'권장 방문 시기'에는 날씨가 좋다는 뜻도 포함되어 있으니 복잡하게 기상 정보를 찾고 싶지 않다면 구글 검색만으로도 충분하다. 단, 날씨가 좋은 성수기에는 항공권과 숙박료가 비싸고 여행지마다 사람이 많다는 사실을 감내해야 한다.

### ② 웨더닷컴으로 작년, 재작년 기온 알아보기

좀 더 자세한 정보를 원한다면 어큐웨더accuweather.com나 웨더닷컴weather.com을 통해서 '월별 날씨 정보'를 수집할 수 있다. 개인적으로는 월별 날씨를 선택하면 기온과 날씨 정보를 한눈에 볼 수 있는 웨더닷컴이 더 유용했다. 이 사이트들을 통해 확인해야 할 것은 여행 가고자 하는 시기와 동일 기간의 이전 년도 기온이다. 목적지를 입력하고 화면 상단의 메뉴에서 '월별'을 선택하면 여행하고자 하는 시기의 작년, 재작년 날씨 정보를 확인할 수 있다.

### ③ 지진 정보 확인하기

글로벌인시던트맵닷컴www.globalincidentmap.com의〈Quakes〉메뉴quakes.globalincidentmap.com는 전 세계의 지진 정보를 실시간으로 제공한다. 영문 사이트지만 지진 정보를 도식화해 제공하므로 이용에 어려움이 없다. 또 실시간 지진 정보뿐만 아니라 테러, 산불 정보 등 여행에 참고해야 할 다양한 악재 정보를 얻을 수 있다.

날씨 정보는 특히 짐 싸기에 도움이 된다. 예를 들어, 날씨가 쌀쌀하다면 두꺼운 옷을 준비해야 하고, 강우 확률이 높지 않다면 우산이나 우비는 짐 가방에서 뺀다. 좀 더 합리적인 판단을 할 수 있는 것이다.

　보통은 여행을 준비하면서 이미 다녀온 사람들의 경험담을 찾아보게 된다. 하지만 날씨의 경우는 개인별로 체감하는 정도가 크게 다르다. 더위를 잘 견디는 사람은 한겨울의 태국이 선선하다고 말할 테지만 어떤 사람에게는 그저 덥거나 더 덥거나 그도 아니면 매우 더운 정도일 뿐이다. 이 때문에 객관적인 자료로 스스로 날씨를 예측하는 것이 중요하다.

이 시기엔 쌀쌀하대.
경량 패딩을 챙겨야겠어...

비 올 확률은 낮대.
우산은 빼자고.

## 계절별 가기 좋은 도시

*우리가 한달살기 해 본 도시 중 추천 리스트를 뽑아 봤습니다.

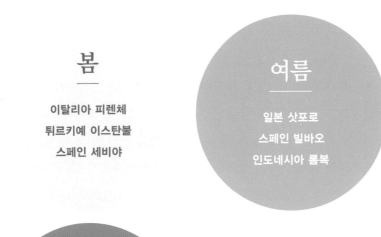

봄

이탈리아 피렌체
튀르키예 이스탄불
스페인 세비야

여름

일본 삿포로
스페인 빌바오
인도네시아 롬복

가을

미국 뉴욕
프랑스 파리
네팔 포카라

겨울

대만 타이난
태국 치앙마이
인도 고아

# 내가 좋아하는 것을
## 할 수 있는 도시로 향한다

우리는 시간을 허투루 쓰면 안 된다는 강박을 지니며 살아왔다. 학생일 때는 공부로, 직장인이 되어서는 일로, 성실하게 시간을 채워야 한다고 말이다. 여가 시간이 주어졌을 때 뭘 해야 할지 모르는 건 이 때문이다. 운동을 꾸준히 하면 몸에 근육이 생기듯이, 여가 시간이 지속적으로 주어지는 여건에서야 내가 무얼 하면 즐거운지 깨닫는 법이다. 시간도 누려 본 자들에게나 가치 있다는 말만큼이나 우리를 슬프게 하는 것도 없다.

한달살기가 새로운 여행법으로 떠오르면서 '서핑' 또한 주목받았다. '한달살기' 하면 떠오르는 대표적인 이미지가 '발리에서 서핑하기'인 것만 봐도 그렇다. 한달살기를 해 보고 싶은데 막상 한 달씩이나 무얼 하면서 보낼지 막막할 때, 서핑은 자주 그 선택지가 되어 준다. 그런데 한 달씩이나 서핑을 배우려는 이들 중 정작 서핑이 취미인 사람은 별로 없다. 또한 서핑을 하러 한달살기를 떠나는 이들도 실제로는 드문 걸 보면 서핑은 한달살기의 가장 이상적인 이미지가 담긴 환상의 산물이라는 생각이 든다. 어떻게 보면 한달살기에서 서핑을 해 보고 싶다는 말은 한 달씩이나 외국에서 무얼 하며 보내야 할지 잘 모르겠다는 대답이 아닐까 싶다.

며칠 전 만난 이는 자신의 인생에 다시없을 것 같은 시간이 주어졌다며 한 달 동안 서핑을 배우기에 적당한 곳이 어디냐고 물었다. 다음의 만화를 보자.

평소 시간날 땐 뭘 하세요?

68

어렸을 때부터 책 읽는 걸 좋아해서...

시간 여유가 생기면 책을 쌓아 두고 읽어요.

그럼, 전자책 리더기를 사서 평소 가 보고 싶었던 도시로 떠나면 어때요?

굳이 해외에 나가서까지 독서를 해야 하나 싶은 사람도 있을 것이다. 평소에 활자를 읽지 않으면 초조해지는 나(은덕) 같은 사람도 여행만 가면 온갖 낯선 것들에 정신이 팔려 생각처럼 책을 읽지 못하고 돌아오는 경우가 많다. 그렇기에 한달살기 여행을 가서 오로지 책 읽기에 전념하라는 말이 다소 무책임하게 들렸을지도 모르겠다. 하지만 책 읽으러 가는 한달살기도 녹록하지 않다.

우선 적당한 카페를 찾는 것부터 음료를 주문하고 자리에 앉는 것까지 모든 과정이 모험이다. 아, 프랜차이즈 카페라는 익숙한 공간은 물론 제외하고서다. 먼저 책 읽기 좋은 카페 찾기부터 생각해 보자. 현지인으로 북적대는 카페는 어쩐지 들어갈 자신이 없고 사람이 없는 카페는 괜히 주인이 외국어로 말 걸어올까 봐 두렵다. 적당한 카페와 적당한 내 자리를 탐색하는 일이 이토록 어려울 수도 있다는 걸 새삼 깨닫는다. 평소에 마시던 아이스 아메리카노가 한국에 최적화된 커피 종류임을 아는 데도 그리 긴 시간이 필요치 않다. 고심 끝에 고른 음료가 태어나서 처음 마셔 본 신선한 맛일 수도 있고 '퉤' 뱉을 만한 맛일 수도 있다.

책의 첫 장을 펼치기가 이토록 어렵다. 하지만 첫 장을 펼치기만 한다면 알아듣지 못하는 언어의 적당한 소음 속에 여유롭게 책을 읽고 있는 내 모습이 꽤 근사할 것이다. 단순히 책을 읽으려고 나선 길에 만나는 여러 에피소드가 우리를 여행에 이르게 한다.

탱고의 발상지인 아르헨티나에서 만난 한 여행자는 탱고를 배우러 지구 반대편까지 날아왔다고 했다. 직업은 간호사인데 이곳에 오기 위해 회사를 그만두고 한 달이라는 시간을 내 탱고 수업을 듣고 있었다. 과감히 직업과 취미를 맞바꾼 것이다.

아르헨티나와 칠레, 두 나라에 걸쳐진 파타고니아라는 지역은 바람이 많이 불고 너무 추워서 여름에만 여행이 가능하다. 거친 자연환경에서 1200만 년 동안 쌓인 빙하 위를 걷기 위해 여행객은 트레킹을 떠난다. 아이젠을 끼고 크레바스를 피해 한발 한발 내딛는 동안 저쪽에선 산처럼 쌓인 빙하가 부서져 물 아래로 떨어지는 소리가 들린다. 불꽃축제에서 불꽃을 한꺼번에 터뜨리면 이 웅장한 소리와 맞바꿀 수 있을까? 태어나 처음 들어보는 거대한 소리에 나도 모르게 자리에 주저앉고 말았다. 함께 트레킹을 떠난 머리가 희끗한 영국의 노신사는 "나는 이런 풍경을 보기 위해 70년의 세월을 기다렸는데 자네들은 운이 좋구먼"이라고 말했다.

8월의 에든버러에 가야 할 이유는 단순했다. 한 달 내내 펼쳐지는 페스티벌을 즐기기 위함인데, 막상 교통편을 마련해 놓고 나니 악조건이 속출했다. 교통, 음식 등이 비싸기로 유명한 스코틀랜드가 아닌가. 거기에 더해 페스티벌 기간 내 숙소 요금이 천정부지로 솟고 공연 비용은 또 어디 만만하던가. 주머니에 있는 돈까지 죄다 털어 가려는 도시가 8월의 에든버러였다. 우리에게 페스티벌을 즐기려는 강렬한 욕망이 없었다면 망설임 없이 다른 도시를 선택했을 것이다.

공연에 관심 없는 이에게 에든버러를 추천한다면 "그것 참 멋진 도시군요"라는 소리를 들을 리 만무하다. 그에겐 이미 정해진 도시가 있고 우리 입에서 제발 그 도시가 나오기만을 바라고 있을 테니까. 이처럼 당신이 가고 싶은 도시는 당신 마음속에 이미 정해져 있다. 혹 그렇지 않은 사람들이 있다면 우리의 경험을 빌어 몇몇 도시를 다음과 같이 추천해 본다.

## 취미별 추천 도시명

| 와인 투어 | 휴양 |
|---|---|
| 스페인 리오하<br>이탈리아 토스카나<br>조지아 트빌리시 | 태국 푸껫<br>튀르키예 닷차<br>스페인 마요르카 |
| **공연 투어** | **문화유산 투어** |
| 미국 뉴욕(클래식)<br>스코틀랜드 에든버러(공연)<br>잉글랜드 런던(뮤지컬) | 이탈리아 피렌체<br>프랑스 파리<br>독일 베를린 |
| **서핑 투어** | **식도락 투어** |
| 인도네시아 발리/롬복<br>스페인 산세바스티안/문다카<br>인도 고아 | 스페인 빌바오<br>대만 타이난<br>아르헨티나 부에노스아이레스 |

# 여행자별 추천 도시

## 1. 휴직자, 이직 준비자

( 유럽의 도시를 먼저 고려할 것
혼자 가는 여행이라면 휴양지는 비추 )

혼자고 아직 체력적으로 부담이 적은 나이의 휴직자, 이직 준비자에게는 유럽을 권한다. 문화유산, 쇼핑, 음식 등 다양한 볼거리, 즐길 거리를 제공하는 도시라면 바쁘게 지내 온 직장인의 생활패턴에서 크게 벗어나지 않는 한달살기를 할 수 있다. 이들에게 갑자기 섬에서의 휴양, 소도시에서의 느긋한 일상은 사실 좀 무료한 구석이 있기 때문이다. 또한 가족, 연인 위주로 돌아가는 휴양지의 섬 라이프를 일주일 넘게 하다 보면 외로움에 모든 감각을 잠식당하고 말 것이다.

---

**휴직자, 이직 준비자에게 추천하는 도시**

1. 스페인 바르셀로나
2. 독일 베를린
3. 프랑스 파리

---

## 2. 은퇴자

( 가깝고 물가 저렴한 도시로! )

은퇴자 부부와 한달살기는 가장 이상적인 조합이다. 이들은 우선 마음이 평온하고 느긋하며 굳이 무얼 하지 않더라도 살아 보는 여행 그 자체를 즐길 가능성이 높다. 단 금전적인 부분에서 부담이 올 수 있으니 가급적 거리

72

가 가깝고 물가가 저렴한 도시에서 한달살기를 추천한다. 우선 한국의 혹한을 피해 따뜻한 도시에서 겨울나기를 해 볼 것을 권한다.

---

**은퇴자에게 추천하는 도시**

1. 태국 치앙마이
2. 베트남 호찌민
3. 대만 가오슝

---

## 3. 부모와 아이

( 여행의 목적이 체험활동인지, 언어연수인지에 따라 도시 선택 )

아이를 학교나 학원, 캠프에 보낼지 아니면 부모가 함께 아이와 모든 시간을 공유할 것인지에 따라 한달살기 도시가 나뉠 것이다. 박물관, 미술관을 차례대로 돌며 공원에서 아이와 피크닉을 즐기는 등 체험 위주로 시간을 보낼 생각이라면 잉글랜드 런던이 적합해 보인다. 아이를 영어와 관련된 학원에 보낼 예정이고 그사이 부모도 골프, 수영 등을 즐길 예정이라면 말레이시아 쿠알라룸푸르가 한달살기 제반 시설이 잘되어 있는 편이다. 튀르키예 이스탄불은 유럽과 아시아 대륙의 문화를 한곳에서 만날 수 있는 점이 포인트다. 아이들과 함께 동로마제국부터 현재까지 역사의 흔적을 따라가다 보면 부모 역시 즐겁고 유익한 시간을 보낼 수 있다.

---

**부모와 아이에게 추천하는 도시**

1. 잉글랜드 런던
2. 말레이시아 쿠알라룸푸르
3. 튀르키예 이스탄불

---

# 여행지에서
## 책 쓰며 보낸 한 달

**은덕**

2014년 1월, 지구 반대편 칠레의 한 가정집 거실. 50년도 족히 넘은 것 같은 그곳의 두툼한 나무 테이블은 한 달 동안 우리 차지였다. 호스트는 매일 아침과 저녁을 차려 주었다. 우리는 그 밥을 먹고 아니, 빵과 커피를 들이켜고 옆집의 은퇴한 영어 선생님한테 스페인어 과외를 받았다. 한 시간쯤 수업을 듣고 돌아오면 자정까지 나무 테이블에 앉아 어두컴컴한 불빛 아래에서 원고를 쓰고 다듬고 또 쓰는 일을 반복했다. 굳이 지구 반대편 칠레 발디비아까지 가서 그럴 필요가 있었냐고? 대체로 만족스러운 생활을 영위하고 있지만 단행본 마감이 다가오는 달에는 마음이 좁혀서 아무것도 손에 잡히지 않는다. 우리 원고를 기다리는 출판사의 마음을 거스르지 못한다. 약속 안 지키는 클라이언트와 함께한 10여 년의 직장생활이 있었기 때문이다.

한달살기를 오롯이 책 쓰는 데 할애한 건 칠레 발디비아가 처음이었다. 믿기 어렵겠지만 마감이 다가오면 사람이 매일 열두 시간을 글 쓰면서 살 수 있다. 시간이 아까웠냐고? 이렇게 얘기하면 어떨까. "어쨌든 이곳 발디비아만큼 글쓰기 좋은 장소는 없었다"고.

시장에서 손질하고 버려지는 부산물을 먹고 사는 바다사자. 인터넷에서 발디비아를 검색하면 가장 많이 보이는 내용이다. 정말 스무 마리쯤 되어 보이는 비대한 바다사자들이 강 위에 떠 있는 부유물에 누워 꿈쩍하지 않았다. 우리가 여행자로서 발디비아에서 본 건 그게 다였다.

그러니까 발디비아는 관광명소라고 할 만한 게 없는 소도시였다. 관광이나 휴양도 하루 이틀이지 이토록 조용한 마을에서는 시간이 한없이 천천히 흐른다. 난생처음 누군가가 해 주는 밥을 먹으며(오해가 생기지 않도록 설명하자면 우리 숙소는 대학생들이 머무는 하숙집으로, 일정 금액을 지불하면 식사가 제공되었다) 글을 쓰는 생활이 꽤 근사했다는 건 시간이 좀 더 흘러서야 깨닫게 되었다.

발디비아에서 한 달을 보내며 깨달은 또 한 가지는 글 쓰며 여행하는 우리도 디지털 노마드라는 사실이었다. 전 세계 어디나 노트북만 있으면 갈 수 있다. 어디로든 흘러갈 수 있는 매력적인 직업이 우리한테도 생긴 것이다. 그것이 칠레 발디비아였다는 점이 지금 생각해 보면 꽤 상징적이다. 우선 지구 반대편이라는 점. 그러니까 우리는 한국과 가장 멀리 떨어진 곳에서도 일을 할 수 있다, 얏호! 둘째, 글 쓰려면 도시의 화려함, 복잡함과는 거리가 먼 조용한 곳이어야 한다. 그래, 발디비아는 바다사자와 나밖에 없는 외로운 곳이지. 셋째, 밥해 주는 사람이 있을 것. 고도의 집중력을 요하는 글쓰기에 밥해 먹고 살기의 고단함이 어디 가당키나 한가.

그 후 우리는 책의 막바지 작업을 할 때면 늘 외국에서 한달살기를 했다. 《한 달에 한 도시-유럽편》은 칠레 발디비아, 《한 달에 한 도시-남미편》은 인도네시아 롬복, 《한 달에 한 도시-아시아편》은 태국 푸껫에서, 《없어도 괜찮아》는 일본 삿포로, 《사랑한다면 왜》는 베트남 무이네Mui Ne에서 최종 교정을 보았다. 그 밖에 방콕, 치앙마이, 빌바오 등에서 쓴 출판되지 못한 비운의 원고들도 꽤 있다. 낯선 곳에서 어떤 방해 없이 원고에만 집중하는 더없이 소중한 루틴이 우리에게 생긴 것이다. 혹시 누구의 방해도 없이 몰입해서 해내야 하는 일이 있다면? 지금 당신에게 가장 필요한건 한달살기일지도 모른다.

# 발리에서
## 웰니스 트래블

은덕

우리도 발리에서 서핑을 해 볼 요량이었다. 이미 인도 고아에서 한 달 동안 서핑 과외도 받은 터였다. 중고 보드를 사면 같은 숍에서 반값에 되팔 수 있다는 정보도 얻었다. (보통 300달러면 괜찮은 중고 보드를 구입할 수 있다.) 하지만 뭐 인생이 계획대로만 흐르랴.

우리가 머무는 지역은 발리 동쪽, 사누르Sanur라는 곳이다. 발리가 관광지로 개발될 무렵 가장 먼저 외국인이 몰렸다가 지금은 꾸따Kuta, 짱구 Canggu, 스미냑Seminyak 등 서쪽 도시에 밀리면서 한물간 지역으로 취급받는 동네다. 덕분에 발리 현지인들의 생활상을 가까이 들여다볼 수 있다. 물가 저렴하고 위치도 훌륭해 한 달 머물 동네로서 손색이 없다. 실제로 중년 이상의 유럽 장기 여행자들이 사누르를 찾는다. 하지만 사누르의 8월은 파도가 약해서 서핑이 적절치 않았다. 서핑이 목적이었다면 애당초 사누르로 숙소를 잡으면 안 됐다. 어쩌면 '발리=서핑=한달살기'라는 남들 다 하는 공식에 끼워 맞춰 지낼 의지가 없었던 건지도 모르겠다.

서핑 말고 새로운 운동을 찾기 위해 우리는 다른 포인트로 눈을 돌렸다. 발리는 웰니스 트래블Wellness Travel 관련 여건이 잘 갖춰진 지역이다. '웰빙 여행'쯤으로 번역할 수 있겠지만 사실 한국에서는 아직 낯선 개념이다. 헬스 PT를 받거나 수영 개인강습과 요가를 하고 몸에 좋은 유기농 음식을 먹는 등 그동안 돌보지 못했던 건강을 위해 떠나는 여행이다.

우리가 한달살기와 웰니스 트래블을 처음 연결지었던 건 태국 치앙마이부터였다. 수영장과 근사한 헬스장이 있는 콘도에서 한 달 머물면서 달리기과 수영에 집중적으로 시간을 쏟았다. 멀리 나가지 않고도 단지 내, 쾌적한 환경에서 운동을 할 수 있었다. 주로 동남아 국가들이 웰니스 트래블을 하기에 좋은 조건을 가지고 있다. 여행자는 최신 시설을 갖춘 헬스장과 수영장이 있는 콘도를 손쉽게 구할 수 있으며 운동에 좀 더 열의를 가진 이라면 개인강습을 받을 수도 있다. 물론 금액적인 면에서의 장점도 빠질 수 없다.

발리는 서핑뿐만 아니라 요가의 성지로 받들어지는 섬이다. 요가를 배우려는 수강생이 전 세계에서 몰려드는 상황이다 보니 좋은 선생님, 저렴한 수강료, 근사한 수련 장소 등 모든 인프라가 갖춰져 있다. 우리가 서핑 대신 선택한 것도 요가였다. 숲속 오두막에서 이뤄지는 요가보다는 현지인을 상대로 하는 요가 학원을 찾아보았다. 구글맵으로 숙소 근처 학원을 찾아보고 한 군데씩 다녀왔다. 여행자를 상대로 한 학원은 한 달 강습료가

---

**출장 마사지 앱 이용 tip**

1. '고 라이프Go Life' 앱을 깐다.
2. 회원가입 후 '고 마사지Go Massage'를 선택한다.
3. 원하는 마사지 종류를 선택한다.
4. 세부 옵션으로 본인의 성별, 예약시간, 남녀 마사지사 등을 선택할 수 있다. (남성은 pria, 여성은 wanita, 상관없다면 tidak ada)
5. 예약까지 완료하면 곧바로 전화 혹은 채팅으로 마사지사로부터 확인 연락이 온다. 당황하지 말고 시간과 주소를 영어로 말해 주면 된다.

---

* 두 시간 오일 마사지 11,000원 / 한 시간 6,000원   * 모든 요금은 2019년 8월 기준

200달러(무제한 수련 가능)를 훌쩍 넘지만 우리가 선택한 곳은 월 45,000원이었다. 헬스장에서 운영하는 요가 강습으로, 일주일에 4회, 매일 한 타임밖에 운영되지 않는다. 영어로 수업하는 데다 인원도 열다섯 명을 넘지 않았다. 수업 자체도 기본에 충실해서 만족도도 높았다. 이 헬스장은 개인 PT도 운영하는데 10회에 9만 원이다. 평소 운동을 해 보고 싶었던 초심자라면 헬스 PT도 함께 해 보면 좋을 것이다. 물론 영어로 진행된다.

사누르는 워낙 장기 체류하는 여행자가 많기 때문에 영어로 진행하는 헬스장을 찾을 수 있었다. 하지만 좀 더 돈을 아끼고 싶거나 현지 친구를 사귀고 싶다면 현지인을 상대로 하는 헬스장을 이용해 보자. 덴파사르 Denpasar 시내에 있는 헬스장은 월 3만 원이면 줌바와 에어로빅을 함께 배울 수 있다. PT 비용은 10회에 7만 원이다. 다만 필라테스는 가격대가 있는 편이다. 아직 그만큼의 수요가 없는지 한국과 별 차이가 없다.

발리 웰니스 트래블에 빠질 수 없는 건 마사지다. 인도네시아에 최근 출장 마사지 앱이 출시되었다. 여행자 입장에서 앱 출시가 무척이나 반갑다. 아직은 현지어로 서비스되지만 조금의 노력만 들이면 우리도 숙소에서 편안하게 마사지를 받을 수 있다.

# 서핑하러 가요

To Bali

# 요가하러 가요

To Lombok

# 사막 보러 가요

To Uyuni

# 축구 보러 가요

To Barcelona

# 트레킹하러 가요

To El Calafate

# 유적지를 보러 가요

To Firenze

# 3장 여행 경비는 얼마나 들까?

# 김은덕, 백종민의 쿠알라룸푸르(KL) 한달살기 가계부

* 환율 1RM(링깃) = 300KRW(원)  * "1인" 표시 등 없으면 모두 2인 비용  *2019년 7월 기준

| 날짜 | 용도 | 현지 통화 | 환전 금액 | 합계 | 특이사항 | 오늘 한 일 |
|---|---|---|---|---|---|---|
| 7월 4일 | 그랩 | RM 75.00 | ₩22,500 | RM 157.50 | 2인 이상이면 고속열차보다 그랩이 경제적. 10링깃은 톨게이트비 | 1. 숙소 이동<br>2. 유심칩 구매 |
| | 요구르트 | RM 6.00 | ₩1,800 | | 잔돈 바꾸려고 편의점행 | |
| | 유심칩 | RM 33.00 | ₩9,900 | | 1인. 유모바일. 한 달 데이터 무제한. 핫스팟은 3G까지만 가능. 말레이시아 국내 통화는 별도 충전 필요. | |
| | 저녁 | RM 22.30 | ₩6,690 | | 동네식당. 인도의 난, 태국의 얌, 말레이의 락사, 한국의 식혜까지 맛봄. | |
| | 식재료 | RM 21.20 | ₩6,360 | | 물, 식빵 등 아침식사용 | |
| 7월 5일 | 밀크티 | RM 15.25 | ₩4,575 | RM 81.24 | KL에서도 흑당버블티가 유행임. 그러나 너무 달다. 가격은 한국의 절반. | 1. 도보로 동네 둘러보기<br>2. 동네 단골집 찾기 |
| | 점심 | RM 16.60 | ₩4,980 | | 1인. 쇼핑몰 내 식당. 깔끔하고 시원한 대신 동네식당보다 2배 비쌈. | |
| | 식재료 | RM 23.70 | ₩7,110 | | 쇼핑몰 마트, 티백커피, 과일 등 | |
| | 그랩 | RM 5.00 | ₩1,500 | | 그랩은 기본요금이 5링깃 | |
| | 저녁 | RM 18.00 | ₩5,400 | | 동네식당 | |
| | 과자 | RM 2.69 | ₩807 | | 과자는 1링깃부터 시작. | |
| 7월 6일 | 아침 | RM 17.50 | ₩5,250 | RM 219.90 | 동네식당. 메뉴 2개, 음료 2개 시키면 20링깃 이내. | 1. 교통카드 구매<br>2. 프탈링자야<br>3. 성당 미사 |
| | 그랩 | RM 9.00 | ₩2,700 | | 그랩 중 가장 낮은 단계인 저스트그랩은 어떤 차가 올지 복불복. 인도계 여성분이 모는 굉장히 깨끗한 차를 만남. | |
| | 밀크티 | RM 8.50 | ₩2,550 | | 1인 | |
| | 교통카드 | RM 80.00 | ₩24,000 | | KL 교통카드인 터치앤고. 우리나라 티머니와 비슷함. 카드는 20링깃. 60링깃 충전함. | |
| | 차 | RM 12.00 | ₩3,600 | | 더운 나라여서 틈틈이 음료를 마시게 됨. 대학 근처 출판사 겸 카페 겸 서점에 감. | |
| | 점심 | RM 11.50 | ₩3,450 | | 동네식당. 오늘의 메뉴는 국수. | |
| | 과일 | RM 5.00 | ₩1,500 | | 잭프룻. KL 잭프룻은 단맛이 덜함. | |
| | 저녁 | RM 30.30 | ₩9,090 | | 1인. 크림베이컨스파게티, 콜라 주문. 외국인이 운영하는 힙한 카페. 보드게임을 하며 시간을 보낼 수 있음. | |
| | 간식 | RM 1.60 | ₩480 | | 멘토스 | |
| | 헌금 | RM 2.00 | ₩600 | | KL에도 성당이 있음. | |
| | 야식 | RM 28.50 | ₩8,550 | | 동네 중식당 | |
| | 그랩 | RM 14.00 | ₩4,200 | | KL은 대중교통으로 움직이는 데 한계가 있음. 적절히 그랩을 타야 함. 그랩은 수요(출퇴근, 쇼핑몰 마감, 소나기 등)를 예측해서 이용료가 수시로 변함. 수요가 없을 때 그랩을 이용해야 저렴. | |

94

| 날짜 | 용도 | 현지 통화 | 환전 금액 | 합계 | 특이사항 | 오늘 한 일 |
|---|---|---|---|---|---|---|
| 7월 7일 | 코코넛 | RM 4.50 | ₩1,350 | RM 121.85 | 1개. 생 코코넛을 바로 잘라 비닐봉투에 넣어 판매. | 1. 프라이빗 레스토랑 2. 몽키아라에서 지인과 저녁 |
| | 미용실 | RM 10.00 | ₩3,000 | | 1인. 인도인이 운영하는 이발소에서 종민 헤어컷. 레이어드 없이 뚝 잘라 버림. | |
| | 점심 | RM 77.00 | ₩23,100 | | 로비에서 여권을 제출하고 사진을 찍고 입장하는 매우 프라이빗한 레스토랑. 가격은 비싼 편으로 오가닉 파스타와 음료 제공. 주인 내외와 손님들이 서로 자연스럽게 대화하는 분위기. | |
| | 왁스 | RM 14.35 | ₩4,305 | | 한국에서도 판매하는 일본 제품이 KL에서는 반값. | |
| | 그랩 | RM 16.00 | ₩4,800 | | 한인들이 많이 거주하는 몽키아라에서 숙소까지 거리는 20km. 갈 때는 교통수단을 4번 갈아타며 2시간이 걸렸지만 올 때는 그랩으로 20분 소요. | |
| 7월 8일 | 점심 | RM 11.70 | ₩3,510 | RM 67.19 | 스낵랩 세트 | 1. 수영 10바퀴 2. 차이나타운 (관광지) 3. 미드밸리 (쇼핑몰) |
| | 저녁 | RM 19.00 | ₩5,700 | | 차이나타운 비프 누들 | |
| | 간식 | RM 6.35 | ₩1,905 | | 로티보이 번 | |
| | 음료 | RM 15.80 | ₩4,740 | | 버블티. 버블티 매장은 태국 브랜드가 많음. | |
| | 식재료 | RM 14.34 | ₩4,302 | | 빵 등 아침식사용 | |
| 7월 9일 | 그랩 | RM 12.00 | ₩3,600 | RM 99.58 | 더워서 그랩 호출이 잦다. | 1. 수영 10바퀴 2. 차이나타운 (로컬) |
| | 점심 | RM 33.10 | ₩9,930 | | 딤섬 등 중국식 타파스 | |
| | 과일 | RM 23.18 | ₩6,954 | | 망고스틴, 망고 1kg 각 7링깃. 중국인들이 이용하는 창고형 할인 마트. 과일이 신선하고 맛있음. | |
| | 저녁 | RM 20.00 | ₩6,000 | | 중식 푸드코트 | |
| | 그랩 | RM 11.30 | ₩3,390 | | 2.3링깃은 톨게이트비. 고속도로로 갈지 말지 물어보는 기사도 있음. | |
| 7월 10일 | - | - | - | - | | 1. 수영 10바퀴 2. 미팅(현지인 상대로 강연 예정) |
| 7월 11일 | 아침 | RM 27.00 | ₩8,100 | RM 95.80 | 현지인이 알려 준 맛집. 아침에 문을 열고 오후에 닫음. 카야 토스트와 번, 커피가 특히 맛있음. | 1. 수영 10바퀴 2. 에코 포레스트 3. KL 타워 4. 방사르 빌리지 |
| | 음료 | RM 13.80 | ₩4,140 | | 버블티 | |
| | 점심 | RM 15.50 | ₩4,650 | | 1인. 치킨. 무슬림 나라는 닭을 정말 잘 튀김. 튀르키예가 대표적. | |
| | 어댑터 | RM 2.00 | ₩600 | | 말레이는 3구 콘센트를 사용. 한국 전자제품 이용 시 전환 어댑터 필요. | |
| | 식재료 | RM 17.50 | ₩5,250 | | KL 청담동이라 불리는 방사르 빌리지 마트. 과일 가격 2배 이상. 특히 일본식품 많음. | |
| | 그랩 | RM 10.00 | ₩3,000 | | 10분 차이로 그랩 이용료가 2배 이상 차이 나는 경험을 함. | |
| | 과일 | RM 10.00 | ₩3,000 | | 두리안. 트럭에서 바로 잘라 줌. | |

95

| 날짜 | 용도 | 현지 통화 | 환전 금액 | 합계 | 특이사항 | 오늘 한 일 |
|------|------|-----------|-----------|------|----------|------------|
| 7월 12일 | 음료 | RM 5.00 | ₩1,500 | RM 79.00 | 밀크티, 커피 | 1. 수영 10바퀴 |
| | 아침 | RM 13.50 | ₩4,050 | | 중국식 누들 | 2. 바투동굴 |
| | 음료 | RM 5.40 | ₩1,620 | | 밀크티 | |
| | 간식 | RM 2.00 | ₩600 | | 리어카에서 구입 | |
| | 점심 | RM 32.85 | ₩9,855 | | 인도 커리. 탄두리는 매워서 입에 잘 맞음. | |
| | 과일 | RM 20.25 | ₩6,075 | | 망고, 두리안 | |
| 7월 13일 | 아침 | RM 77.70 | ₩23,310 | RM 431.92 | 인스타그램에서 핫한 레스토랑 | 1. 카페에서 원고 작성 |
| | 음료 | RM 27.35 | ₩8,205 | | 스타벅스. 프라푸치노+커피 그란데. | 2. 수영 10바퀴 |
| | 버스 예약 | RM 150.00 | ₩45,000 | | KL-페낭 왕복 버스 티켓. 7시간 소요. | |
| | 숙소 예약 | RM 95.00 | ₩28,500 | | 페낭 숙소. 에어비앤비 쿠폰 사용. | |
| | 버스 예약 | RM 51.67 | ₩15,501 | | KL-말라카 왕복 버스 티켓. 2시간 소요. | |
| | 점심 | RM 16.70 | ₩5,010 | | 1인. 나시 르막+레몬티 | |
| | 식재료 | RM 6.50 | ₩1,950 | | 루트비어 음료 4캔 | |
| | 그랩 | RM 7.00 | ₩2,100 | | 수요가 많았는지 평소보다 이용료가 2링깃 더 나옴. | |
| 7월 14일 | 그랩 | RM 15.00 | ₩4,500 | RM 166.05 | 기사님께 고속도로로 가지 말자고 미리 전달. | 1. 말라카 1일 투어 (KL-말라카 버스 2시간 소요) |
| | 아침 | RM 14.70 | ₩4,410 | | 터미널 푸드코트 | |
| | 음료 | RM 1.40 | ₩420 | | 말라카 콜라가 정말 저렴함(KL은 2.4). 펩시 아니라 코카였음. | |
| | 헌금 | RM 1.00 | ₩300 | | 이슬람 국가에서 성당 찾아가는 일은 매우 위험함. 튀르키예, 말레이시아 등도 과격 이슬람의 테러 위험 때문에 보안 수준이 높음. 경비가 지키거나 문을 꼭 닫고 있거나. | |
| | 성물 | RM 50.00 | ₩15,000 | | 곧 세례를 받을 예정인 엄마를 위한 선물. | |
| | 점심 | RM 23.00 | ₩6,900 | | 동네 중식당 | |
| | 음료 | RM 4.40 | ₩1,320 | | 아이스 홍차 | |
| | 간식 | RM 9.00 | ₩2,700 | | 닭, 돼지 등을 한입거리로 숯불에 구운 꼬치구이. 이 맛있는 걸 맥주 없이 먹는 게 아쉬움. | |
| | 디저트 | RM 6.00 | ₩1,800 | | 깐돌. 녹두로 만든 국수에 아이스크림, 과일 등을 올려 먹는 디저트. 코코넛을 얼린 다음 가는데 마치 우유빙수 같음. | |
| | 음료 | RM 9.55 | ₩2,865 | | 루트비어에 바닐라 아이스크림을 퐁당 넣어 만듦. 루트비어는 근육통 맛. 처음에는 왜 먹나 싶었지만 중독성 있음. | |
| | 그랩 | RM 10.00 | ₩3,000 | | KL을 벗어나면 내비 안 보는 기사들이 많음. 20분을 땡볕에서 기다림. 제대로 오고 있는지 앱을 통해 확인할 수 있으므로 기사가 딴 방향으로 가면 재빨리 취소 버튼을 누를 것. | |
| | 화장실 | RM 0.60 | ₩180 | | 터미널 화장실은 깨끗하지도 않은데 돈을 받음. | |
| | 수수료 | RM 1.40 | ₩420 | | 온라인 예매 후 터미널 창구에서 티켓을 수령할 때 수수료를 요구함. | |
| | 충전 | RM 20.00 | ₩6,000 | | 교통카드 충전 | |

| 날짜 | 용도 | 현지 통화 | 환전 금액 | 합계 | 특이사항 | 오늘 한 일 |
|---|---|---|---|---|---|---|
| 7월 15일 | 점심 | RM 55.89 | ₩16,767 | RM 121.89 | 도미노 XL 사이즈 피자. 그랩푸드를 이용한 첫 배달음식. 수수료 5링깃 포함. | 1. 수영 10바퀴<br>2. 현지 친구들과 저녁식사 |
| | 저녁 | RM 66.00 | ₩19,800 | | 4인. 현지 친구들과 저녁식사. 로컬 인도 식당. | |
| 7월 16일 | 그랩 | RM 18.30 | ₩5,490 | RM 163.45 | 고속도로로 감. 톨게이트 비 2.3링깃. KL은 다민족 사회. 그랩을 타면 내비에서 중국어, 영어, 말레이어 등 다양한 음성이 들림. 그중에서 영어가 가장 흔함. 어제 그랩푸드를 배달시키면서 페이팔을 등록했는데 바로 해지를 안 했더니 그랩도 자동으로 페이팔로 결제됨. 수수료 때문에 신용카드도 안 쓰면서 바보 같은 짓을 했음. 페이팔 이용 후에는 바로 해지할 것. | 1. 페낭 여행 (3박 4일) (말레이시아 미식 도시. 이번 여행은 먹깨비가 되어 보자는 콘셉트 KL에서 버스 7시간 소요) |
| | 음료 | RM 2.40 | ₩720 | | 터미널에서 | |
| | 화장실 | RM 0.30 | ₩90 | | 1인 | |
| | 과자 | RM 1.80 | ₩540 | | | |
| | 점심 | RM 47.90 | ₩14,370 | | 첫 끼니고 비가 너무 많이 와서 가까운 대만식당에 감. 우육면, 족발 등을 먹으며 고향의 맛을 찾는 느낌. 나는 한국인인가? 대만인인가? 정체성의 혼란. | |
| | 그랩 | RM 5.00 | ₩1,500 | | 멈출 기미가 없는 폭우 | |
| | 버스 | RM 3.00 | ₩900 | | 페낭에서 터치앤고 교통카드는 무쓸모. 잔돈 0.2링깃은 거슬러 주지 않음. | |
| | 약 | RM 9.50 | ₩2,850 | | 종민의 목이 가라앉음. 홍콩 감기약 '비파고'를 삼. | |
| | 간식 | RM 18.00 | ₩5,400 | | 비첸향. 150g이면 통으로 두 장. 한국은 얼마지? | |
| | 식자재 | RM 46.10 | ₩13,830 | | 맥주 처음 사 봄. 이슬람 국가여서 술에 붙는 세금이 높음. 칼스버그 330ml 6캔에 36링깃. 한국인한테 KL이 매력 없는 이유가 술 때문이 아닌가 싶음. | |
| | 저녁 | RM 11.15 | ₩3,345 | | 1인. 서브웨이. 6인치. 김치를 안 먹어서인지 종민은 변비. 야채 좀 먹을까 싶어 다녀옴. 그러나 야채 대신 요거트 추천. | |
| 7월 17일 | 아침1 | RM 11.40 | ₩3,420 | RM 112.50 | 해산물죽 외 | |
| | 음료 | RM 3.20 | ₩960 | | | |
| | 아침2 | RM 6.00 | ₩1,800 | | 1인. 커리미. | |
| | 음료 | RM 1.60 | ₩480 | | 1인. | |
| | 아침3 | RM 11.00 | ₩3,300 | | 호키엔 미 | |
| | 음료 | RM 5.00 | ₩1,500 | | 1인. 코코넛. 열기로 오른 몸을 식혀 주는 생 코코넛. 보이면 주저 않고 사 먹음. | |
| | 점심 | RM 23.80 | ₩7,140 | | 동네 인도식당. 라씨도 마심. | |
| | 그랩 | RM 7.00 | ₩2,100 | | | |
| | 과일 | RM 6.00 | ₩1,800 | | 망고스틴 1kg | |
| | 저녁 | RM 37.50 | ₩11,250 | | 바쿠테. 한약재와 돼지뼈 등으로 고아 낸 보양식. | |

| 날짜 | 용도 | 현지 통화 | 환전 금액 | 합계 | 특이사항 | 오늘 한 일 |
|---|---|---|---|---|---|---|
| 7월 18일 | 아침 | RM 24.00 | ₩7,200 | RM 108.00 | 딤섬. 페낭 사람들은 아침으로 딤섬을 즐겨 먹음. | |
| | 점심 | RM 12.00 | ₩3,600 | | KL식 팟타이 | |
| | 음료 | RM 3.90 | ₩1,170 | | | |
| | 디저트 | RM 11.50 | ₩3,450 | | 얼음을 갈아 아이스크림과 먹는 이 동네 팥빙수. | |
| | 저녁 | RM 12.60 | ₩3,780 | | 아쌈 락사. 마이 페이보릿. | |
| | 야시장 | RM 32.00 | ₩9,600 | | 여기 와서 첫 야시장. 야시장 안 좋아함. 맛없음. | |
| | 음료 | RM 6.00 | ₩1,800 | | 사탕수수 음료 | |
| | 그랩 | RM 6.00 | ₩1,800 | | | |
| 7월 19일 | 아침 | RM 29.70 | ₩8,910 | RM 59.60 | 딤섬. 배가 터지도록 먹었는데 참 저렴함. | |
| | 저녁 | RM 28.00 | ₩8,400 | | 인도 채식 식당. 벵갈식 요리의 향연. | |
| | 콜라 | RM 1.90 | ₩570 | | 펩시 | |
| 7월 20일 | 숙소 예약 | RM 450.00 | ₩135,000 | RM 569.48 | 3박 4일 말라카 숙소. KL 숙소에 이 기간 동안 물이 안 나온다고 호스트가 여행 가라고 떠밈(사실 이때 집중해서 원고를 써야 함. 원고 쓰기에 호텔 짱). 4성급 호텔 잡음. 그런데도 3박에 이 가격. | 1. 수영 10바퀴<br>2. 강연 준비 |
| | 버스 예약 | RM 49.00 | ₩14,700 | | KL-말라카 왕복 버스 티켓. 2시간 소요. | |
| | 그랩 | RM 5.00 | ₩1,500 | | | |
| | 점심 | RM 24.10 | ₩7,230 | | 단골식당 | |
| | 생필품 | RM 23.58 | ₩7,074 | | 치약 외 | |
| | 저녁 | RM 12.80 | ₩3,840 | | 마트 푸드코트 | |
| | 그랩 | RM 5.00 | ₩1,500 | | | |
| 7월 21일 | 그랩 | RM 8.00 | ₩2,400 | RM 111.10 | | 1. 수영 10바퀴<br>2. 성당 미사<br>3. 강연 준비 |
| | 헌금 | RM 2.00 | ₩600 | | | |
| | 간식 | RM 5.80 | ₩1,740 | | 성당에서 파는 당근케익 | |
| | 음료 | RM 1.00 | ₩300 | | | |
| | 점심 | RM 47.35 | ₩14,205 | | 서양식 레스토랑. 강연 준비. | |
| | 간식 | RM 10.60 | ₩3,180 | | 고구마튀김 | |
| | 저녁 | RM 36.35 | ₩10,905 | | 동네 중식당 | |
| 7월 22일 | 음료 | RM 7.90 | ₩2,370 | RM 94.30 | 1인. 버블티. | 1. 수영 10바퀴<br>2. 현지인 상대로 강연<br>(성공적?! 망함?!) |
| | 그랩 | RM 5.00 | ₩1,500 | | | |
| | 점심 | RM 50.80 | ₩15,240 | | 일식 레스토랑. 런치메뉴. | |
| | 저녁 | RM 17.80 | ₩5,340 | | 마트 도시락 | |
| | 그랩 | RM 5.00 | ₩1,500 | | | |
| | 간식 | RM 4.80 | ₩1,440 | | 쵸콜렛 등 | |
| | 프린트 | RM 3.00 | ₩900 | | 강연 원고. 장당 1링깃 | |

| 날짜 | 용도 | 현지 통화 | 환전 금액 | 합계 | 특이사항 | 오늘 한 일 |
|---|---|---|---|---|---|---|
| 7월 23일 | 아침 | RM 15.00 | ₩4,500 | RM 139.00 | 중식 호커센터(KL에서 푸드코트를 의미하는 단어) | 1. 말라카 3박 4일 여행 (KL 전체 단수) 2. 호텔에서 원고 작성 |
| | 음료 | RM 5.00 | ₩1,500 | | 페낭에서 3링깃이면 먹을 텐데 KL 물가 비쌈. 커피. 밀크티. | |
| | 그랩 | RM 8.00 | ₩2,400 | | | |
| | 물 | RM 2.00 | ₩600 | | 터미널 물가 비쌈. | |
| | 점심 | RM 24.50 | ₩7,350 | | 아쌈 락사. 나의 말레이 페이보릿 음식. | |
| | 디저트 | RM 5.00 | ₩1,500 | | 1인. 깐돌. | |
| | 세금 | RM 36.00 | ₩10,800 | | 말라카 호텔은 관광세를 받음. 3박 4일 비용. | |
| | 간식 | RM 3.00 | ₩900 | | 맥도날드 아이스크림 | |
| | 치킨 | RM 15.50 | ₩4,650 | | 로컬 KFC라고 할 수 있는 '텍사스'에서. | |
| | 맥주 | RM 25.00 | ₩7,500 | | 고작 2캔을 샀을 뿐인데 편의점 맥주 너무 비쌈. | |
| 7월 24일 | 점심 | RM 36.00 | ₩10,800 | RM 46.20 | 로컬 생선구이. 코코넛 2개. | |
| | 저녁 | RM 10.20 | ₩3,060 | | 텍사스 치킨 비스켓. | |
| 7월 25일 | 점심 | RM 20.00 | ₩6,000 | RM 128.70 | 호텔에서 런치세트 먹음. | |
| | 저녁 | RM 84.80 | ₩25,440 | | 중식 고급 레스토랑. 요리를 잔뜩 시켰음. | |
| | 디저트 | RM 18.00 | ₩5,400 | | 깐돌 | |
| | 음료 | RM 5.90 | ₩1,770 | | | |
| 7월 26일 | 그랩 | RM 8.00 | ₩2,400 | RM 217.10 | | |
| | 점심 | RM 13.25 | ₩3,975 | | | |
| | 기념품 | RM 162.00 | ₩48,600 | | 밀크티와 차 종류 | |
| | 바지 | RM 10.00 | ₩3,000 | | 종민의 트레이닝 바지 | |
| | 화장실 | RM 0.60 | ₩180 | | | |
| | 수수료 | RM 1.40 | ₩420 | | 터미널 티켓 교환 수수료 | |
| | 저녁 | RM 21.85 | ₩6,555 | | 태국식당 | |
| 7월 27일 | 그랩 | RM 6.00 | ₩1,800 | RM 184.15 | | 1. 깜풍바루 2. 리틀인디아 3. 수영 10바퀴 |
| | 충전 | RM 20.00 | ₩6,000 | | 교통카드 충전 | |
| | 아침 | RM 7.40 | ₩2,220 | | 인도 커리. 음료까지 먹었는데 이 가격 실화임. | |
| | 점심 | RM 24.80 | ₩7,440 | | 중식. 포크 스테이크. 1인. | |
| | 생필품 | RM 73.75 | ₩22,125 | | 비타민, 탐폰 등 | |
| | 음료 | RM 3.10 | ₩930 | | 1개. 편의점 에너지 드링크. | |
| | 간식 | RM 2.00 | ₩600 | | 잭프룻 튀김. 과일이 남아 돌아서 튀겨서까지 먹는 걸까? | |
| | 지녁 | ПM 10.00 | ₩5,700 | | 죽식 비빔누들. | |
| | 디저트 | RM 8.00 | ₩2,400 | | 깐돌 | |
| | 빵 | RM 14.70 | ₩4,410 | | | |
| | 음료 | RM 5.40 | ₩1,620 | | | |

| 날짜 | 용도 | 현지 통화 | 환전 금액 | 합계 | 특이사항 | 오늘 한 일 |
|---|---|---|---|---|---|---|
| 7월 28일 | 두유 | RM 3.80 | ₩1,140 | RM 109.15 |  | 1. 차이나타운 일요 중고마켓<br>2. 성당 미사<br>3. 현지 친구와 오후 약속 |
|  | 헌금 | RM 2.00 | ₩600 |  |  |  |
|  | 점심 | RM 32.50 | ₩9,750 |  | 팬시한 카페 |  |
|  | 기념품 | RM 32.00 | ₩9,600 |  | 재생 빨대 |  |
|  | 카페 | RM 32.50 | ₩9,750 |  | 힙한 카페. 3인. |  |
|  | 식재료 | RM 6.35 | ₩1,905 |  |  |  |
| 7월 29일 | 그랩 | RM 6.00 | ₩1,800 | RM 169.50 |  | 1. 정부 지원 사업 신청<br>2. 수영 10바퀴 |
|  | 아침 | RM 26.00 | ₩7,800 |  | 말레이식 |  |
|  | 음료 | RM 10.00 | ₩3,000 |  | 1인. 스타벅스. |  |
|  | 프린트 | RM 5.20 | ₩1,560 |  | 장당 1링깃 |  |
|  | 음료 | RM 7.90 | ₩2,370 |  | 1인. 버블티. |  |
|  | 그랩 | RM 12.50 | ₩3,750 |  |  |  |
|  | 음료 | RM 4.20 | ₩1,260 |  | 사탕수수 |  |
|  | 점심 | RM 82.70 | ₩24,810 |  | 중식. 샤브샤브 뷔페. |  |
|  | 그랩 | RM 15.00 | ₩4,500 |  |  |  |
| 7월 30일 | 아침 | RM 34.10 | ₩10,230 | RM 194.10 | 중식. 치킨라이스. | 1. 차이나타운. 부킷빈탕.<br>2. 현지 친구와의 저녁식사<br>3. 수영 10바퀴 |
|  | 생필품 | RM 11.85 | ₩3,555 |  | 치실 외 |  |
|  | 음료 | RM 27.35 | ₩8,205 |  | 타이거슈가 흑당 버블티 |  |
|  | 충전 | RM 20.00 | ₩6,000 |  | 버스카드 |  |
|  | 점심 | RM 19.00 | ₩5,700 |  | 버거왕 |  |
|  | 와인 | RM 47.10 | ₩14,130 |  | 현지 친구 선물 용도 |  |
|  | 기념품 | RM 34.70 | ₩10,410 |  | 허벌티 등 |  |
| 7월 31일 | 점심 | RM 56.20 | ₩16,860 | RM 155.10 | 중식 | 1. 호스트와 브런치 약속<br>2. 짐싸기 |
|  | 케이블 | RM 9.00 | ₩2,700 |  | 휴대폰 젠더 |  |
|  | 사진 | RM 6.00 | ₩1,800 |  | 장당 2링깃. 친구 선물. |  |
|  | 기념품 | RM 22.40 | ₩6,720 |  |  |  |
|  | 음료 | RM 2.60 | ₩780 |  | 1개. 콜라. |  |
|  | 빵 | RM 17.50 | ₩5,250 |  |  |  |
|  | 과일 | RM 15.20 | ₩4,560 |  | 망고스틴 |  |
|  | 지하철 | RM 7.00 | ₩2,100 |  | 2인 |  |
|  | 저녁 | RM 19.20 | ₩5,760 |  | 아쌈 락사 |  |
| 8월 1일 | 택시 | RM 75.00 | ₩22,500 | RM 75.00 | 공항 | 1. 발리 출국 |

| 사용 내역 (2인 기준) | |
|---|---|
| 기본 생활비 | ₩1,283,505 |
| | RM 4,278.35 |
| 1일 생활비 | ₩44,258 |
| | RM 147.52 |

| | |
|---|---|
| 숙소비 | ₩322,000 |
| | $280.00 |
| 항공료 | ₩640,000 |

| | |
|---|---|
| 쿠알라룸푸르 한달살기 총 비용<br>(생활비+항공료+숙소비) | ₩2,245,505 |
| | 약 220만 원 |
| 1인당 총 비용 | 약 110만 원 |

# 한 달 생활비 책정

## 1. 기준은 한국에서의 한 달 생활비

한달살기는 여행과 생활 그 중간에 있다. 한 달씩이나 여행한다고 하면 목돈이 필요할 것 같지만 생활이라고 생각하면 또 부담이 줄어든다. 기준점으로 삼을 만한 지표는 한국에서의 한 달 생활비다. 공과금, 저축, 이자, 월세, 대출금 등을 제외한 순수 생활비가 100만 원이라면 다른 나라에서도 100만 원으로 생활이 가능하다. 파리, 런던, 뉴욕, 더블린 등 물가가 비싼 몇몇 도시를 제외하면 대부분 생활물가가 서울과 비슷하거나 더 저렴하기 때문이다. 여기에 추가적으로 드는 금액은 숙박비와 항공료 정도다. 그마저도 한 달 머물면 장기 숙박 할인이 가능하고, 시간 여유가 있으므로 항공권도 저렴한 시기를 선택할 수 있다.

한달살러는 보통의 관광객처럼 매 끼니를 유명 레스토랑에서 먹을 수 없다. 대신 숙소 주변의 맛집을 찾게 된다. 하루에 한 끼 정도는 동네식당에서 식사하며 그들의 조리법을 어깨 너머로 익힌 뒤, 현지 시장에서 장을 보고 그 지역에서 자란 식재료로 밥을 해 먹는다. 한국에 돌아와서는 그 요리법으로 친구들에게 음식을 만들어 주며 자신의 한달살기 경험을 나눌 수 있다.

시간에 쫓겨 비싼 투어를 선택할 필요도 없다. 택시보다 대중교통을 이용하며 현지인들 삶 속에 자연스럽게 스며든다. 마음에 드는 동네를 발견하면 버스에서 내려 두 다리로 골목 구석구석을 산책할 수도 있다.

여행의 패턴이 바뀌었으니 기존의 여행과는 내용이 많이 다르리라는 것쯤은 짐작했을 터다. 기념품, 쇼핑 등도 최소한으로 줄이게 될 것이며 무엇보다 마음을 충족시키는 여행에 집중하게 될 것이다.

| 외국에서 한달살기 생활비 | | | |
|---|---|---|---|
| 한국에서<br>한 달 생활비 | 항공료 | 숙소비 | 옵션<br>(추가 비용) |

생활비에는 교통비, 유심칩 구매 비용도 포함된다. 파리, 런던, 피렌체, 뉴욕, 바르셀로나 등 대도시에서는 한 달 정액 교통권을 파는데 보통 매월 1일부터 이용할 수 있다. 때문에 여행 시점은 월말이나 월초로 잡는 것이 월정액 교통권을 이용하는 데 유리하다.

스마트폰 데이터는 현지에서 유심칩을 구입해 사용하기를 추천한다. 한 달짜리 유심칩은 어디서든 쉽게 살 수 있다. 데이터만 사용할 수 있는 상품, 통화 시간이 포함된 상품 등 종류도 다양하다. 현지 통신사 대리점 어디서나 구입할 수 있으니 굳이 현지 공항에서 급하게 사거나 한국에서 미리 사 놓을 필요는 없다. 유심칩은 데이터 용량에 따라 금액이 달라지는데 가능하면 적은 용량을 추천한다. 인터넷은 숙소 와이파이를 이용하고 여행하는 동안에는 지도를 보고 번역기를 돌리는 정도면 충분하다. 한달살러만큼은 여행하는 동안 휴대폰에서 멀어지는 행운을 누려 보길 바란다.

## 2. 공연비, 수업료 등 추가 비용 고려

이제 옵션을 선택할 차례다. 옵션은 각자의 취향에 따라 내용과 비용이 정해진다. 공연을 좋아하는 우리는 뉴욕에서 한달살기를 할 때 링컨센터를 이틀에 한 번꼴로 찾았다. 그렇다. 우리의 옵션은 바로 공연 관람료였다. 그렇다고 하루에 100달러, 200달러 하는 공연을 매일 볼 수는 없는 노릇이었다. 그래서 시간이 많은 여행자의 이점을 한껏 살려 공연 두 시간 전부터 기다렸다가 러시티켓(공연 시작 두 시간 전부터 판매하는 할인 티켓)을 구매했다. 러시티켓도 없는 공연에서는 막판 10분 전까지 기다렸다가 최종 할인 티켓을 거머쥐는 행운도 종종 얻었다.

태국 치앙마이에서는 대학교에서 한 달 동안 태국어 수업을 들었고, 인도 고아에서는 서핑 강습 비용이 추가로 들었다. 옵션 비용은 출발 전 알아보고 출금 계획을 세워 둬야 갑작스러운 지출을 막을 수 있다.

다음은 여름 성수기였던 바르셀로나에서 우리가 쓴 생활비다.

| 바르셀로나 한달살기 생활비 420만 원 | | | |
|---|---|---|---|
| 기본 생활비 150만 원 | 항공료 150만 원 | 숙소비 70만 원 | 공연 외 50만 원 |

한 사람이 210만 원을 쓴 셈이다. '유럽+성수기+대도시'라는 세 가지 여건에도 일주일 바르셀로나 여행 경비와 별반 차이가 없다. 좀 더 여유로운 한달살기를 원한다면 물가가 저렴한 도시를 선택하는 것도 방법이다.

# 생활비 관리

**생활비 체크리스트**

∨ 기본 생활비는 한국에서 미리 환전

∨ 여유 자금은 은행에 넣어두고 필요 시 체크카드로 출금

∨ 해외 수수료가 낮은 체크카드를 1개 이상 발급

∨ ATM 수수료를 고려, 출금 시 최대치 금액 인출

∨ 은행 ATM 외에 길거리, 편의점 ATM 사용은 자제

∨ 신용카드 사용은 가급적 자제

∨ 해외에서 결제가 가능한 카드인지 확인

∨ 신용카드 결제 시 원화가 아닌 현지 통화로 결제

∨ 여행 직후 신용카드 해외 사용 금지 신청

## 1. 현금

기본 생활비는 한국에서 미리 환전해 가면 좋다. 달러, 유로, 엔화는 다른 통화에 비해 환전 수수료가 저렴하고 온라인 뱅킹 등으로 손쉽게 환전할 수 있다. 제3의 통화는 달러로 바꾼 후 현지에서 현지 통화로 환전하거나 체크카드로 출금하는 방법이 유리하다.

현금은 노트나 책에 하루치 혹은 일주일치를 구분해 끼워 놓자. 한 달 생활비가 1,000달러라는 가정하에 하루에 33달러씩 쓸 수 있도록 분리해 두는 것이다. ('생활비 달력'을 생각하면 이해가 쉽다.)

가계부를 작성하고 영수증을 모아 두면 현지 물가에 적응하기 수월하

다. 영수증은 한달살기 기념품이 될 수도 있다. 이러한 노력이 계획적인 지출을 돕는다.

생활비를 하루 단위로
나눠서 노트에...

## 2. 체크카드

기본 생활비를 제외한 여유 자금은 체크카드 통장에 보관하자. 환전해 간만큼만 쓰면 좋으련만 사고 싶고 먹은 싶은 건 왜 이리 많은지. 혹여 아프기라도 한다면 추가 자금이 더 필요해진다. 이때를 대비해 통장에 현금을 넣어두고 필요할 때 출금한다. 단, 해외 출금은 수수료가 많이 나올 수 있다. (경우에 따라 1회 출금에 만 원 정도의 수수료가 빠지기도 한다.) 은행마다 해외 출금 수수료가 적은 체크카드가 있다. 주거래 은행의 체크카드 리스트를 확인하자.

생각날 때마다 출금하기보다 비용 계획을 세우고 1회에 최대 인출액을 출금하는 것이 수수료를 아끼는 방법이다. 최대 인출액은 국가마다, 은행마다 정해져 있다.

마스터, 비자, 유니온페이, EXK 등 카드 네트워크에 따라 사용할 수 있는 은행 ATM(현금인출기)이 다르다. 카드 네트워크 종류가 다른 체크카드를 두 장 이상 발급해 둔다.

### 3. 신용카드

#### ① 이중환전 막기
신용카드 사용은 가급적 자제하자. 환전이나 체크카드 출금보다 수수료가 많이 나가기 때문이다. 그래도 꼭 써야 한다면 반드시 달러 혹은 현지 통화로 결제되는지 확인하자. 원화로 결제하면 현지 통화에서 달러로, 달러에서 다시 원화로 결제되기 때문에 이중, 삼중의 환전 수수료가 붙는다. 카드사마다 해외원화 결제(DCC)를 차단할 수 있는 DCC 차단 서비스를 제공하고 있으니 출국 전 카드사에 미리 신청하자.

#### ② 해외에서 사용 가능한 카드인지 확인
출국 전에는 해외에서 이용 가능한 신용카드인지, 결제 시에는 해당 카드 브랜드의 가맹점인지 미리 확인하자. 마스터, 비자는 별 문제가 없지만 다이너스 카드는 가맹점 숫자가 적다. 신용카드 역시 브랜드를 달리해 두 개 이상 구비해야 문제 없이 사용할 수 있다.

#### ③ 사설 ATM 피하기
은행에서 직접 운영하는 ATM이 아니라면 이용하지 않는다. 길거리에 설치된 사설 ATM에서는 카드 복제를 당할 수 있다. 현지에 도착하면 반드시 은행에 들러 은행이 운영하는 ATM의 형태와 마크, 서비스 화면을 확인한다. ATM을 사용할 때마다 기기를 반드시 체크하고 기계 모양이나 카드 투입구가 조금이라도 다르다면 이용을 중단하자. 비밀번호를 누를 때는 손으로 가리는 것도 잊지 말자.

## ④ 여행 후, 해외 사용 금지 신청

간혹 여행에서 돌아온 뒤 해외 결제 금액이 청구되기도 한다. 현지에서 카드 복제를 당한 경우인데 귀국해서 해외 사용 금지 신청을 해 두면 이런 불상사를 막을 수 있다. 또한 알지 못하는 결제 건이 발생하면 주저하지 말고 카드사, 은행에 연락하자. 혼자서 처리하기엔 너무 큰일이지만 은행과 카드사는 해외 불법 사용에 다양한 대비가 되어 있기 때문에 자세한 안내를 받을 수 있다.

# 환율 앱 사용법

## 1. 숙소 나서기 전, 최신 정보 업데이트

그 나라 환율에 익숙해지기까지는 시간이 필요하다. 인도네시아의 화폐 단위는 원화와 차이가 커서 숫자 0이 하나 더 붙는다. 식사를 하고 10만 루피아짜리 지폐를 내밀면 내가 한국 돈으로 10만 원짜리 식사를 한 건지, 1만 원 정도의 식사를 한 건지, 혼란스럽다. 익숙해질 때까지 어쩔 수 없는 문제라 경험치를 쌓는 수밖에 없다. 하지만 여행자의 혼란을 이용한 빈번한 환전 사기는 피해야 하므로 환율 앱을 적극 활용해야 한다.

우리가 주로 사용하는 환율 앱은 XE Currency(무료)다. 이 환율 앱은 인터넷을 사용할 수 없는 환경에서도 손쉽게 이용할 수 있는 장점이 있다. 즉 오늘 아침 한달살러가 인터넷이 연결되는 숙소에서 앱을 통해 환율을 확인했다면 인터넷을 사용할 수 없는 곳에서도 아침 기준 환율로 계산이 가능하다는 의미다. 실시간 환율이 아니라는 점에서 정확도가 떨어질지는 모르나 사실 한나절 사이에 환율 변화가 드라마틱하게 일어날 리는 거의 없다.

이 밖에도 구글스토어나 앱스토어에 '환율'이라고 검색하면 다양한 앱을 찾을 수 있으니 취향에 따라 선택하면 된다. 기능은 대동소이하다.

## 2. 저렴하게 여행할 수 있는 나라를 미리 검색해 볼 수도

환율 앱의 주요 기능 중 하나는 지난 몇 년간의 환율 변동 추이를 그래프로 보여 주는 것이다. 최대 10년 전까지의 환율 그래프를 보다 보면 지금 어디에서 한달살기를 하면 이득인지 보인다. 예를 들어 우리는 튀르키예에 총 다섯 번을 방문했는데 2012년 5월 1리라가 640원, 1년 후인 2013년에는 600원이었다. 1년 새 40원이면 꽤 큰 폭인데, 그 후의 변동 추이에 비하면 그리 놀랄 일도 아니다. 2014년 9월은 470원으로 떨어졌고, 4년 후인 2018년 8월에는 180원 수준으로 폭락했다. 2022년에는 100원마저 무너져 동남아보다 저렴한 물가를 경험했다.

**튀르키예 환율**

| |
| --- |
| 2012년 5월, 1리라 = 640원 |
| 2013년 5월, 1리라 = 600원 |
| 2014년 9월, 1리라 = 470원 |
| 2018년 8월, 1리라 = 180원 |
| 2022년 3월, 1리라 = 90원 |

지금 여행하기 가장 좋은 나라가 어디냐고 물어 오면 튀르키예를 추천하곤 한다. 튀르키예에 가면 여행자들은 적은 돈으로 많은 것을 누릴 수 있다. 물론 현지인들의 생활물가는 가파르게 오르고 있어 삶이 더 퍽퍽해졌지만 말이다.

2012년 잉글랜드를 처음 방문했을 때는 1파운드가 2,000원을 육박했다. 물가 비싼 런던으로 신혼여행을 떠나며 '그냥 동남아의 리조트 딸린 휴양지에나 갈걸!' 땅을 치며 후회했다. 현재(2022년 7월 기준) 파운드의 가치는 1,500원대다. 특히 런던은 박물관, 미술관 등을 무료로 방문할 수 있다.

다시 한달살기를 해 보고픈 나라로 일본이 있다. 환율 앱을 켜고 일본의 10년 전 환율 그래프를 들여다본다. 100엔화에 1,500원에 가까웠던 환율이 지금은 1,000원이 안 된다. 엔화는 꾸준히 내려가는 추세였지만 1,000원 아래로 내려간 건 2022년 여름의 상황이다. 이렇게 전 세계의 환율 추이를 관심 있게 살펴본다면 같은 비용으로도 풍족한 여행을 계획할 수 있다.

호주도 비슷한 변동추이를 보인다. 2012년에 호주 달러는 1,200원을 돌파했지만 현재는 800원대에 머물러 있다. 캐나다 달러도 상황이 비슷해 2011년 1,200원에서 현재 1,000원을 오르내리고 있다.

지금 가면 조금 더 저렴한 비용으로 많은 것을 누릴 수 있는 나라를 찾는 재미가 환율 앱 세상에 있다. 물론 모든 나라의 환율이 튀르키예와 같이 극적으로 낙하하는 건 아니다. 미국 달러에 대응해서 움직이는 태국 바트, 대만 달러 등은 10년 전이나 지금이나 비슷한 수준을 보인다. 그래서 이런 나라들은 언제 가든 상관이 없다.

환율 앱을 수시로 구동해 관심 가는 나라의 환율을 검색해 보자. 여행 떠나기 전 이미 그 나라의 환율 그래프가 머릿속에 그려지는 신기한 체험을 할 수 있다.

### 각국의 물가 지표 확인

환율만으로는 우유 한 병, 소고기 한 근이 얼마인지 현지 생활물가를 이해하기 어렵다. 넘베오 www.numbeo.com는 이런 궁금증을 확인하기 좋은 사이트다. 자주 소비하거나 꼭 이용해야 하는 물품의 현지 가격을 확인해 두면 생활비 예산을 세울 때 도움이 된다.

## 여행 경비 Q&A

### 1. 한 달 여행 경비는 얼마면 될까요?

사람에 따라 다르지요. 우리 모두가 한국에서 똑같은 생활비를 쓰진 않으니까요. 한달살기도 마찬가지예요. 무엇을, 어떻게 쓰느냐에 따라 달라질 수 있어요. 그래도 기준으로 삼을 만한 지표는 한국에서 고정비(대출, 이자, 공과금, 휴대폰비 등등)를 제외한 순수 생활비로 얼마를 사용하는가예요. 저희 부부는 서울에서 월 100만 원으로 지내는데요, 외국 어디를 가도 생활비는 이 금액에서 크게 벗어나지 않아요. 여기에 추가로 숙박료와 항공료가 드는 거죠.

### 2. 환전은 미리 해 가야 하나요?

하나비바카드, 우리EXK카드는 해외 인출 수수료가 저렴해요. 베트남 동(VND), 인도네시아 루피아(IDR) 등은 한국에서 달러로 환전 후, 현지 통화로 바꾸는 게 유리해요.

### 3. 신용카드 사용은 수월한가요?

신용카드 사용은 자제하시라고 권하는 편이에요. 수수료가 비싸기도 하고 우리나라만큼 신용카드 사용이 활발한 나라도 잘 없거든요. 혹여 신용카드를 꼭 이용해야 한다면 체인점, 백화점, 큰 슈퍼마켓에서 하고 작은 동네 상점에서는 가능하면 현금을 내요.

## 4. ATM 찾는 건 어렵지 않나요?

사실 ATM 찾는 건 어렵지 않아요. 쇼핑몰에만 가도 눈에 띄니까요. 다만 카드 복제나 높은 출금 수수료 때문에 이용을 권하지 않습니다. 인출 수수료가 낮은 은행 ATM을 찾으려면 좀 더 발품을 팔아야 해요. 예를 들어 우리EXK카드는 제휴를 맺고 있는 은행이 별로 없어요. 그래서 미리 어떤 은행이 EXK와 제휴를 맺고 있는지 알아 가서 그 ATM을 찾아야 하는 식이죠.

## 5. 생활비 관리는 어떻게 하나요?

한국에서의 생활비를 기준으로 한달살기 생활비가 결정되면 그걸 일주일 단위로, 하루 단위로 나눠서 보관해요. 보통은 책에 껴 놓을 때가 많고요. 이렇게 미리 생활비를 정해 놓으면 과소비할 일이 줄어들어요. 갑자기 눈에 들어오는 쇼핑 품목이 생기면 신용카드를 쓰기도 하는데요, 이런 경우는 아주 가끔이고, 대체로는 정해 놓은 예산 범위 안에서, 출금한 현금만큼만 지출하려고 노력합니다.

# 4장 에어비앤비, 나도 해 볼까?

# 에어비앤비
## 장단점

한 달 동안 현지의 집을 빌릴 수 있는 가장 쉬운 방법은 숙박 예약 사이트, 에어비앤비airbnb.com를 이용하는 것이다. 그럼에도 우리에게 에어비앤비는 마냥 신뢰할 수도, 불신할 수도 없는 애증의 플랫폼이다. 에어비앤비는 여행자와 호스트(집주인)에게 받는 수수료로 이윤을 남긴다. 때문에 그들 입장에서는 장기 숙박보다는 여러 번의 단기 숙박이 이익이다. 이런 이유로 한달살러에게는 노하우가 필요하다. 먼저 에어비앤비의 장단점부터 알아보자.

### 장점

**1. 숙박비가 호텔에 비해 저렴하다.**

스페인 바르셀로나에서 숙소를 잡는다고 가정할 때 한인 민박이나 호텔 모두 하루에 10만 원(2인 더블룸 기준)은 생각해야 한다. 월 300만 원(10만 원x30일)을 숙박비로 내야 하는 셈이다. 에어비앤비에 집을 내놓는 호스트는 다양한 숙박 요금을 설계할 수 있는데 장기 숙박이 그중 하나다. 숙박 기간을 28박 이상으로 설정하면 호스트가 정해 놓은 장기 숙박 요금이 여행자에게 보인다. 이를 통해 많게는 단기 숙박 요금의 60% 할인율로 예약이 가능하다.

## 2. 임대료 협상이 가능하다.

에어비앤비는 쉽게 이해하자면 호스트가 자신의 집을 자신이 원하는 금액으로 게스트에게 빌려줄 수 있는 플랫폼이다. 호스트가 요금 설계에 장기 숙박 특가를 입력하지 않았다 하더라도 충분한 이유를 설명하면 제시된 금액보다 더 큰 폭의 할인을 적극적으로 요구할 수 있다. 예를 들어 1일 숙박료를 30달러로 정해 놓고 장기 숙박 할인은 적용하지 않은 호스트가 있다고 치자. 그에게 연락해, '조식 제공', '매일 청소' 같은 옵션은 제공하지 않아도 좋으니 월 500달러에 머물 수 있는지를 문의한다. 호스트가 동의한다면 월 900달러의 숙소를 400달러 할인받아 머물 수 있다. 이때 우리가 게스트로서 다른 호스트로부터 받은 긍정적인 후기는 가격 협상에 큰 도움이 된다.

## 3. 현지 가정집에서 머물 수 있다.

에어비앤비를 이용하면 현지인과 같은 집에서 지낼 수 있다는 장점이 있다. 여러 집을 운영하는 숙박업자나 콘도, 리조트 등을 운영하는 전문 관리인들이 에어비앤비로 대거 유입되면서 요즘은 의미가 많이 퇴색했지만 그렇다 해도 진짜 현지인과의 동거 가능성은 여전히 열려 있다. 이는 한달살러가 에어비앤비를 사용해야 하는 이유가 되어 준다. 여기서 '진짜 현지인'이란 별도의 직업이 있고 부업으로 에어비앤비를 운영하며 전 세계 여러 나라에서 온 여행자들을 열린 마음으로 사귀어 보려는 이들을 지칭한다. 그들은 한달살러를 친구로 생각하고 맞이한다. 여행자의 자국 문화를 이해하기 위해 대화를 나누고, 음식을 만들어 주며, 기꺼이 감정을 공유하려고 한다. 때문에 진짜 현지인과 같은 집에 머물게 된다면 현지에서 살아본다는 의미의 진정한 한달살기가 가능하다. 호스트의 직업이나 관심사는 에어비앤비 호스트 프로필에서 확인할 수 있다.

## 4. 요리를 해 먹을 수 있다.

평소 집에서 밥을 안 해 먹는 사람일지라도 한달살기라면 상황이 달라진다. 짧은 여행도 아니고 한 달씩이나 삼시 세끼 외식을 할 수는 없다. 다양한 음식을 먹어 보려는 욕구가 아주 강한 사람도 있지만 의외로 외국 음식이 입맛에 맞지 않아 고생하는 사람들도 자주 본다. 자유롭게 음식을 만들어 먹을 수 있는 부엌이 딸린 주거 공간이 필요한 이유다. 에어비앤비는 주로 가정집을 빌려주기 때문에 부엌을 이용할 수 있다. 부엌이 꼭 필요한 한달살러라면, 특히 방 한 칸을 빌리는 경우라면 예약 시 부엌 사용이 가능한지 확인이 필요하다.

집 전체를 빌리는 경우라도 집 자체에 부엌이 딸려 있지 않을 수도 있다. 태국이나 대만 등 더운 나라는 밖에서 주로 식사를 해결하기 때문에 부엌이 있다 하더라도 조리는 어렵고 포장 음식을 데워 먹는 정도만 가능한 경우도 꽤 있다. 부엌 사용이 가능한지 에어비앤비 숙소 정보에 등록된 컨디션을 꼼꼼히 살펴보자.

## 단점

## 1. 호텔 수준의 컨디션은 기대할 수 없다.

새하얗고 빳빳한 침구와 먼지 한 톨 날리지 않는 숙소를 기대한다면 에어비앤비가 아닌 호텔을 선택해야 한다. 뜻하지 않게 친구네 집에서 자고 가야 할 상황이 발생했을 때, 그 집에서 내놓을 수 있는 가장 깔끔한 침구류 정도가 에어비앤비에 기대할 수 있는 최고치라고 하겠다. (숙박업자나 전문 관리인이 운영하는 에어비앤비 숙소는 낮은 등급의 호텔 서비스와 유사하다.) 외국에 사는 내 친구의 집에 놀러 갔다는, 딱 그 정도의 마음가짐으로 방문을 열었으면 한다. 여기에 내 집처럼 청소는 내가 한다는 마음가짐을 더한다면 좀 더 깨끗하고 쾌적하게 생활할 수 있을 것이다. 아울러 호스트에게 이런 태도를 어필하며 숙소 비용을 좀 더 협상해 볼 수도 있다. 숙

박비 협상하는 방법은 →132쪽

## 2. 주관적인 요소가 많다.

에어비앤비 사용의 변수는 결국 집보다는 사람인 경우가 많다. 같은 장소를 여행했다 하더라도 사람마다 여행 경험이 다른 것처럼 이전 게스트가 좋은 후기를 남겼다고 나도 좋은 추억을 만들 수 있는 건 아니다. 느긋한 마음으로 호스트와 적극적으로 대화하는 사람이 에어비앤비를 잘 사용할 수 있다.

한국은 많은 면에서 글로벌 스탠더드를 넘어선 선진국이다. 한국 상황을 생각하고 수압이 낮다, 벌레가 많다, 깨끗하지 않다고 불평하면 결국 자기 손해다. 숙소비를 지불했다고 이거 해 달라, 저거는 왜 안 되냐, 하며 호스트와 전쟁을 치른다면 한 달 내내 악몽 같은 시간이 될 것이다.

## 3. 호스트가 한달살기의 변수를 쥐고 있다.

거대한 숙박 공유 업체긴 하지만 결국 에어비앤비는 호스트 개인이 자신의 숙소에서 손님을 맞이하는 시스템이다. 호스트에 따라 숙소 상태, 가격, 시설이 결정된다. 호스트가 나의 질문이나 요구사항에 얼마나 빠르고 친절하게 대응하는지 살펴보자. 이는 호스트와 실제 만나기 전, 메시지를 주고받는 과정에서 알아챌 수 있다. 메시지에 빨리 회신하는지, 내게 필요한

것들을 명확하게 파악하고 그에 걸맞은 대답을 내놓는지를 보는 것이다.

일단 숙소를 정한 다음에는 퇴실 때까지 호스트와 가급적 원만한 관계를 유지하도록 노력한다. 사실 호텔을 예약했다면 이런 감정 소모가 필요 없지만 우리는 사람과 사람이 계약을 맺는 서비스를 이용하고 있음을 기억하자. 특히 그 집의 방 한 칸을 빌려 호스트와 같은 집에 살게 되는 경우라면 호스트가 어떤 사람인지, 그의 성격과 취미, 직업 등을 먼저 살펴볼 필요도 있다.

## 4. 집의 위치를 정확히 파악하기 힘들다.

에어비앤비는 호스트의 신변 보호를 위해 집의 정확한 위치를 예약이 완료된 후에야 보여 준다. 대략의 위치만으로 집을 예약해야 하기 때문에 미리 구글맵을 통해 머물 동네가 어떤 곳인지 파악해야 한다. 또한 저렴하면서 컨디션이 괜찮은 집이라면 관광지에서 벗어난 곳일 수 있다. 한달살기의 장점은 시간을 들여 도시를 천천히 들여다보는 것이기 때문에 현지인의 삶을 엿볼 수 있는 주거지역이 나쁘다고 볼 수는 없다. 다만 대중교통 이용이 불편한 위치인지는 미리 파악하고 나서 예약을 진행하는 게 좋다. 예를 들어, 구도심, 기차역, 시청 등 도시의 랜드마크와 예약하려는 숙소의 대강의 거리를 확인한다. 구글맵 길 찾기 기능을 이용해 대중교통으로 한 시간 이내의 거리로 파악된다면 예약을 진행해도 무방하다.

---

경제성과 접근성 모두 괜찮은 숙소를 예약하려면?

구글맵으로 따져 봤을 때, 숙소와 중심지가 대중교통으로 한 시간 이내면 OK

---

# 좋은 숙소 구하기

---

**한달살기 숙소 체크리스트**

---

∨ 숙소 설명부터 꼼꼼하게 읽는다.

---

· 부엌 사용이 가능한지

· · · · · · · · · · · · · · · · · · · · · · · · · · · · · · · · · · · · · · · · · · · · · · · · · · ·

· 소파침대는 아닌지

· · · · · · · · · · · · · · · · · · · · · · · · · · · · · · · · · · · · · · · · · · · · · · · · · · ·

· 세탁기 사용이 가능한지

· · · · · · · · · · · · · · · · · · · · · · · · · · · · · · · · · · · · · · · · · · · · · · · · · · ·

· 온수는 나오는지

· · · · · · · · · · · · · · · · · · · · · · · · · · · · · · · · · · · · · · · · · · · · · · · · · · ·

· 에어컨/선풍기가 있는지

· · · · · · · · · · · · · · · · · · · · · · · · · · · · · · · · · · · · · · · · · · · · · · · · · · ·

· 엘리베이터가 있는지

---

∨ 슈퍼호스트는 대체로 좋은 선택이다.

---

∨ 후기에서 반복해서 나오는 의견을 귀담아 듣는다.

---

∨ 신규 호스트도 빼놓지 말고 찾아본다.

---

∨ 호스트가 운영하는 다른 숙소가 있는지 찾아본다.

## 1. 숙소 설명은 두 번, 세 번 읽는다.

불안을 잠재우는 방법 중 하나는 정보를 충실히 모으는 것이다. 에어비앤비를 이용하면서 느끼는 불안을 잠재우려면 우선 호스트가 올린 숙소 설명을 꼼꼼히 읽어야 한다. 숙소 설명에는 기본적으로 집의 대강의 위치(동네 이름, 주변 편의시설, 도심과의 거리 등)와 사용할 수 있는 공간 및 물품, 호스트의 자기소개가 포함되어 있다.

## ① 부엌 사용

특히 더위 때문에 불 앞에서 조리하기 힘든 동남아시아로 떠난다면 숙소 설명을 통해 부엌에서 어느 정도까지 조리가 가능한지 짐작해야 한다. 호스트가 올려놓은 숙소 사진도 자세히 들여다보자. 식사할 수 있는 공간은 있지만 가스레인지나 인덕션이 보이지 않는 경우, 호스트에게 직접 문의해서 확인하자.

## ② 침대 유형

잠자리에 예민한 사람은 주의해야 하는 부분이 침대다. 유럽은 소파침대가 흔하다. 소파침대는 바닥면이 고르지 못한 경우가 많다. 일반 침대보다 불편하고 두 사람이 자기에는 사이즈가 작다. 그래서 숙소를 예약할 때는 침대 확인이 필수다. 이 밖에도 2인으로 예약했지만 막상 침대 사이즈가 작아 한 사람은 바닥에서 자야 할 때도 있다. 사진으로 침대 사이즈 확인이 어렵다면 호스트에게 문의해서 실측 사이즈를 얻는 것도 방법이다.

## ③ 세탁기 사용

물과 전기가 귀한 남미에서는 일주일에 한 번 세탁기 사용이 가능하거나 비용을 따로 내야 하는 경우가 있다. 런던이나 뉴욕은 건물 지하에 마련된 공용 세탁기를 이용할 수도 있다. 여러 사람이 사용하다 보니 앞 사람이 끝날 때까지 기다려야 하고 엘리베이터가 없는 건물이 많다 보니 빨랫감을 들고 숙소와 세탁실을 오르내려야 하는 불편함이 있다. 이런 점을 따져 보고 호스트에게 숙소 비용을 할인해 달라고 요청해 볼 수도 있겠다.

## ④ 온수 사용

한여름이라도 온수 샤워가 필요하다면 온수 문의도 잊지 말자. 더운 나라라면 숙소에 온수가 안 나오는 경우가 있다. 사진상 온수기를 확인해 보고 그도 확실치 않다면 호스트에게 물어보자. 온수기가 있다 하더라도 온수 탱크 없이 간단하게 샤워기의 물만 데우는 방식이라면 두 명 이상이 연달아 사용하기 어려울 수 있다.

## ⑤ 기타

여름 시즌에 한달살기를 갈 경우 에어컨이나 선풍기 유무도 숙소를 정하는 중요한 기준이 될 수 있다. 사진과 숙소 설명을 통해 확인하고 유무가 확실치 않다면 호스트에게 문의하

자. 간혹 냉방 장치가 없는 것이 당연하다는 대답을 들을 수 있는데 이 경우는 지역 날씨에 대한 이해가 필요하다. 예를 들어 이스탄불의 여름 기온은 한국과 비슷하지만 습도가 높지 않아서 선풍기로도 지낼 만하다.

무릎이 약하거나 아이와 함께 가는 경우라면 집의 층수도 고려해야 한다. 유럽은 워낙 오래된 가옥들이 많고 계단도 좁고 가파른 데다 어둡기까지 하다. 엘리베이터가 없는 5층 이상의 집도 많으니 숙소 예약 전 확인하도록 한다.

## 2. 슈퍼호스트는 대체로 좋은 선택이다.

슈퍼호스트는 일정 기간 동안 이용객을 만족시킨 호스트에게 주어지는 에어비앤비 나름의 자격 인증 제도다. 분쟁을 피하기 위해, 혹은 위험도를 낮추기 위해 많은 여행자들이 슈퍼호스트의 집을 예약한다. 여행자가 필요로 하는 것들을 물어보기도 전에 챙겨 주는 이들이 슈퍼호스트다. 당연지사 슈퍼호스트의 숙소는 예약률 또한 높다. 바로 그런 점 때문에 월 단위로 집을 빌려야 하는 한달살러에게 쉽게 기회가 오지 않는다. 예약이 가능하다면 슈퍼호스트의 숙소는 놓치지 말자.

## 3. 후기를 꼼꼼히 살핀다.

후기는 당신을 속이지 않는다. 에어비앤비의 장점이자 순기능은 앞선 게스트의 가감 없는 후기다. 후기에는 각자 느낀 숙소의 장단점이 고스란히 적힌다. 사람마다 의견이 다르기 때문에 100명이면 100가지의 후기가 나올 수 있다는 점을 감안해서 여행객들이 공통으로 제시하는 의견을 귀담아 듣자. 예를 들어 소음 문제가 여러 번 나왔다면 잠귀가 예민한 사람은 다른 숙소를 찾아볼 필요가 있다. 집이 춥다는 이야기가 많이 보인다면 미리 전기장판을 챙겨 가는 센스를 발휘할 수 있고, 계단이 가파르다면 무릎이 좋지 않은 한달살러는 피하는 것이 좋다. 단점은 호스트가 설명에서 쏙

빼놓는 부분일 때가 있으니 이는 후기를 통해 여행객이 직접 취합하고 파악해야 한다. 전 세계 여행객들이 이용하는 만큼 후기는 다양한 언어로 적혀 있지만 두려워하지 말고 번역기를 이용해 꼼꼼히 읽도록 하자.

### 4. 내 맘에 드는 호스트를 찾는다.

사용 경험이 많은 우리 두 사람은 새롭게 에어비앤비를 시작한 호스트의 집을 주로 찾는다. 처음이라 좀 서툴 수는 있지만 이들에게서 초심자의 열정을 발견할 가능성이 높다. 이 경우, 호스트와 게스트로 만나 헤어질 때는 진짜 친구가 된다. 또한 그들에게 우리가 그동안 만난 호스트의 장점을 전

해 주며 자연스러운 대화의 기회도 만든다.

　에어비앤비 숙소는 여행객을 많이 받고 후기가 쌓여야만 검색했을 때 상위에 노출되고 예약률이 높아지는데 막 시작한 호스트들은 그 부분에서 취약하다. (숙소를 찾아야 하는 게스트 입장에서도 노출 순위가 낮은 이런 숙소를 찾기 위해서는 수많은 페이지를 넘겨야 하는 수고가 필요하다.) 때문에 손님을 유치하기 위해 주변 시세보다 저렴하게 집을 내놓기도 한다.

　아무도 찾지 못한 원석을 캐낸다는 심정으로 신규 호스트를 적극적으로 찾아보자. 단, 신규라도 숙소 설명과 사진을 자세히 올렸는지는 엄격하게 따져 본다. 이외에도 자기소개란에 여행과 여행자와의 만남을 즐긴다고 적혀 있는지, 직업 등 신상정보를 정확히 밝히고 있으며 에어비앤비는 부업으로 하고 있다는 인상을 주는 사람인지 확인할 것. 그런 호스트를 찾았다면, 모험을 걸고 한달살기 딜을 해 볼 가치가 있다.

## 5. 하나의 집, 한 명의 호스트

에어비앤비가 거대해지면서 본격적으로 숙박사업을 하는 사람들이 많이 유입되었다. 여러 집을 에어비앤비에 올려놓고 임대 수입을 챙기는 이들이 많아진 것이다. (이는 최근 전 세계 유명 도시들의 부동산 임대료 상승의 원인으로 꼽히기도 하며, 안티투어리즘의 이유가 되기도 한다.) 만약 현지인 호스트와 대화를 나누고 교류하고 싶다면 사업자형 호스트는 가려내야 한다. 가능하면 한 명의 호스트가 하나의 집을 관리하는 숙소를 찾아보자. (하나의 집에 여러 개의 방을 운영해 게스트를 받는지도 체크하자.) 한달살기의 목적은 현지인과 일상을 공유하는 데 있음을 잊지 말자.

# 에어비앤비 예약하는 방법

한달살기 숙소를 구하는 방법은 에어비앤비 외에도 현지 부동산 업체나 콘도미니엄 관리실에 임대 문의하기, 각 지역 인터넷 커뮤니티 통하기가 있다. 현지에서 사용되는 숙소 임대 앱을 사용할 수도 있지만 아직까지 에어비앤비만 한 숙소 풀과 편의성을 가진 도구는 보이지 않는다. 사용 가능성이 가장 높은 에어비앤비를 중심으로 숙소 예약 방법을 설명하는 점을 양해 바란다.

## 1. 회원가입

구글, 페이스북 아이디로 간편하게 가입할 수 있다. 2단계는 여권 인증으로, 실제 이용객임을 증명하는 절차다. 중국 여행에 에어비앤비를 이용하고 싶다면, 회원가입할 때 별도로 여권 정보를 입력해야 한다. 또 한 가지! 입력한 이름, 전화번호, 이메일 주소, 신분증/여권 정보, 예약 정보, 호스트와 주고받은 메시지 등이 사전 고지 없이 중국 정부에 제공될 수 있다는 점에 유의하자.

## 2. 숙소 검색

에어비앤비는 다양한 필터 기능을 통해 여행자가 원하는 숙소 리스트를 보여 준다. 원하는 도시명을 입력한 후, 숙박 기간, 숙소 유형과 인원을 넣으면 된다. '필터'는 에어비앤비를 이용하는 여행자라면 능숙하게 사용해야 하는 기능이다.

그중 한달살러가 챙겨야 할 필터는 숙박 기간이다. 장기 요금은 최소 28박 이상일 경우 화면에 노출된다. 예를 들어 체크인 날짜가 1월 1일이고 체크아웃 날짜가 1월 29일일 경우 총 28박 29일이다. 28박 조건이 만족되어야 호스트가 설정한 장기 요금을 확인할 수 있다. 28박이 넘어가면 28박 할인 요금+1일당 추가 요금을 합산해서 보여 준다.

숙소 리스트에는 에어비앤비에서 추천하는 숙소가 우선순위로 보인다. 즉, 위험도가 낮은 슈퍼호스트와 금액이 비싼 숙소가 먼저 노출된다. 에어비앤비 입장에서는 가능하면 상위 숙소 목록 안에서 예약을 해 주기 바랄 텐데, 이 리스트 안에서 숙소를 선택하면 에어비앤비는 수수료를 더 많이 챙길 수 있고 여행자는 비교적 쾌적하게 한달살기를 할 수 있다.

그 밖에 한달살러가 유용하게 쓸 수 있는 필터는 ① 가격 범위 ② 숙소 유형이 될 것이다. 한 달에 지불할 수 있는 금액의 범위를 정하고 집 전체를 빌릴지, 호스트와 같이 살면서 방 한 칸을 빌릴지 체크하자. 이제 당신이 원하는 숙소 리스트가 보일 것이다.

---

**필터 체크 순서**

① 도시명   ② 체크인-체크아웃 날짜   ③ 숙박 인원   ④ 가격 범위   ⑤ 숙소 유형

---

## 3. 예약하기

맘에 드는 숙소가 있다면 금액을 확인한다. 최종 금액은 '요금 내역'에 나와 있는 숙소 이용비, 청소비, 에어비앤비 서비스 수수료 등을 포함하고 있다. 괜찮은 금액이면 바로 예약하면 될까?

우리는 예약 전에 '호스트에게 연락하기'를 눌러 반드시 호스트에게 연락을 하는데 숙박비를 조정할 수 있는지 문의하기 위해서다. 우리는 매번 호스트와 딜을 통해 월 500달러 정도로 숙박 요금을 조정하고 있다. 원하는 금액보다 조금 더 비싼 숙소를 찾아 가격 조정 여부를 문의하는데, 예

를 들면 월 숙박료 800달러 부근의 숙소를 찾아 연락해 본다. 300달러 정도를 할인받고자 하는 이유를 예의에 벗어나지 않으면서도 구체적으로 설명한다. 할인 조건으로 주로 언급하는 것은 한 달 머무는 동안 호스트가 게스트에게 제공하기로 한 서비스들을 최소화하라는 것이다. 청소는 우리가 직접 하고 조식 제공 조건을 제외함은 물론 전기, 수도 사용을 최소화하겠다는 등 호스트가 실제로 금전적 이익을 볼 수 있는 것들을 언급한다.

호스트와 딜을 할 때는 다른 사람이 먼저 예약할까 봐 조급한 마음을 보이지 않는 것이 중요한데 이를 해내지 못하면 호스트에게 '잡은 물고기'가 될 가능성이 크다. 즉, 협상에서 우위를 점하기 어려운 것이다. 에어비앤비는 정책상 예약 완료 전까지 전화번호 교환, 웹사이트 주소 교환, 집주소 교환 등이 막혀 있다. 메시지에 이런 내용을 기입해도 상대방에게는 내용이 가려진 채 전달된다. 반드시 할인을 받아야겠다는 태도보다는 '할인을 받을 수 있으면 고맙겠다'는 마음으로 메시지를 보낸다.

# 숙소 위치
## 정하는 방법

### 1. 관광지를 고집하지 말자.

도심에 머물수록 숙소 비용은 오른다. 한달살기는 시간이 많은 여행법이다. 도심이 아니어도 현지인들이 많이 사는 주거지역에 집을 구하기를 권한다. 이것이 현지인들과 일상을 나누고자 하는 한달살기의 취지와도 잘 맞는다. 시청이나 기차역과 같은 중심지까지 대중교통으로 한 시간 이내 거리면 충분하다. 단, 집 근처에 도보로 이용할 수 있는 지하철이나 버스가 있어야 함을 잊지 말자.

### 2. 중심지를 파악한다.

에어비앤비 필터를 통해 가격 범위를 정하면 지도에 여러 숙소가 보인다. 어떤 동네에는 수십 개의 숙소가 몰려 있는 반면 어떤 지역에는 서너 개의 숙소만 있다. 이는 여행객들이 많이 찾는 홍대, 광화문, 명동 부근에 숙소가 밀집되는 현상과 같다. 여행객은 숙소 밀집도로 손쉽게 중심지를 파악할 수 있다. 그리고 중심지는 한 군데가 아니라 여러 곳일 가능성이 높다. 생각해 보라. 강남, 홍대, 광화문, 명동 중 어디가 서울의 중심지인가? 이런 이유로 자신의 취향과 맞는 중심지를 확인하는 과정이 필요하다.

### 3. 지도 확대하기

지도를 확대할수록 더 많은 숙소가 보인다. 지도 상단에 있는 '지도를 움직여 검색하기'의 체크박스를 누르면 되는데 정확한 집 주소는 나오지 않더라도 숙소가 지하철 부근인지 여부는 알 수 있다. 그리고 지도에는 '호수', '강', '바다', '도심', '도로', '공원' 등이 색깔로 명시되어 있는데 이것만 인지해도 숙소의 위치를 대략 가늠할 수 있다(호수, 강, 바다=하늘색, 도심=베이지색, 도로=흰색 또는 노란색, 공원=녹색 등으로 표시된다. 에어비앤비 모바일 앱 사용 시 더 명확하게 보인다). 특히 도심 색깔인 베이지의 반경이 클수록 백화점, 관공서, 관광지 등이 집중된 중심지다.

### 4. 딜 성사율 높이기

중심지 파악이 끝났다면 숙소 열 개를 선택해 메시지를 보내야 한다. 호스트와 숙소 설명 등을 살펴보고 맘에 든다면 위시리스트에 저장한다(숙소 사진 오른쪽 상단 하트 모양을 누르면 카테고리를 만들고 관심 숙소를 담아 둘 수 있다). 참고할 점은 위치가 좋은 숙소는 여행자들로 붐비기 때문에 숙박비 딜을 하기가 쉽지 않다는 점이다. 예를 들어 홍대보다는 살짝 벗어난 은평구와 서대문구에서 여행객이 원하는 금액으로 딜이 성사될 확률이 높다.

### 5. 우범지역은 따로 체크한다.

대도시에는 우범지대가 있기 마련인데 포털사이트 검색을 통해 우범지대 이름쯤은 외워 놓자. 예약 과정에서 다른 지역에 비해 값이 싸다면 리뷰를 먼저 꼼꼼히 읽는 것이 중요하다. 리뷰에는 이전 게스트들이 느낀 동네 분위기가 자세히 적혀 있기 마련이다.

## 6. 열 번 말해도 부족한 리뷰

숙소 위치의 장단점은 여행객이 남기고 간 리뷰에 고스란히 담겨 있다. 꼼꼼한 리뷰 확인은 변수를 줄이고 낯선 곳에서 당황하지 않는 최선의 방법이다.

리뷰가 100개 정도가 쌓인 숙소를 예로 들자면 스무 번째 리뷰까지 읽고 머물러도 괜찮은 숙소인지를 결정한다. 부정적인 내용보다 긍정적인 내용이 많다면 우선 메시지를 통해 딜을 시작하고, 그사이 남은 리뷰를 다 읽으며 딜이 성사될 경우 예약할지 최종 결정한다.

물론 이미 100개 이상의 리뷰가 달린 숙소는 굉장히 좋은 숙소일 확률이 높다. 하지만 다른 사람에게 좋다고 나에게도 좋은 숙소는 아닌 점을 염두에 두고 내게 필요한 조건을 갖춘 숙소인지 체크해야 한다.

# 호스트와
## 숙박비 협상하기

지금부터는 에어비앤비에서 호스트가 제시한 금액보다 좀 더 저렴하게 숙소를 구하는 노하우를 공개한다. 호스트가 명시해 놓은 한 달 요금이 있더라도 여행객은 별도의 딜을 요청할 수 있다. 숙소 예약 전, 호스트에게 메시지를 보내 가격 협상을 하는 것이다.

### 1. 프로필은 정성스럽게 작성한다.

먼저 내 프로필부터 정성스럽게 작성해 놓는다. 호스트 역시 여행자가 어떤 사람인지 프로필을 통해 짐작할 수 있다. 한 달씩이나 집을 빌려줘야 한다면 호스트는 여행자의 프로필을 꼼꼼하게 읽어 볼 것이다. 프로필은 영어와 한국어로 작성하되 취미와 직업을 반드시 적어 두자. 자신의 여행담을 덧붙이면 좋다. 그리고 여행지에서 환하게 웃고 있는 사진을 프로필에 걸어 두는 걸 잊지 말자.

### 2. 메시지에 자기소개와 더불어 여행의 이유까지 밝힌다.

내 돈 주고 숙소를 구하는데 구구절절 설명할 게 많다고 귀찮아하지 말자. 숙소 가격 협상이란 나보다 호스트에게 더 번거로운 일이다. 또한 좀 더 저렴하게 한달살기 숙소를 구하기 위한 노력이니 적당히 하려고 해선 안 된다. 우선 호스트는 여행자가 왜 자신의 도시에서 한 달을 머무는지 궁금해

한다. 간단하게 자기소개를 한 후, 도시와 그 집에 머무르고 싶은 이유를 자세히 밝히면 좋다.

한 달을 머물게 될 때 호스트에게 돌아가는 이점을 설명할 필요도 있다. 호스트는 매번 새로운 여행객을 맞이하며 시트 갈이는 물론이고 침실, 화장실, 거실, 부엌을 청소해야 한다. 그 수고스러움은 청소를 좋아하는 이들에게도 버겁다. 한달살러는 비용을 낮춰 주는 대신 청소는 스스로 하겠다는 조건으로 딜을 걸 수 있다. 여행객에서 조식을 준비해 준다는 서비스 조건이 있다면 아침은 스스로 차려 먹는 대신 그만큼의 비용을 할인 요청해 볼 수 있다.

가장 중요한 포인트는 민폐를 끼치지 않는 조용하고 배려심이 많은 여행자임을 전하는 데 있다. 그러니까 호스트의 집을 내 집처럼 깨끗이 사용할 준비가 되어 있음을 어필한다면 호스트도 호감을 가지고 딜에 관심을 보일 것이다.

우리는 자기소개를 텍스트로 적는 대신 동영상으로 준비했다. (에어비앤비 메시지 안에 링크 주소를 직접 적게 되면 상대방에게 가려진 채 전달된다. 우리는 호스트와 연락할 때 어떻게 우리의 소개 영상을 볼 수 있는지 텍스트로 전달했다. 유튜브에 들어가서 ○○○을 검색해 달라, 이런 식으로.) 실제로 소개 영상을 본 전 세계 호스트로부터 자신의 집에 머무르라는 답장을 많이 받았다. 개성 있는 영상을 만드는 것도 좋은 방법이다. 단 영어 자막이든 영어 멘트 등 후작업이 필요하다.

우리가 만든 소개 영상

Hello.

We're J and Eundouk, travel writers.

Eundouk and I have traveled around the world for 2 years. Only used Airbnb!

So we became one of the stories on Airbnb. If you find our story what might be easier to understand our traveling.

https://www.airbnb.com/community-stories/seoul/going-local

(중략) We're still traveling one city for 1 month at different seasons of the year. We're going to plan to Paris this summer and searching for accommodation for a month now.

(중략) Could you give me a 'Special offer' that is less USD 500?

We will clean own room, like my house so you don't need to sweep and rub.

We want to know whether a special offer is possible or not.

Keep in touch.

J and Eundouk

- - - - - - - - - - - - - - - - - - - - - - - - - - - - - - - - - - - - - - -

안녕.

우리는 여행하며 글을 쓰는 J와 은덕이라고 해.

우리는 에어비앤비를 이용하면서 2년 동안 세계를 여행했어. 덕분에 에어비앤비 홈페이지의 스토리 중 하나가 되었지. 이 이야기를 읽는다면 우리의 여행을 이해하기 쉬울 거야.

https://www.airbnb.com/community-stories/seoul/going-local

(중략) 우리는 여전히 한달살기를 하고 있어. 이번 여름에는 파리로 갈 계획을 세웠고 지금 한 달 묵을 숙소를 찾고 있는 중이야.

(중략) 500달러 정도의 '스페셜 오퍼'를 해 줄 수 있니?

우리는 내 집처럼 청소하면서 지낼 거라 네가 제공하기로 한 청소가 필요없어. 스페셜 오퍼를 줄 수 있는지 궁금하다.

계속 연락하자.

J와 은덕

## 3. 메시지는 여러 호스트에게 보낸다.

만반의 준비를 하고 맘에 드는 호스트에게 메시지를 보낸다고 해도 회신이 올 확률은 매우 낮다(우리의 경우는 30% 미만이다). 한 명에게 메시지를 보내고 오매불망 답장을 기다리는 것보다 열 명의 호스트에게 같은 메시지를 보내는 게 시간을 아끼는 요령이다. 맘에 드는 위치와 가격대의 숙소를 열 군데쯤 뽑아 보고 동일한 메시지를 한꺼번에 보낸다. 이때 주의할 점은 호스트가 올려놓은 한 달 숙소비와 여행객이 지불할 수 있는 한 달 숙소비의 차이다. 우리는 보통 가격 차이가 300달러가 넘지 않는 선에서 딜을 건다. 예를 들어 호스트가 제시한 요금이 월 900달러라면 600달러를 제안해 보는 식이다. 요금 조정의 가능성이 열려 있다면 내가 원하는 할인 금액은 아니더라도 호스트가 가능한 금액을 제안할 수 있다.

## 4. 다양한 선택지 중 내가 원하는 내용을 고른다.

여러 숙소에 메시지를 보내면 보통 반응이 다음 중 하나일 것이다.

① 묵묵부답
② 미안하다. 할인해 줄 수 없다.
③ 네가 요청한 금액은 아니지만 ○○ 정도는 할인이 가능하다.
④ OK! 500달러에 해 줄게.
⑤ 수수료 나가니까 에어비앤비 말고 따로 내 계좌로 입금해 줄래?

한달살러는 이 중에서 맘에 드는 호스트와 예약을 진행할 수 있다. 선택권이 여행자에게 있기 때문에 신중을 기해 답을 해 주면 된다. 모든 협상은 느긋한 마음을 지닌 자에게 유리하다.

　다만 ⑤처럼 다른 루트로 예약을 유도하는 경우는 조심하자. 우리가 수수료를 내면서도 에어비앤비를 사용하는 목적은 중개자인 에어비앤비를 통해 위험도를 낮추는 데 있다. 막상 숙소에 도착해 보니 설명과 판이해서 예약을 취소할 경우에도 우리는 에어비앤비의 도움을 받으며 환불 과정을 진행할 수 있다. 하지만 에어비앤비를 벗어난 다른 루트로 예약을 체결한 뒤 사고가 발생한다면 사기를 당해도 홀로 싸워야 한다. 실제로 이 점을 노려 저렴한 숙박비를 미끼로 외부 결제를 유도하고 사기를 치는 현지인도 많다. 어떠한 유혹이 온다 해도(대체로 파격적인 가격 할인) 수수료 아깝다 생각 말고 에어비앤비 안에서 예약을 진행하도록 한다.

# 분쟁 해결하는
## 방법

에어비앤비는 개인이 운영하는 숙소를 중개하는 플랫폼이다. 호스트마다 각자의 방식으로 운영하다 보니 호텔 등 기성 숙박업소와 비교할 때 예상 치 못했던 다양한 상황에 처하게 된다. 호스트에게는 자기가 관리하는 숙 소에서 생긴 가벼운 문제더라도 여행자에게는 여행지의 낯선 집에서 난처 한 상황을 마주해야 하는, 결코 작다고 할 수 없는 문제다. 이럴 때 여행자 가 유리한 위치에 있을 수 있는 선행 요건들을 적어 놓는다.

### 1. 숙소를 예약하면서 화면 캡처를 떠 두자.

예약 당시 에어비앤비에 게재된 숙소 사진과 설명 등을 캡처해 놓는다. 예 약한 당시와 체크인 날짜 사이에 시간차가 있다 보니 그사이 호스트가 숙 소 컨디션을 바꿔 놓을 수 있기 때문이다. 캡처 이미지는 분쟁 발생 시 증 거로 내놓을 수 있다. 또한 자신이 오해한 부분은 없는지 스스로 확인해 볼 수도 있다.

### 2. 호스트와 대화는 메시지로 하자.

예약이 완료된 이후에는 호스트와 이메일이나 각종 채팅 앱을 통해 대화 가 오고 갈 수 있다. 이때 가능하면 에어비앤비 사이트에서 제공하는 메 시지 메뉴에서 대화하자. 분쟁이 발생했을 때 에어비앤비가 두 사람의 대화 내용을 보고 중재할 수 있기 때문이다. 물론 메일이나 채팅 앱으로 주고받은 내용을 캡처한 사진이나 음성 파일 등의 내용 증명도 가능하다. 하지만 에어비앤비 측에서 쉽게 확인할 수 있는 것은 사이트 내 메시지인 점을 고려하자.

### 3. 체크인, 체크아웃 당시의 사진을 찍어 두자.

숙소에 도착해서 제일 먼저 해야 할 일은 숙소 곳곳을 사진 찍어 두는 것이다. 이는 숙소 설명과 다른 점이 있는지 확인하는 과정이자, 호스트와의 분쟁을 예방하는 방법이다. 침실, 거실, 욕실, 부엌 등 전체 사진과 부분 사진을 꼼꼼히 찍어 혹시 모를 분쟁에 대비한다. 숙소 설명에는 없었지만 집 주변 공사장이나 이웃의 소음 때문에 생활하기가 어려울 때에도 소음을 녹음해 에어비앤비에 증거로 제출할 수 있다. 가능하면 체크인한 날에 문제점을 모두 파악해 놓자.

　체크아웃할 때도 사진을 찍을 필요가 있다. 체크아웃 이후 집의 물건이 부서지거나 고장 났다고 여행자에게 보상을 요구하는 호스트가 드물게 존재하기 때문이다. 간혹 발생하는 불미스러운 상황에 대비하는 것이니 사진을 찍을 때 호스트가 불쾌해하지 않도록 태도에 유의할 필요가 있다.

　사진을 찍는 또 다른 이유는 체크아웃할 때 체크인 당시의 사진을 보며 최대한 비슷하게 정리해 두고 나오기 위함이다. 그 사소한 태도가 호스트에게 좋은 인상을 남길 수 있고 이는 후기로 남는다. 호스트뿐만 아니라 게스트도 좋은 후기가 쌓여야 다음 한달살기 숙소를 구할 때 수월해진다.

### 4. 호스트와 얼굴 붉히지 말자.

숙소가 내 생각과 다르거나 엉망일 때 한달살러는 화가 나고 이 모든 책임은 호스트에게 있다고 생각하기 쉽다. 절반은 맞고 절반은 틀리다. 숙소를 제대로 관리하지 않은 호스트도 할 말이 없지만 자격이 없는 호스트의 집을 수락하고 관리하지 않은 에어비앤비에도 문제가 있다. 이 상황에서 가장 열이 나는 사람은 낯선 도시, 낯선 방에 남겨진 한달살러라는 사실은 변치 않는다.

이 상황을 해결할 수 있는 키를 쥐고 있는 것은 우리의 기대와 달리 중개 책임이 있는 에어비앤비가 아니다. 에어비앤비의 분쟁 상황 가이드에 따르면 최우선 해결책은 호스트와 게스트의 원만한 대화다. 피하고 싶지만 바뀌지 않는 현실이다. 상황이 이렇기 때문에 해결책을 쥐고 있는 호스트에게 무작정 화를 낼 수는 없는 노릇이다. 따라서 한달살러는 가능하면 여러 가능성을 두고 대안을 모색해 나갈 수밖에 없다.

처음부터 호스트에게 화를 낸다면 원활히 해결될 수 없음을 기억하자. 호스트와 대화를 통해 현재 숙소 컨디션이 예약 페이지와 어떻게 다른지, 내가 지금 왜 힘든지 설명하고 어떻게 하면 좋을지 상의해 가는 방식이 좋다. 감정적 대응이 아니라면 호스트는 상황을 인정하고 전액 환불을 해 주거나, 다른 집을 제안해 주거나, 그도 아니면 예약 금액에서 50% 할인을 해 줄 수도 있다. 그 과정이 원활하지 않다면 모든 내용을 문서로 정리해 에어비앤비 고객센터에 중재를 요청하자. 대화는 에어비앤비에 중재를 요청하기 전에 한달살러와 호스트 간에 취할 수 있는 최선의 방법이다.

## 5. 예약 취소는 호스트가 직접 하게 한다.

호스트와 이야기가 잘돼 전액 환불을 받기로 했다면 다음 순서로 예약 취소 과정이 남았다. 예약 취소는 호스트도, 게스트도 가능하지만 주의가 필요하다. 한달살기의 경우 에어비앤비 숙박 규정 중 장기 예약으로 분류되는데 이때 게스트가 숙소를 취소하면 최소 1개월치에 해당하는 숙박료를 페널티로 지불해야 한다. 때문에 호스트에게 직접 취소를 요청해야 한다. 강조하자면, 게스트가 스스로 취소하면 수수료나 금액 일부분을 받지 못할 수 있다. 호스트에게 직접 취소를 요청했을 때 호스트는 숙박료를 현장에서 현금이나 계좌 이체로 환불할 수도 있고, 신용카드 결제 취소를 선택할 수도 있으니 상황에 따라 좋은 방식을 선택하기 바란다.

간혹 호스트가 상황은 인정하면서 예약 취소를 거부하는 경우가 있는데, 예약 취소로 인해 본인이 받게 될 에어비앤비 평점 손해를 우려해서일 수도 있다. 이때는 호스트와 게스트가 구두로 원만히 합의 후 에어비앤비 고객센터를 통해 예약 취소를 요청하고 해당 건을 종료하거나, 예약 취소 없이 지불 금액을 현금으로 받는 방법이 있다. 에어비앤비에 접수하고 금액을 환불받는 데까지는 약 1개월의 시간이 필요하다.

## 6. 마음이 느긋한 자가 진정한 승리자임을 잊지 말자.

한 달이나 머물러야 할 숙소에 치명적인 문제가 발생했다면 누구나 마음을 졸이게 되어 있다. 귀책 사유가 호스트에게 있다면, 그리고 증거가 충분하다면 호스트에게 입장을 전달하고 느긋한 마음으로 기다려 본다. 사실 문제는 어떤 방향으로든 해결이 나기 마련인데 그사이 우리를 괴롭히는 건 '시간'이다.

2013년 이스탄불에서 겪은 일이다. 6개월 전에 예약한 숙소는 쓰레기 더미와 담배 냄새로 찌들어 있었다. 도저히 머물 수 없어서 체크인을 포기하고 호스트에게 환불을 요구했다. 다행히 호스트도 자신의 숙소 상황을 순순히 인정하고 예약 취소를 해 주었다. 하지만 문제는 다시 한 달을 묵을 숙소를 어떻게 구할 것이냐였다. 자신이 만족할 수 있는 조건의 한달살기 숙소를 구하는 건 생각처럼 쉬운 일이 아니다. 캐리어를 끌고 안절부절못하며 다른 호스트들에게 숙소 문의를 넣었다.

지금 생각해 보면 에어비앤비 시스템 안에서 발생한 일이니 호텔을 잡고 하루이틀 지켜보면서 에어비앤비에 보상을 요구하고 새로운 숙소를 찾아봐도 될 일이었다. 하지만 당시는 우리도 초짜 한달살러였고, 주변에 에어비앤비 사용 경험자도 없었다. 그도 그럴 것이 2013년이면 에어비앤비가 막 사업을 시작한 시기였기 때문이다. 결국 숙소를 찾았고 그 인연이 지금도 이어지고 있지만 당시 우리가 배운 사실은 따로 있다. 조바심은 모든 일을 그르치고 한달살기 계획마저 앗아간다는 점이다. 우리가 그런 열악한 숙소를 예약한 것은 한 달짜리 숙소를 구하기 쉽지 않은 가운데 호스트가 나타났고 이에 후기도 살피지 않고 덜컥 예약했기 때문이다. 에어비앤비의 보상을 제대로 받지 못한 것도 얼른 새로운 숙소를 찾아 안정을 찾고 싶은 조바심 때문이었다.

만약 당신에게 이런 상황이 생긴다면 시일이 좀 걸리더라도 원하는 바를 호스트와 에어비앤비에게 명확하게 요구하자. 에어비앤비 측에서 제시하는 보상이 만족스럽지 않겠지만 게스트를 모른 척하고 방치하지는 않는다. 또한 우리도 문제가 해결될 때까지 도움을 받으려고 에어비앤비 예약 시 수수료를 지불하는 것 아니겠는가.

# 에어비앤비
# 분쟁 체험기

쿠알라룸푸르 한달살기 숙소는 집 전체를 이용하는 비용이 380달러였다. 게다가 시내 중심에 위치해 있고 도보 5분 이내에 지하철역이 있었다. 위치도, 컨디션도, 금액도 마음에 드는 집을 찾았다고 좋아한 게 출발하기 6개월 전 일이다. 좋은 숙소를 찾기 위해 우리는 보통 반년 전에 숙소를 예약한다. 마음에 드는 한달살기 숙소를 구하는 게 쉽지 않기 때문이다.

한 달이 채 안 남았을 때 비보가 날아들었다. 에어비앤비 호스트가 집 인테리어를 다시 하겠다며 일방적인 취소를 알려 온 것이다. 이럴 때 게스트는 속수무책이다. 어디에도 하소연할 데가 없기 때문이다. 숙소야 환불받은 돈으로 다시 찾으면 될 일이지 뭐가 문제야, 라고 묻는 이들이라면 다시 한번 상기해 주길 바란다. 시내 중심가, 집 전체, 콘도, 수영장, 헬스장, 지하철 도보 5분, 두 사람에 380달러. 에어비앤비도 알고 우리도 안다. 이런 숙소는 쉽게 찾을 수 없다는 걸 말이다. 문제는 여행이 한 달도 채 남지 않은 상황에서 이와 같은 조건의 숙소를 다시 찾아야 한다는 사실이었다. 우리는 누군가 책임을 져야 한다면 그 누군가는 에어비앤비라는 결론에 도달했다. 다음 내용은 한 달 장기 숙소 예약 취소 가이드라인이다. 실제 이 일을 겪고 우리가 에어비앤비로부터 들은 내용을 정리해 보았다.

# 장기 숙소 예약 취소 가이드라인

**1. 호스트에 의해 장기 숙소가 취소되면 에어비앤비는 게스트에게 결제 금액의 10% 할인 쿠폰을 제공한다.**

1) 체크인 시점이 한 달보다 적게 남았을 경우다. 그 이상 남았다면 쿠폰은 제공되지 않는다.
2) 극성수기 휴양지의 경우는 예외로 한다.
3) 하와이, 마요르카, 뉴욕은 도시의 특성상 30~50%까지 쿠폰을 제공한다. 다만 에어비 앤비 내부 회의에서 승인이 나야지만 제공된다.
4) 같은 조건에서 자동적으로 쿠폰이 생성되지 않았다면 고객센터에 별도의 문의가 필 요하다.

**2. 게스트가 적절한 금액의 새로운 숙소를 찾지 못한 경우, 에어비앤비와 게스트는 별도의 협상을 진행할 수 있다.**

1) 에어비앤비 또는 게스트가 대체 숙소 리스트를 검토한다.
2) 취소된 숙소와 선택한 숙소의 차액에 한하여 쿠폰을 증정받을 수 있다.
3) 차액의 100%까지 쿠폰이 제공되지는 않으며 에어비앤비 내부 회의를 통해 금액을 최 종 결정한다.

**3. 장기 숙소 예약 취소에 관한 명확한 정책이 없다.**

1) 에어비앤비는 모든 케이스에 적용 가능한 포괄적인 정책을 두지 않은 듯하다. 혹 내 부 직원끼리 공유하는 기준이 있을지 모르겠으나 우리는 고객센터에 연결될 때마다 매 번 다른 보상 기준을 들어야 했다. 건마다 내부 회의를 통해 장기 예약 취소 건을 다루 는 모양새다. 그러므로 상황의 절박함을 많이 호소할수록 게스트의 입장을 구체적으로 살펴봐 준다.
2) 협의를 통해 보상 금액을 정할 수 있으나 휴가철, 성수기, 대도시라는 변수가 있지 않 고서는 원 결제 금액의 10%를 넘기긴 쉽지 않다.

# 한달살기 숙소 Q&A

### 1. 여성 여행자예요. 에어비앤비를 이용할 때 유의사항이 있을까요?

여성 호스트나 아이가 있는 가족과 함께 사는 걸 추천해요. 호스트 프로필을 통해 성별을 확인할 수 있고 직업 등 기본적인 정보를 찾아볼 수 있어요. 오히려 혼자 지내는 것보다 안전하고 지역 정보를 많이 얻을 수 있기 때문에 호스트와 함께 사는 것도 이점이 많아요.

### 2. 게스트하우스에서 한 달을 머무는 건 어때요?

물론 가능해요. 발리, 고아 등 휴양지에는 게스트하우스에서 장기로 체류하는 여행자들도 많거든요. 다만 휴양지가 아닌 도시라면 여러 모로 집 형태의 숙소가 편할 거예요. 제대로 된 집과 침대에서 느끼는 편안함이 있고 부엌 사용이 가능하니까요.

### 3. 500달러로 빌릴 수 있는 집의 컨디션은 어떤가요?

동남아에서 500달러면 수영장과 체육관이 딸린 근사한 원룸형 콘도를 빌릴 수 있어요. 스페인, 체코, 크로아티아 등 비교적 물가 저렴한 유럽 도시에서는 중심지에서 살짝 벗어난 지역에서 방 한 칸을 빌릴 수 있고요. 런던, 뉴욕, 파리 등 물가 비싼 도시에서는 방 한 칸을 빌리는 데 적어도 두 배의 비용이 필요해요.

### 4. 에어비앤비 말고 다른 사이트는 없나요?

각 지역마다 한인이 운영하는 게스트하우스, 민박 등이 존재해요. 안전하고 편한 대신 그만큼의 비용을 지불해야 하고요. 한인 유학생 커뮤니티에 장단기 렌트를 한다는 게시물도 꾸준히 올라와요. 그들은 주로 방학 때 한국 방문 등으로 집을 비우는 경우가 많아요. 현지에 가서 직접 알아보는 방법도 있어요. 집 렌트하는 현지 사이트도 존재하고요. 반드시 에어비앤비만을 고집할 필요는 없어요. 저희는 에어비앤비를 통해 안전하고 저렴하게 한달살기를 다녀올 수 있는 방법을 터득했기에 이 사이트를 즐겨 이용하는 것뿐입니다.

145

### 5. 혼자일 경우, 둘이 갈 경우, 비용 차이가 큰가요?

호텔에 가면 제일 돈이 아까운 분들이 누굴까요? 바로 혼자 가는 분들입니다. 싱글룸이나 더블룸이나 그 차이가 미미하지요. 에어비앤비 숙소도 한 사람이나 두 사람이나 가격 차이가 별로 없어요. 집 전체를 빌려 놓고 룸메이트를 구하는 것도 숙박비를 아낄 수 있는 방법이에요.

# 그해 크리스마스
## 식탁

은덕

essay

에어비앤비에 등록된 발디비아의 숙소는 20곳이 채 안 되었다. 그중 저렴한 비용으로 한 달을 머물 곳을 찾아야 하니 선택의 폭이 더욱 좁아졌다. 패트리샤 아줌마의 집은 센트로에서 걸어서 30분 정도 걸리는데 우리가 도착한 날은 마침 크리스마스이브 전날이었다. "크리스마스이브에 우리 가족이랑 저녁 먹지 않을래?"

한국과 물가가 비슷하고 사람들이 무뚝뚝하다고 알려졌기 때문에 남미 여행지 중에서도 칠레는 비교적 인기가 없는 나라다. 그러나 유명 관광지에서 벗어난 마을에 와서일까? 스페인 세비야가 '도시', 튀르키예 이스탄불이 '사람'으로 기억되는 곳이었다면, 발디비아는 '도시'와 '사람' 둘 다의 매력이 있었다.

집에는 패트리샤와 그녀의 남편 호르키, 아들 잉글라스가 함께 살고 있다. 영어라고는 '굿모닝'과 '땡큐'밖에 모르는 이 집 식구들과 스페인어라고는 올라Hola, 안녕하세요와 그라시아스Gracias, 감사합니다밖에 모르는 게스트가 만났다. 아줌마는 노트북을, 우리는 태블릿을 들고 다니며 번역 앱으로 겨우 생존 대화만 이어갔다.

패트리샤 아줌마를 도와 크리스마스 음식을 만들고 그녀의 일가 친척

들과 인사를 나누다 보니 벌써 밤 10시였다. 아줌마의 기도와 함께 소박하게 차려진 음식을 나누어 먹으며 조용히 식사를 마쳤다.

"펠리스 나비다Feliz Navidad, 메리 크리스마스!" 자정이 되자 예수님의 탄생을 축하하며 패트리샤의 가족들은 우리를 꼭 안아 준다. 그러고는 고작 이틀을 머문 우리에게 크리스마스 선물이라며 발디비아에서 만든 전통 공예품과 맥주를 건넸다. 우리는 어찌할 바를 몰라 발을 동동 구르며 번역 앱을 찾는다. 그들의 눈을 바라본다. 말은 통하지 않지만 남미 사람들의 뜨거운 마음이 눈빛으로 전해졌다.

언어가 통하지 않으면 친구가 될 수 없다는 생각은 편견에 불과하다. 지금도 우리는 SNS를 통해 패트리샤 아줌마의 소식을 보고 있다. 여전히 스페인어는 낯선 언어지만 의미 정도는 유추할 수 있다. 공부 안 하는 잉글라스는 성인이 되자마자 타투를 몸에 새겼다. 사랑하는 가족의 고마움을 의미하는 그의 타투를 보며 따스했던 크리스마스의 밤을 떠올린다.

# 5장 떠나기 전 준비사항

# 한 달간 비울
## 집 정리

다른 나라에서 한 달을 지내기 위해선 준비가 필요하듯, 남겨진 우리 집에도 세심한 손길이 필요하다. 당장 일주일만 집을 비워도 냉장고에 남겨진 음식과 쓰레기 배출, 가스밸브 확인 등 아차 싶은 부분이 한두 개가 아니다. 한달살기 여행자를 위한 내 집 체크리스트가 필요한 이유다.

### 1. 냉장고

출발 날짜가 정해졌다면 한 달 전부터는 냉장고 비워 내기를 해야 한다. 전원을 끌 수 있도록 냉장고 전체를 비우길 추천한다. 불가피할 경우 냉장실 제품을 냉동실로 옮긴 후 약냉으로 맞춰 놓고 출국한다.

## 2. 우편물

가까이에 지인이 산다면 일주일에 한 번씩 우편함 관리를 부탁한다. 우편물이 쌓여 있으면 범죄의 타깃이 될 수 있다. 현관 앞에 붙어 있는 각종 전단지 수거도 부탁한다. 가까운 지인이 없다면 이웃에게라도 부탁하는 게 좋다.

## 3. 기타

가스밸브는 잠가 놓고 각종 콘센트는 모두 뽑아 둔다. 한겨울 출국이라면 동파되지 않도록 물을 조금 틀어 놓고 수도계량기가 얼지 않도록 안 입는 옷이나 뽁뽁이 등으로 덮어 준다. 보일러는 낮은 온도로 맞추거나 외출로 설정하기를 추천한다. 아파트가 아닌 단독주택이나 빌라라면 보름 간격으로 지인이나 이웃에게 집을 봐 달라고 부탁하는 게 좋다. 한여름엔 태풍이나 비 피해가 없도록 창문 단속을 잘해 두자.

# 항공권 판매 및 중개 업체

시간 여유를 두고 계획을 세우는 한달살러라면 때론 땡처리 특가보다 더 저렴하게 항공권을 구매할 수 있다. 아주 간단하게는 성수기를 피해 비수기에 여행을 가는 방법이 있다. 출발일을 주말이 아닌 평일로 설정하는 것만으로 저렴한 항공권을 구할 수도 있다. 또한 얼리버드 티켓은 안전하게 좌석을 확보할 수 있으면서 저렴하기까지 하다. 하지만 주변 상황이 어떻게 변할지 알 수 없는 등 쉽게 사용하지 못하는 할인법이기도 하다.

항공권 구매 및 중개 업체를 다음에 소개한다. 여행 예정 기간을 한 달 단위로 입력해서 가장 저렴한 표를 확인해 보자.

## 1. 스카이스캐너, 카약

항공권 가격 비교 앱이다. 수많은 외국 중개업체들의 정보를 보기 좋게 비교해 줘 저렴한 항공권을 찾을 수 있다. 직항뿐 아니라 경유편도 보이므로 경유지 여행을 원할 때도 유용하다. 또한 필터 기능을 이용해 출발 도착 일자를 '한 달 전체' 또는 '1년 전체'로 설정할 수 있다. 이 기능을 이용해 가장 저렴한 시기에 여행을 다녀올 수 있다. 다만 스카이스캐너나 카약은 여러 항공권 판매업체에서 등록한 가격을 사용자가 입력한 검색값에 맞춰 한꺼번에 화면에 보여 주는 앱이고, 실제 항공권을 구매하려면 링크로 자동 연결된 (인터파크 투어, 현대카드 프리비아와 같은) 항공권 판매업체로 넘어가야 한다. 때문에 항공권 변경이나 문제 발생 시 상담의 대상은 항공권 판매업체가 된다.

또 같은 지역을 여러 번 검색하면 '이 사용자는 여행을 갈 확률이 높구나. 좀 더 높은 가격을 제시해도 구매할 테니 마진을 높이자'는 원리가 적용돼 가격이 높은 항공권이 검색값으로 나온다. 따라서 인터넷 환경 설정에서 쿠키를 삭제 후 다시 검색하는 것이 좋다. (쿠키값 삭제하는 방법은 인터넷 검색으로 쉽게 찾을 수 있다.)

## 2. 구글 항공편

스카이스캐너와 같이 항공권 가격을 비교할 수 있는 서비스다. 목적지와 여행 일정을 입력하면 최저가를 포함해 항공권 가격을 비교해 보여 준다. 목적지의 코로나19 동향도 알려 준다.

## 3. 인터파크 투어, 와이페이 모어, 모두투어, 현대 프리비아

모두 항공권 판매를 하는 국내 업체다. 한국에서 출발하는 다양한 할인 항공권을 보유하고 있을뿐더러 문제 발생 시 한국어로 상담이 가능하다는 장점이 있다. 또한 업체와 카드사의 다양한 프로모션과 할인 혜택을 이용하면 외국계 항공권 판매업체보다 저렴하게 구매가 가능하다.

# 그 외에 알아 두면 좋은 앱

## 1. 마이리얼트립, 클룩, 에어비앤비 내 〈트립〉 서비스

한달살기는 기본적으로 자유여행이지만 때때로 투어 프로그램을 이용해 보다 편한 여행을 할 수도 있다. 마이리얼트립과 클룩, 그리고 에어비앤비 의 〈트립〉 메뉴에서는 현지에 살고 있는 가이드, 여행사 등이 짠 투어 프로그램을 예약할 수 있다. 예를 들어 바르셀로나의 가우디 투어, 영국 박물관 투어, 타파스 미식 투어, 이스탄불 도보 여행 등이 있다.

각 업체별 특징은 다음과 같다. 한국 업체인 마이리얼트립은 전 세계 유명 관광지의 한국어 가이드 서비스가 강점이다. 영어 가이드 투어도 진행한다. 문제가 생겼을 경우, 한국어로 고객센터와 연락할 수 있다는 장점이 있다.

클룩은 현지 철도, 버스 티켓은 물론 현지 유심을 공항에서 픽업할 수 있는 서비스를 제공하고 있다. 에어비앤비 〈트립〉은 문화체험이나 쿠킹클래스 같은, 로컬에서만 즐길 수 있는 특별한 프로그램을 소개한다.

## 2. 시트구루

항공기 좌석 확인 앱이다. 항공기는 같은 기종이라 해도 필요에 따라 좌석 구조가 다른데 이 앱을 통해서 자신이 탑승할 비행기의 좌석을 미리 확인할 수 있다. 화장실과 떨어진 자리를 선택하고 싶거나 통로 좌석을 선택하고 싶은 이에게 시트구루를 추천한다.

## 3. 트립케이스, 트립잇

여행 일정 정리 앱으로 메일 주소를 등록하면 자동 등록이 가능하다. 두 앱은 사용법이 거의 비슷하나, 시간을 기록하는 방식이 조금 다르다. 트립케이스는 직접 숫자를 움직여 기록하는 형태, 트립잇은 아날로그 시계의 시분침을 움직이는 형태. 일반 캘린더에 여행 기능을 추가한 앱인데 자신의 여행 일정을 특별히 관리하고 싶다면 사용해 볼 만하다.

# 여행자 보험

## 여행자 보험 체크리스트

∨ 다양한 보험사의 상품을 비교 확인해야

∨ 휴대품 보상과 해외질병 보장 항목이 포함됐는지 체크

∨ 휴대품 보상과 해외질병 보장은 가능하면 최대 금액을 선택

∨ 소매치기를 당했을 땐 경찰서에서 폴리스 리포트를 발급받을 것

∨ 병원에서 진료받고 나면 보험사에 제출할 서류를 잊지 말 것

∨ 환전 시 은행에서 제공하는 무료 여행자 보험은 휴대품 보상 등 필요 항목이 축소된 최소 상품임에 주의

한달살러에게 반드시 필요한 세 가지를 선택하라고 한다면 여권, 항공권 그리고 나머지 하나는 고민 없이 여행자 보험이라고 답하겠다. '소 잃고 외양간 고친다'는 속담을 이만큼이나 적절하게 표현하는 품목이 있을까? 여행자 보험은 실제 도움을 받아 보지 않고서는 필요성을 못 느끼는 항목 중 하나다. 하지만 여행자 보험은 질병, 상해뿐 아니라 여행자가 해외에서 마주하는 다양한 골칫거리를 해결하는 데 도움이 된다. 다음은 지금껏 한달살기를 하며 우리에게 벌어졌던 사건사고다.

프랑스 파리에서 식사 도중 어금니가 깨지는 사태가 발생했다. 남은 이를 뽑기 위해 한인 의사가 운영하는 치과를 찾아갔다. 어금니 하나 뽑는 데 100유로가 나왔다.

필요 서류
진단서, 진료비 영수증, 보험금 청구서 및 개인정보동의서, 여권 사본, 사고경위서 등

튀르키예 남서부의 외딴 시골 마을에서 머물던 날이다. 쇄골 주위를 말벌이 쏘았는데 이내 얼굴이 벌겋게 붓고 콧물과 눈물이 멈추지 않았다. 기도까지 부었는지 숨도 쉬기 힘든 정도가 됐다. 이웃의 도움을 받아 겨우 응급실로 향했다. 휴일 응급실 진료에, 외국인이라 현지 의료보험 적용도 받지 못한 상태에서 청구된 금액은 약 800리라(당시 환율로 약 16만 원)였다.

필요 서류
진단서, 진료비 영수증, 보험금 청구서 및 개인정보동의서, 여권 사본, 사고경위서 등

대만 가오슝에서 다른 사람의 실수로 휴대전화가 땅에 떨어졌다. 액정이 깨졌지만 다행히 숙소 근처에 휴대전화 수리점이 있어서 액정을 수리할 수 있었다. 비용이 걱정됐으나 여행자 보험 중 휴대품 보상 서비스가 있어서 귀국 후 액정 수리비를 보상받을 수 있었다.

필요 서류
수리비 영수증, 견적서, 깨진 휴대전화 사진, 보험금 청구서 및 개인정보동의서, 여권 사본, 사고경위서 등

튀르키예 이스탄불 카페에서 다른 손님과 부딪히는 바람에 안경이 떨어졌다. 튀르키예에서 새 안경을 맞추려면 먼저 안과 진료를 받고 안경 구입에 대한 처방을 받아야 한다. 때문에 여행자 보험의 의료비 청구 항목으로 신청을 해야 하는지, 휴대품 보상으로 요청해야 하는지 보험사에 문의했다. 현지에서 안경 구입을 위한 안과 진료는 보험 처리가 가능하나 안경 구입 비용은 처리 불가하다는 답변을 받았다. 대신 깨진 안경은 구입했던 내역을 제출하면 보상이 가능하다는 안내를 받았다.

필요 서류
깨진 안경을 구매했던 영수증(또는 카드내역서), 깨진 안경 사진, 보험금 청구서 및 개인정보동의서, 여권 사본, 사고경위서 등

파손, 도난, 질병, 상해 등 예기치 못한 순간에도 여행자 보험이 있다면 마음이 한결 놓인다. 주저하지 말고 병원을 찾아 편안한 마음으로 진료를 받자. 번역 앱으로 증상을 설명할 수 있다. 진료를 받고 나서는 영수증과 진단서를 잘 챙겨 오면 된다.

"여행자 보험이 있습니다. 보험사에 제출할 서류를 주세요." 병원에 이 간단한 멘트를 번역 앱으로 보여 주는 걸 잊지 말자. 또 보험은 타인에 의해 손해를 입었을 경우에만 보상받을 수 있다. 예를 들어 나의 부주의로 안경을 떨어뜨렸을 경우와 불찰로 가방을 길에 두고 온 경우는 해당사항이 없다. 여행자가 가장 흔히 입는 손해 상황은 소매치기인데 이때 현지 경찰서의 폴리스 리포트나 목격자의 진술서를 제출해 보상을 받을 수 있다. 이런 보상을 받으려면 여행자 보험에 휴대품 보상 항목이 포함돼 있어야 한다. 휴대품 보상은 최대 200만 원까지 다양한 보상 금액대가 있으니 이 항목만큼은 가능한 지급액이 큰 보험 상품을 고르자. 주의할 점은 '100만 원

보상'을 선택했더라도 휴대품 한 개당 최대 20만 원까지, 총 다섯 개 품목에 한해 보험청구가 가능하다는 것이다(자기부담금 제함). 단, 각 보험약관에 따라 변동되는 사항이 있으니, 보험 계약 전 약관을 꼼꼼히 확인하자.

여행자 보험에서 '배상책임'은 여행자가 쇼핑몰에서 고가의 그릇을 만지다 실수로 떨어뜨리는 등 타인에게 금전적인 해를 가했을 때 보험사에서 대신 배상해 주는 항목이다. 캐리어 파손, 항공기 지연 등을 보상해 주는 여행자 보험도 있다. 여행자 보험은 다양한 회사의 상품을 비교해 보고 고르도록 한다.

일정 금액 이상을 환전하면 은행에서 무료로 여행자 보험을 가입해 주기도 하지만 보상 금액이 미미하거나 휴대품 보상이 안 되는 경우도 많다.

# 여행자 보험 Q&A

### 1. 한 달 여행자 보험은 얼마나 하나요?

성별, 나이대, 보장내역에 따라 금액이 달라져요. 저희는 한 사람당 2~3만 원 내외로 보험을 선택해요. 항공기 지연, 수화물 분실 등 고급 옵션은 배제하고 휴대품 분실 보상내역을 잘 챙기는 편이에요. 평소 잔병치레가 많고 걱정이 많은 편이라면 여행자 보험만큼은 아끼지 말고 투자하세요.

### 2. 내 실수로 잃어버린 건 휴대품 보상이 안 되나요?

본인의 부주의로 인한 단순 분실은 휴대품 보상이 되지 않아요. 반드시 타인에 의한 손실에서만 보상을 받을 수 있음을 기억하세요.

### 3. 내 부주의가 아니라면 모든 휴대물품이 보상되는 건가요?

현금, 신용카드 등은 보상받을 수 없어요. 정확한 손해액을 증명하기 어렵고 이것들은 휴대하고 있는 '물건'으로 볼 수 없기 때문이에요.

## 여행자 보험 tip

1. 우리가 주로 사용하는 보험은 마이뱅크와 엠지손해보험. 마이뱅크는 가입이 간편하고 할인쿠폰 등 프로모션이 많지만 엠지손해보험에 비해 조금 더 비싼 편이다.

2. 보험에 가입하면 이메일로 약관을 보내 주는데 영문 약관도 요청할 수 있다. 혹시 외국 병원에서 보험약관을 요구할 수도 있으니 미리 영문 약관을 프린트해 놓자.

3. 한국에 돌아가지 않고도 이메일을 통해서 현지에 있는 동안 보험 처리를 받을 수 있다. 카메라나 휴대폰은 분실할 경우 당장 필요한 품목이다. 이메일로 서류를 접수한 후 이상이 없을 시 보통 일주일 안에 보험금이 지급된다.

# 예방접종

팬데믹 시대에 백신 접종은 이제 선택이 아니라 필수가 되었다. 가고자 하는 지역에 따라 추가적인 예방접종도 확인하자. 아프리카, 브라질, 동남아에서 한 달을 보낼 예정이라면 이 지역에서 유행하는 질병에 특별히 관심을 기울이자.

## 장티푸스

살모넬라균이 장을 통해 몸속으로 침투하는 장티푸스는 발열과 더불어 복통, 설사 등을 유발한다. 치료하지 않을 경우 3~4주에 거쳐 증상이 자연적으로 호전되지만 장이 안 좋다면 미리 예방주사를 맞고 가는 것이 좋다. 보건소에서 무료 접종이 가능하며 출발 2주 전에는 맞아야 한다.

## 말라리아

말라리아 원충에 감염된 모기에 물리면 발병된다. 감염 증상이 나타날 때까지는 2주~수개월의 시간이 소요되는데 오한, 발열이 전형적이다. 말라리아는 따로 백신이 없으므로 예방약 복용이 최선이다. 여행 중은 물론 출국 1주 전부터 귀국 후 4주까지 지속적인 복용을 해야 한다.

## A형간염

위생 관리가 철저하지 못한 지역에서 발생하는 질병이지만 요즘은 그것과 상관없이 발병률이 높아지고 있다. 주로 오염된 음식이나 물을 섭취하면 전염된다. 보통 한 달 정도 잠복기를 거쳐 피로감, 구토, 발열이 일어나고 황달 증상이 2주 정도 지속된다. 다행히 예방백신이 존재한다. 피검사 후 항체가 없으면 예방접종을 실시한다. 예방접종 1차, 2차의 간격은 6개월로, 항체검사를 해서 항체가 생기지 않았으면 추가접종이 한 번 더 이루어진다. 병원마다 차이가 있지만 항체검사와 1차, 2차 백신까지 10~20만 원이 든다.

# 더운 나라 건강 관리 tip

1. 식수, 양치, 요리에 쓰이는 물, 모두 생수일 것.

2. 식당에서 음료를 마실 때 얼음이 녹기 전 재빨리 마실 것. 얼음의 생산 과정을 알 수 없을뿐더러 얼음은 배탈의 주요 요인이기도 함. 얼음 넣은 음료 마시기가 겁난다면 미네랄 워터(생수)를 주문할 것. (참고로 식당에서 그냥 '워터'라고 말하면 컵에 수돗물을 따라 준다.)

3. 길거리 음식을 먹으려면 오전에 먹을 것. 한낮에 노출된 음식은 탈이 나기 쉬움. 가판대 음식은 오전 11시 이후에는 피할 것.

4. 수도꼭지가 보일 때마다 손을 씻을 것. 우리는 세계여행 출발 전에 황열병, 파상풍, 장티푸스 등의 예방접종을 하고 떠났다. 동남아와 남미 등에서 몇 달 동안 체류해야 했기 때문. 이런 지역들로 한달살기를 떠난다면 기본적인 예방접종은 하고 가길 권한다. 혹 바빠서 미처 챙기지 못했다면 모기, 물, 음식에 유의하자. 모든 질병은 이 세 가지에서 비롯됨을 잊지 말자.

# 한달살기를 위한
# 최적의 여행가방 꾸리기

## 한달살기를 위한 최소한의 짐

캐리어, 1인용 밥솥, 전기요, 귀마개, 돗자리 또는 스카프, 전기 모기약, 구급약, 화장솜, 물티슈, 호스트와 이웃을 위한 선물, 수영복, 한 달치 의류(속옷 포함), 세면도구, 유니버설 어댑터(국가마다 전기 코드 형태가 다름)

우리가 기내에 가지고 탈 수 있는 20인치 캐리어와 노트북 백팩으로 2년 동안 세계여행을 했다고 하면 십중팔구 "그게 가능해?"라는 물음이 돌아온다. 오랫동안 한국을 떠나니 필요한 게 많을 것이라 생각하기 쉽지만 실상 세계화 시대를 살고 있는 우리는 어느 나라에 가도 한국에서 사용하던 일상용품을 구할 수 있다. (설령 똑같은 제품이 없을지라도 대체품은 늘 존재한다.) 여행 중에 필요한 물품은 현지에서 그때그때 조달이 가능하니 뺄 건 과감히 빼는 최소한의 짐 꾸리기가 중요하다.

인도 여행이 한참 유행일 때 '자기 등에 짊어진 짐의 무게가 자기 업보의 무게'라는 이야기가 흔히 들렸다. 한달살러에게도 적용되는 이야기인데 인생의 짐이 적을수록 가뿐한 마음으로 한달살기를 떠날 수 있기 때문이다. 처음에 언급했던 이직자들, 휴직자들, 은퇴자들, 아이와 특별한 시간을 보내고 싶은 부모들에게 직접 물어보니, 한달살기를 가고 싶지만 떠나기 쉽지 않은 이유가 있었다. 시간을 내기 힘들거나 돈이 부족해서가 아니었다. 한달살기를 다녀와서 자신의 삶에 변화가 올 것이 두렵거나, 한국에 많은 것들을 두고 한 달씩이나 외국에 나갈 용기를 내지 못하겠다는 이들이 대부분이었다.

한달살기라는 여행은 그 자체로도 인생의 터닝 포인트를 만들어 준다. 세계관이 변하고, 내 주위를 살피는 관점이 바뀐다. 그만큼 변화를 감당할 수 있어야 하는데 많이 가지고 있는 사람보다는 가벼운 무게로 사는 이들이 쉽게 도전하는 모습을 볼 수 있다.

또, 현지에서 물건을 구매하는 소소한 재미를 놓치지 않길 바란다. 올리브로 유명한 스페인에서 올리브 비누와 샴푸를 구입하고 질 좋은 장미오일 생산지인 튀르키예에서 화장품을 구입하는 식으로 말이다. 한국에서 챙겨야 할 최소한의 물품을 정리해 봤다. 이외의 물품은 현지에서 구해도 될 것들이다. 진심으로!

## 캐리어

기내용이든 이민용이든 캐리어에 짐을 다 채우지 않는다. 한 달을 머물다 보면 자연스럽게 짐이 늘어난다. 현지 친구에게 받은 선물, 한달살기를 기념하기 위해 산 물건은 물론, 사소하게는 현시에서 구입한 향신료도 있을 테니까. 출발 전부터 이런 짐들을 고려해서 최대 용량의 70% 정도만 채우는 것이다. 혹 남은 공간을 초과하는 짐이 생길 때를 대비해서 한 손 크기로 작게 접히는 튼튼한 나일로 가방(일명 '장바구니')을 챙기는 것도 방법이다. 나일론 가방은 활용도가 높은데 귀국 시 넘치는 짐을 담기에 좋을뿐더러 장을 볼 때 비닐봉투 대신 장바구니로 사용할 수도 있다. 또한 장바구니는 현지 동네 주민들에게 우리는 금방 떠날 여행자가 아니라 이곳에 거주하는 사람이라는 이미지를 줄 수 있다.

## 1인용 밥솥

1인용 밥솥은 가방에 공간도 크게 차지 하지 않고 밥 할 때마다 걱정도, 번거로움도 줄여 준다. 한달살러가 외국에서 마주하게 될 난처한 상황 중 하나는 남의 집 냄비를 태우는 것이다. 쌀밥이 주식인 한국 사람이라 현지에서도 밥을 먹어야 할 텐데 간편히 먹겠다고 30일치 햇반을 챙길 순 없는 노릇 아닌가. 일본을 제외하고 전기밥솥이 준비된 숙소는 거의 없다. 냄비밥이 자연스러운 선택이 되는데 익숙하지 않은 주방에서 밥을 하다가 냄비를 태우는 일이 비일비재하다.

## 전기요

전기요는 고개를 갸우뚱하게 만드는 물품일 것이다. 한 달을 외국에서 지내다 보면 음식 때문에 탈이 나는 경우보다 의외로 날씨가 안 맞아서 고생하는 경우가 많다. 겨울 기온이 한국보다 높다고 해도 습도 때문인지, 바닥부터 덥혀 오는 온돌 시스템이 아니어서인지 묘하게 으스스하고, 뼛속까지 시린 추위가 기승인 도시가 많다. 한여름의 동남아시아가 아니라면 1인용 전기요, 그도 아니면 전기방석, 이것도 부담스럽다면 찜질팩이나 보온물주머니 등을 챙기라고 권한다.

옷은 부족하면 현지 매장에서 쉽게 살 수 있지만 1인용 전기밥솥이나 전기요는 쉽게 눈에 띄지 않는다. 한달살러들이 챙겨야 할 물건은 현지에서 구하기 쉽지 않은 물건이라는 점에 초점을 맞춰야 한다.

## 귀마개

평소에 잠을 잘 자던 사람도 낯선 곳에서는 잠자리에 예민해질 수 있다. 운이 나쁘면 공사 중인 이웃집을 만날 수도 있고 미처 몰랐지만 내가 온 곳이 스페인처럼 자정이 지나도 수다를 떠는 게 당연한 사람들의 나라일 수도 있다. 잠자리뿐만 아니라 비행기와 장거리 버스를 타야 할 때도 도움을 받을 수 있다. 필히 귀마개를 준비하자.

## 돗자리 또는 스카프

스카프는 여러 모로 쓸모 있다. 우선 부피를 많이 차지하지 않아서 외출할 때 부담이 없다. 이 부담 없는 물품은 몸에 둘러 패션 아이템으로 활용할 수도 있지만 추울 땐 목에 둘러 보온 효과를 얻을 수 있고, 공원에선 돗자리처럼 사용할 수도 있다.

다재다능한 스카프가 가장 빛을 발하는 장소는 뭐니뭐니 해도 해변이다. 해변에 나갈 준비를 하지 않았다 하더라도 모래 위에 사뿐하게 펼쳐서 가볍게 선탠을 즐길 수 있다. 또 탈의실 찾기 쉽지 않은 해변에서 몸에 살짝 둘러 수영복을 갈아입을 수 있다. 유럽의 해변에서 대부분의 현지인들이 이용하는 탈의 방법이기도 하다.

## 전기 모기약

모기는 전 세계 공통으로 환영받지 못한다. 현지에서도 모기약은 구매할 수 있지만 우리에게 익숙한 매트 형태보다는 돌돌이라고 불리는 모기향 제품이나 몸에 뿌리는 스프레이 형태가 대부분이다. 모기는 소리로 잠을 방해할 뿐만 아니라 뎅기열, 말라리아와 같은 균을 옮기기도 하니 전기 모기약을 준비하길 바란다.

## 구급약

감기약조차 의사 처방이 있어야 구매 가능한 국가도 있으므로 지사제, 소화제, 감기약, 두통약, 반창고, 외상 연고와 같은 구급약품은 미리 챙기자. 여기에 내가 평소 어떤 질병에 자주 걸리는지 파악하고 사전에 준비하면 더욱 좋다. 햇빛 알레르기 등 민감성 질환이 있거나 벌레에 물리면 쉽게 곪는 피부라면 항히스타민제와 항생제를 미리 병원에서 처방받자. 이 두 약품은 강한 약효 때문에 외국에서 처방전 없이 구입이 매우 어려우므로 한국에서 준비해 가면 좋다. 그 밖의 질병은 현지 병원과 약국에서 처방받자. 구글 번역기를 통해 간단히 단어 위주로 입력하면 증상을 설명할 수 있다. 여행지에서 발병한 병은 현지 약을 먹어야 가장 잘 낫는다는 우스갯소리도 있으니 약국 가는 걸 두려워 말자.

## 화장솜, 물티슈, 탐폰

우리나라 화장솜과 물티슈만큼 질 좋고 저렴한 제품은 외국에서 만나기 힘들다. 여성 인권이 취약한 국가에서는 탐폰이 비싸거나 구하기가 쉽지 않다. 만약 이런 나라를 여행한다면 미리 탐폰을 구매해 놓자. 생리대는 어디서나 구할 수 있다.

## 기념선물

호스트와 함께 사는 경우라면 작은 선물을 미리 준비하면 좋다. 케이팝과 한국 드라마의 영향으로 호스트 가족 중 한 명 이상은 한류에 관심을 갖고 있을 확률이 높은데, 미리 좋아하는 한국 연예인을 물어보고 굿즈를 준비해 보자. 그 외 현지에서 만날 이웃에게 나눠 줄 가벼운 선물도 챙기면 좋다. 한국 전통 문양이 새겨진 작은 손거울, 마스크팩이 인기 아이템이다.

## 수영복

수영복은 반드시 챙기자. 외국에서는 수영장이나 바다가 아니라도 자연 속에서 수영을 즐길 기회가 자주 생긴다.

수영을 못하는 사람이라 하더라도 물놀이 기회가 생기면 포기하지 말자. 현지 스포츠 매장(데카트론Decathlon이 대표적)에서 다양한 형태의 물놀이 용품을 구매할 수 있는데 초보에게 적합한 제품이 많다. 특히 긴 막대 모양의 튜브는 원형이나 유니콘 튜브처럼 크지 않아 다른 휴양객에서 민폐를 끼치지 않으면서 놀 수 있다.

# 6장 여행의 속도

# 김은덕, 백종민의
# 쿠알라룸푸르(KL) 한달살기 스케줄러

| 일요일 | 월요일 | 화요일 | 수요일 | 목요일 | 금요일 | 토요일 |
|---|---|---|---|---|---|---|
| 1 | 2 | 3 | 4 | 5 | 6 | 7 |
| | | | • 숙소 도착<br>• 유심칩 구입 | • 동네 구경<br>• 주변 식당들 둘러봄 | • 교통카드 구입<br>• 성당 미사 | • 종민, 이발소 이용<br>• 몽키아라에서 지인과 식사 |
| 8 | 9 | 10 | 11 | 12 | 13 | 14 |
| • 미드밸리 쇼핑몰 구경 | • 차이나타운 구경 | • 현지 친구와 식사 | • 에코 포레스트, KL 타워, 방사르 빌리지 관광 | • 바투동굴 관광 | • 카페에서 원고 집필<br>• 페낭, 말라카 왕복 버스표 구입<br>• 페낭 숙소 예약 | • 말라카 1일 투어 |
| 15 | 16 | 17 | 18 | 19 | 20 | 21 |
| • 현지 친구와 식사 | • 페낭, 3박 4일 여행 | | | | • 강연 준비<br>• 말라카 숙소 및 버스 예약 | • 카페에서 원고 집필<br>• 강연 준비<br>• 성당 미사 |
| 22 | 23 | 24 | 25 | 26 | 27 | 28 |
| • 현지인 대상으로 강연 | • 말라카, 3박 4일 여행(KL 전체 단수로 대피용 여행) | | | | • 특별한 일정 없음 | • 차이나타운 중고마켓 구경<br>• 현지 친구와 카페 |
| 29 | 30 | 31 | 1 | 2 | 3 | 4 |
| • 카페에서 원고 집필 | • 현지 친구에게 선물할 와인 구매<br>• 현지 친구와 식사 | • 호스트와 식사<br>• 짐 싸기 | • 출국 | | | |

* 매일 한 일: 가계부 정리, 수영 10바퀴

172

# 갑자기 주어진 시간에
# 해야 할 일

갑자기 주어진 시간을 감당 못 하는 한달살러도 생긴다. 그렇다고 넘쳐나는 시간에 마음만 바빠서 이것저것 하다 보면 여기가 한국인지 외국인지 까먹게 된다. 그럴 때일수록 규칙적인 일상을 만들어 놓는 게 좋다. 예컨대 일주일에 하루는 아무것도 하지 않는 날로 만들거나 도서관이나 카페에서 여행을 기록하는 날로 정한다. 글쓰기도 좋고, 유튜브에 영상 올리기도 괜찮다. 자신이 할 수 있는 방법으로 여행을 계속 기록해 보자. 중요한 건 잘하는 것보다 꾸준히 이어 가는 것이다. 이 과정이 몸에 익고 일정 수준에 도달한다면 외국에서 일하면서 돈도 벌 수 있는 디지털 노마드의 삶이 당신에게도 가까이 다가올 수 있다.

숙소 주변에 재래시장이 열리는 날은 그동안 현지 식당에서 주문했던 음식을 스스로 해 먹는 날로 정하자. 요리를 잘할 필요는 없다. 내가 주문했던 요리에 어떤 재료가 들었는지 생각하고 그 재료를 구입해 요리를 해 본다면 그것만으로도 두고두고 한달살기를 추억할 수 있는 좋은 경험이 된다. 보고 만지는 것뿐만 아니라 냄새로도 현지를 기억하게 된다면 이후 같은 향을 맡을 때마다 당신의 한달살기가 떠오를 테니까.

매일 아침 조깅도 중요한 일과로 만들 수 있다. 이런 여유로운 일과는 한국에서 하고 싶지만 못했던 것들 위주로 짜 보면 좋다. 외국에 나와 있으면 시간을 방해하는 여러 요소들로부터 벗어날 수 있다. 평소 하고 싶었던 그림 그리기, 운동, 외국어 공부, 글쓰기 그리고 소박한 밥상 차리기, 하다 못해 규칙적인 수면 습관 들이기 등 한달살기는 마음속에 그려 왔던 일들을 실현해 볼 수 있는 귀한 시간이다.

# 공연 예매 노하우

---

현장 매표소에서 당일 할인 티켓 구매
공연 시간 임박하면 러시티켓 구입

---

## 1. 당일 티켓 예매

공연 매니아라면 처음부터 공연을 염두에 두고 도시를 정할 수도 있겠다. 우리에겐 스코틀랜드 에든버러가 그랬다. 여름이 되면 에든버러 시내는 페스티벌의 열기로 더욱 뜨겁다. 평소에는 카페, 식당, 교회, 서점이던 곳들이 공연장으로 탈바꿈하고 두 달 가까이 크고 작은 공연이 열린다. 에든버러에서 우리는 날이 밝기가 무섭게 집을 나서 밤이 될 때까지 무언가에 홀린 듯 공연에 빠져 있었다. 단단히 벼르고 간 페스티벌이었지만 굵직한 공연 몇 개만 예약하고 모두 현지에 가서 당일 티켓을 이용했다.

바쁠 게 없는 시간 부자 여행자는 당일 할인 티켓을 활용하면 좋다. 보통 현장 매표소에서 오전부터 줄을 서서 기다린다. 정말 보고 싶은 작품인데 당일 할인 티켓조차 없다면 공연 시간에 임박해서 파는 러시티켓을 노릴 수 있다. 러시티켓은 현장 매표소가 아닌 공연장에서 판매하기도 하니 구매 위치를 파악하는 것이 중요하다.

## 2. 클래식 공연장 홈페이지 티켓 예매

어느 도시든 크고 작은 클래식 무대를 가지고 있다. 깔끔한 복장을 갖춰 입고 공연장을 찾아보자. 외국에서, 특히 유럽에서 관현악이든, 발레든, 오페라든 클래식 공연 관람은 어렵지 않게 즐길 수 있다. 언어를 몰라도 관현악을 들을 수 있고, 발레 무대를 즐길 수 있다. 예를 들어 아르헨티나 부에노스아이레스 콜론극장은 3,000여 명을 수용할 수 있으며 시즌 동안 수준 높은 클래식 공연을 무대에 올린다. 홈페이지 예매가 어렵다면 공연장에 가서 예매할 수도 있다.

런던 코벤트가든에 위치한 왕립 오페라극장 공연을 예매했다면 공연 시작 한두 시간 전에 도착할 것을 권한다. 잘 차려입은 나이 지긋한 노인들이 극장 로비에서 와인이나 샴페인을 한 잔씩 들고 대화를 나누고 있는 모습이 인상적이다. 흡사 귀족들의 사교클럽에 와 있는 듯한 분위기다. 왕립 오페라극장도 공연장 홈페이지에서 티켓 예매가 가능하다.

그 외에 피렌체 오페라극장 등 대부분의 공연장은 홈페이지에서 공연 예매가 가능하니 한달살기 도시를 정한 뒤 가고자 하는 시즌에 어떤 공연이 있는지 파악하면 좋다.

## 3. 티켓 예매 사이트

뮤지컬, 콘서트 등은 한국처럼 온라인 티켓 판매 사이트가 있어 예매가 더욱 쉽다. 우선 좋아하는 팝스타가 있다면 공식 홈페이지에서 투어 일정을 확인한다. 물론 우리가 한달살기하는 바로 그 도시에서 공연을 할 가능성은 높지 않다. 그래도 운이 좋아 한달살기를 하는 나라에서 공연이 있다면 하루쯤 나들이 삼아 다녀올 만하다. 우리에겐 펀Fun.의 콘서트가 그런 경우였다. 펀의 공연은 우리가 이탈리아 피렌체에서 한달살기를 하는 기간에 멀지 않은 도시 페라라에서 열렸다. 차를 렌트해서 당일치기 콘서트 여행을 다녀올 수 있었다.

특별히 좋아하는 뮤지션이 없다면 한달살기를 하는 국가의 티켓 예매 사이트를 둘러보는 방법도 있다. 이 방법으로 우리는 우루과이 몬테비데오에서는 폴 매카트니, 파리에서는 아그네스 오벨과 리버틴즈의 공연을 봤다.

우리가 자주 이용하는 티켓 예매 사이트로는 티켓마스터ticketmaster, 북마이쇼bookmyshow, 비아고고viagogo 등이 있다. 뮤지션 공연 외에도 페스티벌, 자동차 레이싱 등 다양하니 취향에 따라 선택하자.

### 클래식 공연이 보고 싶다면

클래식 공연은 특별히 애호가가 아니라면 발레와 관현악 정도를 추천한다. 영어 자막을 읽어야 하는 오페라는 난이도가 상이다. 한번은 이스탄불에서 오페라를 봤는데 이탈리아어 대사에 자막은 튀르키예어였다. 내용을 알 수 없어 객석에 앉아 있는 것 자체가 고역이었다. 뉴욕에서 본 오페라에는 다행히 영어 자막이 있었지만 자막 화면과 무대 위를 번갈아 보느라 숨이 찼다.

### 록 페스티벌에 가고 싶다면

외국에서 록 페스트벌은 꼭 10대, 20대만 즐기러 오는 곳이 아니다. 개를 데리고, 유모차를 끌고 주말을 보내려고 찾는 중년도 자주 보인다. 물론 모든 록페가 그런 건 아니고 잉글랜드의 레딩, 미국의 롤라팔루자와 같은 전통의 록페는 좀 더 각오가 필요하다. 레딩이나 롤라팔루자의 라인업은 레드 핫 칠리 페퍼스, 메탈리카, 에미넴, 바스틸, 시스템 오브 어 다운 등 그야말로 환상적이다. 한국과 마찬가지로 외국의 록페도 조기예매 할인이 있고 록 페스티벌 홈페이지에서 직접 예매할 수 있다. 그 나라 공연 문화를 엿보는 재미가 있지만 록페를 특별히 좋아하지 않는다면 굳이 외국에서까지 관람할 필요는 없다.

# 세계의 페스티벌

| 국가 | 도시 | 축제 | 내용 | 시기 |
|------|------|------|------|------|
| 홍콩 | 센트럴 | 홍콩 아츠 페스티벌<br>HK Arts Festival | 매년 개최. 1973년 시작된 공연예술 축제로, 홍콩 센트럴 섬 황후상 광장 일대에서 오페라, 무용, 관현악, 연극, 재즈, 월드뮤직 등 다양한 장르의 세계적인 예술단이 공연한다. | 2~3월 |
| 스페인 | 헤레스 | 플라멩코 댄스 페스티벌<br>Flamenco Festival | 매년 개최. 플라멩코는 스페인 안달루시아 지방의 민속음악으로, 헤레스가 그 본고장이다. 축제 기간 동안 플라멩코 공연은 물론, 강의와 워크숍이 마련된다. | 2~3월 |
| 미국 | 뉴욕 | 휘트니 비엔날레<br>Whitney Bienniale | 짝수 년도 3월~5월 개최. 1932년에 시작된 세계적인 미술 행사로, 베네치아, 상파울루 비엔날레와 비교해 진보적인 성향으로 알려져 있다. 미국 미술의 현재를 살펴보기 좋다. | 3~5월 |
| 태국 | 태국 전역 | 송끄란 페스티벌<br>Songkran Festival | 매년 4월 13일~4월 15일 개최. 태국력 기준으로 새해를 기념하는 축제로, 새해를 정갈하게 맞기 위한 다양한 행사들이 이루어지는데, 그중에서도 거리에서 참가자들이 서로에게 물을 뿌리는 행사가 가장 유명하다. | 4월 |
| 이탈리아 | 베네치아 | 베네치아 비엔날레<br>Venezia Biennale | 홀수 년도에 개최. 1895년 시작된 세계적인 예술 축제로, 베네치아의 남동쪽 카스텔로 공원에서 열린다. 독립된 국가관을 마련한 24개국의 동시대 미술은 물론, 총 60여 개국의 미술작품을 감상할 수 있다. | 5~10월 |
| 스위스 | 바젤 | 아트 바젤<br>Art Basel | 매년 6월 개최. 1970년에 시작된 세계적인 아트페어로, 전 세계의 아트딜러와 예술가 들이 모인다. 행사장 주위로 정식 초대받지 못한 갤러리들이 모여 작은 아트페어를 열기 때문에 그 주변을 살펴보는 재미도 있다. | 6월 |
| 잉글랜드 | 필턴 | 글래스턴베리 현대 공연예술 축제<br>Glastonbury Festival of Contemporary Performing Arts | 매년 6월 마지막 수요일~일요일 개최. 1970년 시작된 현대 공연예술 축제로, 서머싯주 필턴에서 열린다. 메인 무대에서는 록음악이, 그밖의 무대에서는 재즈, 무용, 코미디 등 다양한 장르의 공연이 펼쳐진다. 5년마다 안식년을 갖는다. | 6월 |
| 캐나다 | 몬트리올 | 몬트리올 재즈 페스티벌<br>Montreal International Jazz Festival | 매년 6월말~7월초 개최. 1980년 시작된 세계 최대 규모의 재즈 페스티벌. 실내 공연과 야외 공연으로 나뉘며, 야외 공연은 무료로 진행된다. | 6~7월 |
| 스페인 | 팜플로나 | 산 페르민 페스티벌<br>San Fermin Festival | 매년 7월 6일~7월 14일 개최. 1591년 시작된 성인 페르민을 기리는 종교 축제다. 교회 주체로 종교 행사, 민속 음악 공연, 전통 경기가 펼쳐진다. 그중에서도 매일 밤 열리는 투우 경기가 유명하다. | 7월 |
| 프랑스 | 아비뇽 | 아비뇽 페스티벌<br>Festival d'Avignon | 매년 7월 3주간 개최. 1947년 시작된 연극 축제로, 엄격한 심사를 거쳐 선정된 작품들과 주최 측의 개입 없이 자유롭게 신청 가능한 작품들이 공연장과 거리에서 실연된다. | 7월 |
| 일본 | 니가타 | 후지 록 페스티벌<br>Fuji Rock Festival | 매년 개최. 1997년 시작된 대중음악 축제로, 후지산의 스키장에서 처음 열려 이름이 정해졌다. 록, 일렉트로닉 장르의 세계적 뮤지션들을 만날 수 있다. | 7월 |
| 스위스 | 몽트뢰 | 몽트뢰 재즈 페스티벌<br>Montreux Jazz Festival | 매년 개최. 1967년 시작된 재즈 페스티벌로 재즈를 비롯, 블루스, 록, 레게 음악이 연주된다. | 7월 |

| 국가 | 도시 | 축제 | 내용 | 시기 |
|---|---|---|---|---|
| 독일 | 바이로이트 | 바이로이트 페스티벌<br>Bayreuth Festival | 매년 개최. 1876년 시작된, 리하르트 바그너의 오페라를 공연하는 축제다. 바그너 집안이 4대째 이끌어 오고 있으며, 유럽 3대 축제 중 하나로 일컬어진다. | 7~8월 |
| 일본 | 아오모리 | 아오모리 네부타 마츠리<br>Aomori Nebuta Matsuri | 매년 8월 2일~8월 7일 개최. 네부타는 거대한 종이 인형으로 꾸민 수레를 일컫는 말로, 종이 인형은 주로 중국과 일본의 고전문학 속 인물을 주제로 한다. | 8월 |
| 캐나다 | 토론토 | 토론토 영화제<br>Toronto International Film Festival | 매년 개최. 1976년 시작된 국제 영화 축제로, 일반인의 참여가 어려운 세계 3대 영화제와 달리, 일반인의 영화 예매가 수월한 편. 세계 4대 영화제로 손꼽힐 만큼 점차 규모도 커지고 위상도 높아지고 있다. | 8월 |
| 잉글랜드 | 레딩, 리즈 | 레딩과 리즈 페스티벌<br>Reading and Leeds Festivals | 매년 개최. 레딩과 리즈, 두 도시에서 열리는 록음악 페스티벌. 인디록, 얼터너티브, 헤비메탈, 펑크 등 다양한 장르의 세계적인 뮤지션들의 공연을 볼 수 있다. | 8월 |
| 스페인 | 부뇰 | 토마토 축제<br>La Tomatina | 매년 8월 마지막 주 수요일 개최. 1940년대 시작된 민속 축제로, 한 시간 동안 푸에블로 광장에 모인 참가자들이 서로에게 토마토를 던지는 난장이 펼쳐진다. | 8월 |
| 미국 | 네바다주 | 버닝맨 페스티벌<br>Burning Man Festival | 매년 8월 마지막 월요일~9월 첫째 주 일요일 개최. 1986년에 시작된 예술 축제로, 블랙 록 사막에 전 세계의 예술가들이 몰려들어 가상의 도시 블랙 록 시티를 세우는 것으로 시작된다. 이곳에서 예술가들은 제한 없이 자신만의 예술 행사를 펼친다. 축제의 상징인 대형 나무 조형물을 태우며 축제를 마무리한다는 뜻에서 버닝맨이라고 불린다. | 8~9월 |
| 아일랜드 | 더블린 | 더블린 연극제<br>Doublin Theatre Festival | 매년 개최. 저렴한 가격으로 연극을 즐길 수 있다. 줄거리를 잘 알고 있는 작품이 아니라면 영어로 이루어진 대사 이해가 어려울 수 있다. | 9~10월 |
| 독일 | 뮌헨 | 옥토버 페스트<br>October Festival | 매년 개최. 1810년 시작된 맥주 축제로, 참가 회사들은 알코올 도수를 높인 특별 제작 맥주를 선보인다. 만 명을 수용할 수 있는 거대 천막이 설치되고 그 안에서 맥주 판매가 이루어진다. | 9~10월 |
| 브라질 | 상파울루 | 상파울루 비엔날레<br>São Paulo Art Biennial | 짝수 년도 개최. 1951년 시작된 세계적인 미술 행사로, 남아메리카 미술을 세계에 전파하는 창구 역할을 한다. 베네치아, 휘트니와 더불어 3대 미술 비엔날레라고 불린다. | 9~12월 |
| 태국 | 태국 전역 | 로이 끄라통<br>Loi Krathong | 매년 개최. 태국의 우기가 끝나는 시점에 열리는 축제로, 정확히는 태국의 명절이다. 끄라통은 연꽃 모양으로 만든 배를 의미하는데, 정성을 담아 장식하고 불을 밝힌 배를 강물로 띄워 보내는 행사로 유명하다. | 10월 |
| 독일 | 쾰른 | 쾰른 카니발<br>Cologne Carnival | 매년 11월 11일 11시 개최. 1823년 시작된 전통 축제로, '장미의 월요일'이라고 불리는 시가 행진으로 유명하다. 이 행진에 장미꽃 30만 송이, 초콜릿 20만 상자, 사탕과 캐러멜 150톤이 뿌려진다. | 11월 |

# 우리가 반복해서
## 두 번, 세 번 한 것

한달살기 여행의 장점은, 그곳에서 좋아하는 일을 발견하면 시간에 구애받지 않고 몇 번이고 할 수 있다는 점이다. 내 취향, 내 호흡으로 어디든 흘러갈 수 있다. '언제 다시 여기 오겠어'라는 아쉬운 마음으로 하루라도 더 머물 방법을 강구하지 않아도 된다. 한달살기라면 좋아하는 장소를 몇 번이고 다시 찾을 수 있다.

### 1. 바다수영

바다가 가까운 지역이라면 우리는 일주일에 한두 번은 꼭 수영을 했다. 푸껫, 롬복, 마요르카와 같은 휴양지뿐만 아니라 바르셀로나, 빌바오, 이스탄불과 같은 도시에서도 일광욕과 수영을 즐길 수 있다. 외출복 안에 수영복을 입고 시내를 돌아다니다가 더워지면 바다로 갔다. 그렇게 외출복을 훌훌 벗고 수영을 즐기다가 해변에 스카프를 펼쳐 놓고 태양 아래서 몸을 말린 뒤 다시 그 위에 옷을 입고 숙소로 돌아온다. 한국이라면 이것저것 챙겨야 할 게 많지만 외국에서는 간편하고 쉽게 바다를 즐길 수 있다.

### 2. 공원 피크닉

공원을 무대로 열리는 음악회, 영화제 등 다양한 행사가 많다. 열린 공간에서 진행되다 보니 대체로 무료 행사들인데 공원에 가면서 와인, 맥주, 치

즈, 살라미 등도 같이 챙기면 피크닉 겸 축제를 즐기는 셈이 된다. 와인 오프너, 돗자리, 플라스틱 와인잔이 있으면 더욱 좋다.

### 3. 도서관이나 카페에서 글쓰기

일주일에 한 번, 숙소에서 가까운 도서관이나 카페를 찾아 여행을 기록한다. 일주일 동안 있었던 일을 기록하는 의미도 있지만 이런 경험은 정말이지 살아 보는 여행이 무엇인지 실감하게 해 준다. 특히 도서관이 이런 경험에 유용한데 잠시 들르는 여행자보다 현지에서 살고 있는 사람들의 공간이기 때문이다. 공간을 놀이터 삼아 책을 읽는 어린이들과 부모, 공부하는 학생들, 신문을 읽는 노인들까지 전 연령대의 현지인을 만날 수 있다. 그 도시 사람들이 도서관을 대하는 태도, 예를 들어 읽고 난 책을 어떻게 정리하는지, 공공시설인 도서관을 얼마나 잘 가꾸고 있는지 같은 것들을 통해 도시의 시민의식을 느껴 볼 수도 있다.

### 4. 달리기

한달살기하는 지역에서 마라톤이 열리면 꼭 참여한다. 현지인들 틈에서 달리다 보면 깊은 친밀감이 솟는다. 여기에 동네 주민의 열렬한 응원까지 받노라면 실제로 내가 이곳 주민이라는 착각마저 든다. 마라톤이 아니더라도 매일 아침 달리기를 하며 동네를 구경하는 재미도 쏠쏠하다.

# 에든버러에서
## 공연 보며 한달살기

은덕

종민과 나는 2009년 겨울, 서울 국제여성영화제에서 만났다. 5개월 동안 함께 페스티벌을 준비했지만 사적인 대화는 나눈 적이 없는 삭막한 사이였다. 서로 다른 일을 하며 각자의 삶을 살아가던 도중 우연찮은 전화 통화한 번으로 연애가 시작됐다. 이후 결혼식부터 세계여행까지 인생을 함께만들어 가며 삶을 즐기고 있는 중이다. 우리의 첫 만남의 장이었던 페스티벌을 찾아가는 한달살기는 에든버러부터 시작된다. 우리는 에든버러 프린지 페스티벌Edinburgh Fringe Festival과 로열 에든버러 밀리터리 타투The Royal Edinburgh Military Tattoo를 보기 위해 2013년 8월 이곳을 찾았다.

페스티벌 사무국의 초청작으로 이루어지는 인터내셔널 페스티벌Edin-burgh International Festival과는 달리 프린지 페스티벌은 공연팀이 직접 준비해서 무대에 올리는 열린 행사다. 공식적으로 초청받지 못한 여덟 개의 공연 단체가 행사장 주변부의 소규모 공간을 극장으로 개조해 공연한 것이 그 시작이다. (프린지Fringe라는 말은 '주변', '가장자리'를 뜻한다.) 참가 제한이 없어서인지 공연 개수만 해도 1,000개가 훌쩍 넘었다. 공연을 소개하는 카탈로그의 두께는 서울시 전화번호부 책자에 버금간다.

에든버러 페스티벌의 꽃이라고 불리는 로열 에든버러 밀리터리 타투.

1950년 수백 명의 스코틀랜드 경기병이 전통 복장인 킬트Scotch kilt를 입고 군악 퍼레이드를 벌이던 것이 계기가 되었다. 현재는 스코틀랜드 군악대와 더불어 세계 각 나라의 군악대를 초대하여 함께 공연한다. 한해 20만 명이 이 공연을 관람하기 위해 에든버러를 찾는다. 밀리터리 타투는 1년 중 딱 3주 동안 에든버러 성 앞의 야외 무대에서 진행된다. 전 세계에서 초청받은 군악대와 공연단의 화려한 무대를 1,000여 명의 참가자가 함께한다.

화려한 조명 아래 다채로운 공연이 끝나 가고, 그 어떤 공연보다도 아쉬운 마음이 짙어졌다. 이런 기분은 어디에서부터 오는 것일까? 이 아름다운 장소에서 펼쳐지는 공연을 볼 수 있는 기회가 내 생애 과연 얼마나 더 있을까, 하는 애잔함 때문이었을까? 밀리터리 타투 공연은 유독 할머니, 할아버지가 자식이나 손주의 부축을 받으며 관람을 많이 하셨다. 밤이 되어 쌀쌀해진 날씨에 아랑곳 않고 마치 자신들 생애 마지막 공연을 보는 듯, 한 장면도 놓치지 않고 집중을 다해 보신다.

도시 전체가 공연 무대라니 상상도 못 했던 풍경이다. 직접 보고 즐기면서도 매 순간 놀랍다. 이렇게 거대한 축제를 어떻게 준비하고 진행하는 것일까? 무언가에 홀린 듯 공연장을 찾아 헤매고, 날이 밝기 무섭게 시내로 나가 새로운 에너지를 충전한다. 자고로 축제라면 이 정도 매력은 내뿜어야 하는 게 아닐까? 공연만으로 한 달을 꽉 채운 한달살기를 어디에서 또 해 볼 수 있을까?

# 매일매일의

# 피크닉

**은덕**

'사람들은 공원에 왜 가지?' 공원이라는 존재를 처음 자각한 건 런던에서 였다. 내게 공원은 어느 봄날, 흩날리는 벚꽃을 구경한다든가 가을밤, 화려 하게 쏟아지는 불꽃놀이를 보러 일부러 찾아 나서는 특별한 공간이었다. 공원은 옆에 있지만 내 일상과는 거리가 멀었다.

열 걸음이 무섭게 나타나는 공원의 접근성, 그리고 그곳에서 뭐든 다 하는(점심도 먹고, 개도 산책시키고, 일광욕도 하고, 책도 읽고, 낮잠도 자 고, 요가도 하고, 키스도 하는) 런더너는 그야말로 충격이었다. 런던에 있 는 동안 우리는 틈만 나면 공원에 갔다. 가난뱅이 여행자가 마음껏 사치를 누릴 만한 공간으로 공원만 한 곳이 없었기 때문이다.

머무는 기간 동안 아주 잠깐을 제외하면 런던의 우중충한 하늘을 보지 못했다. 햇살을 만끽하는 현지인 틈에서 우리도 잔디밭에 누워 하늘을 보 았다. 런던이 다른 유럽 도시와 다른 몇 가지 중 하나는 분명 공원이었다. 파리의 공원이 가르마를 타듯이 정렬된 나무, 한 치의 오차도 없이 같은 모 양으로 잘라 놓은 조경을 자랑한다면 런던 공원의 나무는 제멋대로 가지 가 뻗어 있다. 어디에도 조경이라 할 만한 것들은 보이지 않는다. 어쩌면 인간의 손을 타지 않은 것처럼 자연스러워 보이기 위해 애를 쓰고 있는 것일지도 모른다.

공원이 이렇게 많다 보니 서울에서 편의점 가는 것마냥 런던에서는 쉽게 공원을 만날 수 있다. 버스나 지하철에 내려서 다리를 건너고, 또 한참 걸어가야 만날 수 있는 공원이 아닌 것이다. 6차선 대로변에서 비죽 초록 얼굴을 들이민 공원을 만나게 되거나 버스에서 내려 다섯 발자국도 채 가지 않아 공원 입구에 들어서게 된다. 목적지에 가려면 공원 하나를 가로질러야 하는 일도 자주 생긴다. 덕분에 여행자들에게는 이만한 쉼터가 없다. 공원 잔디밭에 누워(벤치에 앉아도 좋다) 숨을 깊게 들이마시고 흙 냄새를 맡아 본다. 흙의 차가운 기운을 온몸으로 느껴 본다. 바람에 흔들리는 잎사귀 소리와 흘러가는 구름을 바라본다. 오감을 일깨우는 자연의 선물.

지금도 한달살기를 할 때면 공원을 꼭 찾는다. 현지인들이 공원을 즐기는 법을 따라 하는 재미가 있다. 파리지앵은 바게트, 살라미, 치즈 등을 챙겨 와 공원에서 와인과 함께 마신다. 별거 없는 조촐한 상차림이 근사한 건 조바심 없는 그들의 여유 덕분임을 새삼 깨닫는다.

# 마요르카에는
## 우리 도서관이 있다

은덕

종민의 도서관 사랑은 유별나다. 한 달을 살러 떠나는 도시마다 종민의 전용 도서관이 생겼다. 뉴욕 공립 도서관New York Public Library, 파리 퐁피두 센터 내 도서관Bibliotheque Publique d'Information, 심지어 인구 1,500명이 사는 크로아티아의 작은 마을에도 그가 애정하는 도서관이 있다. 유럽의 서점들을 모아 누군가 책을 냈듯이 '세계 도서관 기행'을 엮는다면 그역시 할 말이 많을 것이다.

여행하는 이들 중에 도서관을 일부러 찾아다니는 사람은 흔치 않다. 외국어로 된 책을 빌릴 것도 아니고, 고시 공부를 할 것도 아닌데 여행까지 와서 도서관 열람실에 자리 잡고 앉는 게 영 이상하다. 그러니 독특한 외관과 역사를 지니지 않은 이상 도서관이 여행자의 발길을 끄는 일은 많지 않다.

혹, 여행지에서 조용히 책을 읽고 싶거나 무언가 글을 적고 싶다면 카페에 가면 된다. 근사한 카페에서 책을 읽고 일하는 모습을 셀카로 담아 SNS에 올리면 '좋아요'도 더 많이 달린다. 도서관보다는 카페가 이런 장면에서 더 폼 나는 게 사실이지 않은가. 나부터도 세련된 배경음악이 흘러나오며 때때로 멋진 현지인들을 만날 수 있는 카페를 선호한다.

여행지에 와서 살짝 들뜬 기분을 도서관의 침묵 속에 묻어 버리기도 아쉽다. 그런 점에서 삐그덕거리는 의자 소리조차 눈치 보이는 도서관과 달리 적당한 소음 정도는 허하는 카페가 더 좋다. 한번은 도서관에서 의자를 집어넣다가 바닥 끄는 소리를 냈다. 어김없이 인상을 팍 쓰는 종민이다. 또 지적질이냐고 나도 버럭 화를 냈다. 그는 방귀 뀐 놈이 성낸다며 공공장소에서 조심성 없는 나를 질책했다. 도서관까지 가는 수고, 무엇보다 그곳에서 유독 예민하게 구는 그가 싫다.

종민이 여행지마다 도서관을 찾느라 혈안일 때, 카페에 가지 못할 거면 집에서 일하자고 딴지를 걸었다. 숙소에도 책상과 의자가 있는데 굳이 도서관까지 가야 하는 이유를 모르겠다. 도서관은 그저 책을 빌리러 가는 곳. 일은 집에서 하는 게 가장 편하다.

우리 동네 마요르카 도서관은 너무 작아서 이름이 없다. 스페인어로 도서관이라는 뜻의 biblioteca가 전부다. 종민 때문에 그토록 가기 싫었던 도서관이지만 스페인에서 석 달을 머물면서 생각에 변화가 찾아왔다. 우선 도서관만큼 시원한 곳이 없다. 에어컨 사용 빈도가 낮은 유럽답게 마요르카도 냉방이 시원찮다. 하지만 도서관만큼은 예외라 에어컨 은혜를 만끽

하며 등줄기의 땀을 식힐 수 있다.

　도서관을 이용하는 현지 학생들을 관찰하는 것도 흥미롭다. 뉴욕 공립
도서관 이용자들이 먹다 남은 사과 노트북으로 SNS를 주로 하는 것과 달
리, 이곳 학생들은 책과 노트, 필기도구를 들고 진짜 공부를 한다. 생각해
보니 바다로 놀러 나가는 것을 포기하고 여름 휴가철에 도서관에 왔다는
사실만으로도 남다른 의지의 소유자 아니겠는가. 물론 개중에는 인터넷을
들여다보거나 왔다 갔다 하는 산만한 학생도 있다.

　무엇보다 놀라운 건 접근성이다. 우리가 자주 찾았던 바르셀로나의 도
서관은 도보 10분이 걸렸고 빌바오와 마요르카는 3분이면 도착한다. 마치
숙소를 도서관 옆에 일부러 잡은 게 아닐까 싶을 정도로 코앞이다. 이는
스페인 외에도 유럽 대부분의 도서관이 비슷하다. 출퇴근 길, 식사를 하러
가거나 친구들을 만나는 일상 속에서 자연스럽게 도서관이 길 위에 존재
한다. 이들에게 도서관은 따로 시간을 내 가는 공간이 아니다. 낯선 도시
에서 한 달쯤 도서관을 이용하다 보면 단골 이용객을 알아보는 사서의 친
근한 눈빛을 만날 수 있다. 이때 놀랍게도 도서관이 답답한 공간에서 편안
한 공간으로 변모한다.

# 7장 한 달 동안 뭐 먹을까?

# 동네식당
## 이용법

누군가의 블로그를 보고 힘겹게 찾아 나선 관광지 레스토랑에 실망한 경험이 한 번쯤 있을 것이다. 나를 비롯해 너무 많은 한국인이 테이블에 앉아 있어 한국인지 외국인지 가늠이 되지 않았다거나, 일부러 찾아갈 만큼 맛집은 아니었거나, 바가지를 씌운 건 아닌지 의심이 들 때도 있다.

관광객이 많이 찾는 식당은 아무래도 외국인 입맛에 맞춘 요리를 내놓는다. 모든 사람이 거부감 없이 먹을 수 있다는 것은 현지의 투박함을 맨들맨들하게 다듬었다는 뜻이다. 안타깝게도 현지의 특징이 사라진 평범한 요리가 될 확률이 높다. 우리는 블로그 맛집, 관광지 레스토랑을 일부러 피한다. 진짜 현지 음식을 맛보고 싶은 욕심 때문이다. 좀 투박하고 허름하더라도 그 지역 정서가 고스란히 묻어 있는 식당이 좋다.

동네식당은 관광객의 입맛을 고려하지 않는다. 그 지역에서 나고 자란 사람들을 위한 음식을 내놓는다. 여행자에게 거부감이 들 수도 있지만 그런 이유로 현지인의 음식 취향을 느낄 수 있는 것도 사실이다.

물론 현지 음식이 처음부터 우리 입맛에 맞는 건 아니다. 맛있게 느껴질 때까지 노력과 도전이 필요한 경우도 있다. 인도네시아와 말레이시아 사람들이 즐겨 먹는 음식 중 미고랭이 있다. 볶은 국수 정도의 음식인데 접시 위에 담겨 나오는 모습은 인스턴트 라면 면발에 야채 조금, 닭고기 조금이 전부다. 현지인들이 맛있게 먹어서 몇 번 시켜 봤는데 정이 가지 않는 맛이었다. 이후로는 인스턴트 라면을 식당에서 돈 주고 먹어야 할까 싶어서 메뉴 선택에서 늘 뒷전이었다. 그러던 어느 날, 현지인 친구의 추천으로 간 식당에서 미고랭을 먹었는데 이전의 불량식품 맛이 아닌 거다. 고소하고 달착지근한 소스의 맛과 쫀쫀한 면발의 식감이 일품이었다. 현지인들이 즐기는 데는 그만한 이유가 있기 마련인데 내가 가진 편견에 이 음식을 멀리했구나 싶어 반성하며 접시를 비웠다.

음식 관련 어쭙잖은 지론이 있다면 그 나라 사람들이 맛있게 먹는 음식 중 맛없는 음식은 없다는 것이다. 여행자에게 맛이 없는 것은 그 음식이 낯설기 때문이다. 한 번, 두 번 먹다 보면 현지인들이 왜 이 음식에 이 향신료를 꼭 넣어 먹는지, 왜 엄지손가락을 추켜세우는지 알게 된다. 시간과 경험이 필요한 맛이랄까.

짧은 여행에서 현지 음식을 시도하기 힘든 이유가 여기 있다. 여행지에서 몇 번 허락되지 않는 소중한 한 끼 식사인데 매번 낯선 음식에 도전할 순 없으니까. 하지만 시간이 많은 한달살러는 충분히 즐길 수 있다. 이번 식사가 만족스럽지 않더라도 앞으로 남은 많은 날들 동안 현지인들이 즐기는 그 맛을 우리도 찾을 수 있을 테니까 말이다.

내 입맛에 맞는 단골식당을 찾기 위해선 작은 모험을 걸어야 한다. 음식 선택에 실패할 확률, 말이 안 통해 다른 음식이 나올 확률, 단어를 몰라 음식을 주문하지 못하는 불상사를 모두 겪을 수가 있으니 말이다. 어쩌면 이 시행착오를 줄이기 위해 여행자는 관광지 레스토랑에 가는지도 모른다. 한달살기는 4주를 완벽히 보내는 여행이 아니다. 오히려 여행의 실수를 인정하고 그 빈틈 안에서 즐거움을 찾는 여행법이다. 식사 한 번 만족스럽지 않다고 한 달이 모두 망가지진 않음을 잊지 말자.

## 1. 발길 닿는 대로

당신은 이미 현지 맛집을 찾을 수 있는 사람이다. 자신의 취향을 잘 알고 있는 사람은 다른 누구도 아니고 자기 자신이다. 또한 자신의 취향을 고려해 한달살기 도시를 정한 당신이라면 이미 자신이 좋아하는 맛, 음식에 대한 확고함도 있을 것이다. 그런 이라면 식당 입구만 봐도 촉이 올 테니 자신을 믿고 식당 문을 열고 들어가 보자. 혹 이번 식사가 만족스럽지 못했다 하더라도 다음 기회가 있으니 주저하지 말자.

## 2. 구글이 한달살러를 돕는다.

그럼에도 불구하고 맛집을 찾기 어렵다면 구글맵의 도움을 받자.

### ① 숙소 위치를 파악한다.

자고로 단골식당이란 시도 때도 없이 들락거릴 수 있어야 하는 법. 무조건 숙소 근처, 걸어서 갈 수 있는 거리여야 한다.

### ② 구글맵으로 숙소 근처 식당을 하나하나 알아본다.

구글맵에 보이는 식당을 하나하나 눌러 본다. 식당 정보 중 사진을 통해서 음식, 분위기 등을 살펴본다. 10분만 투자하면 마음에 드는 식당 대여섯 곳을 찾을 수 있을 것이다. 다리품을 팔며 일일이 맛을 보고 다니지 않아도 리스트를 작성할 수 있다.

### ③ 리뷰 평점을 살펴본다.

구글맵의 장점 중 하나는 방문객이 남긴 리뷰다. 리뷰 평점은 5점 만점 중 3.5점 이상이면 괜찮은 식당이라 볼 수 있다. 단, 리뷰가 50개를 넘는 곳이어야 평점을 믿을 수 있다.

### ④ 가능하면 현지 언어로 작성된 리뷰를 찾는다.

리뷰 중 현지 언어 외 다른 언어로 작성된 내용이 많다면 그 식당은 과감히 패스한다. 외국어 후기가 많다는 건 관광객을 상대로 하는 식당이라는 의미이기 때문이다.

### ⑤ 이제 맛을 평가하러 가자.

이 모든 조건을 충족한 식당은 구글맵에 저장한 뒤 직접 찾아가자. 식당에 들어섰을 때 현지 언어로 된 메뉴판을 받더라도 두려워 말자. 구글맵으로 본 식당 정보에는 사람들이 올린 리뷰와 함께 자신들이 먹은 음식 사진이 있기 때문이다. (많이 보이는 메뉴가 그 집의 시그니처일 확률이 높다.) 사진 중 먹고 싶은 걸 보여 주면 주문할 수 있다.

## 3. 테이블에 앉아 주문하기까지

문턱이 높아 보이는 동네식당에 일단 발을 들여놓았다 하더라도 주문하기까지 여간 힘든 게 아니다. 한국과 다른 식당 예절 때문에 또다시 주저하게 된다. 스태프가 안내해 줄 때까지 식당 입구에서 기다려야 하는 곳도 있고, 다른 사람들과 합석이 당연한 곳도 있다. 모든 걸 처음부터 완벽히 알 수 없으니 눈치에 의존할 수밖에 없다.

　강연을 하다 보면 외국을 여행하면서 익숙한 프랜차이즈 레스토랑이나 햄버거 가게에서만 식사를 하는 이들을 만날 수 있다. 이들의 이야기를 들어 보니 내가 뭐가 부족해서 음식 주문까지 눈치를 봐야 하냐는 마음이 있었다. 한국보다 경제 수준이 낮은 나라일수록 이런 거부감이 더 심하게 나타났다. 외국에서, 그것도 못산다고 생각하는 나라에서 음식 주문하는 아주 사소한 일을 익숙하게 해내지 못한다는 것이 자존심 상해서 익숙한 곳만 고집한다는 것이다.

　음식 주문하는 일조차 한국을 벗어나면 버겁기 마련이다. 한달살기를 잘하려면 그 다름을 빨리 익숙함으로 바꾸는 눈치가 필요하다. 적응력이 중요하다는 뜻인데 관찰력을 있는 힘껏 끌어 모으면 낯선 일들이 즐거운 경험으로 바뀐다는 점을 잊지 말자.

### ① 테이블에 앉자마자 웨이터가 메뉴판을 준다면

테이블에서 웨이터가 주문을 받는 식당이라면 착석과
동시에 메뉴판을 줬을 것이다. (유럽과 동남아시아 식
당들은 착석과 함께 물이든 맥주든 음료를 먼저 주문
하는 것이 일반적이다.) 음료가 나오는 동안 메뉴를
보며 익숙한 방식대로 음식을 주문하면 된다.

### ② 카운터에 손님들이 늘어서 있다면

셀프로 음식을 선택해야 하는 식당이라면 보통 카운터를 따라 음식들이 놓여 있고 그 주위
에 손님들이 몰려 있다. 그도 아니면 유리 케이스를 열어 진열된 반찬을 집어 오는 손님들
이 보일 것이다. 처음에는 쭈뼛쭈뼛 했어도 한달살러에게는 다음 기회가 있으니 어색해하
지 말고 배운다는 생각으로 현지인들을 따라 하자.

### ③ 웨이터가 메뉴판 대신 음식들을 보여 준다면

튀르키예의 해산물 레스토랑의 경우는 주문이 좀 더 난처하다. 메뉴판 대신 웨이터가 큰 쟁
반에 여러 가지 반찬을 담아 오고 그중에 먹고 싶은 음식을 고르는 방식이다. 무슨 재료를
어떻게 조리했는지 짧은 시간 안에 판단해야 하고, 바가지를 쓰지 않을까 걱정도 해야 한
다. 이럴 땐 당황하지 말고 서너 개 반찬을 고른 뒤 가격을 물어보자. 가격이 부담스럽지 않
다면 혹은 입맛에 맞는 음식이 있다면 다시 웨이터를 불러 주문하면 된다.

### ④ 현지어로 닭고기, 돼지고기, 소고기 등 기본 단어는 익혀야

음식 재료로 사용되는 단어는 미리 익혀 두면 편하다. 닭고기, 돼지고기, 소고기, 볶고 익히
고 끓이는 정도의 단어를 익혀 두면 메뉴판을 이해하는 데 큰 도움이 된다.

### ⑤ 다른 손님들이 주로 먹고 있는 음식을 눈여겨볼 것

메뉴판을 읽을 수 있게 되었지만 주문하기 전 눈치가 한 번 더 필요하다. 식당에 들어가면
서 한 번, 자리에 앉아서 또 한 번 현지인들이 먹고 있는 음식들을 스캔한다. 시그니처 메뉴
가 보일 것이다. 현지인들의 입맛에 잘 맞는 메뉴이니 꼭 시켜 보자. 메뉴판에서 그 음식을
찾는 게 어렵다면 "저 사람이 먹고 있는 저거 주세요"라고 손짓 발짓을 써 가며 의사를 표시
해 본다. 혹 옆 테이블과 눈이 마주친다면 자연스럽게 어떤 음식인지 물어볼 수도 있다. 우

리는 여행자가 자신들의 음식에 관심을 보일 때 싫어하는 반응을 보인 현지인을 만난 적이 없다. 또한 내가 보인 이런 사소한 관심이 잊지 못할 관계로 이어지기도 한다.

### ⑥ 사진도 그림도 없이 현지어로 된 메뉴판을 받게 된다면

당연하게도 사진이나 그림으로 음식이 설명되어 있으면 언어를 읽을 줄 몰라도 주문할 수 있다. 주의할 점은 이런 메뉴판이 준비되어 있다면 여행자들의 방문이 빈번한 식당일 수도 있다는 점이다.

　메뉴의 설명은 현지어로만 적혀 있고 그림이나 사진조차 없어서 당황스러운 메뉴판을 마주하게 된다면? 너무 이른 시간에 방문해서 다른 손님도 없고 식당 주인과 의사소통도 어렵다면 어쩌면 좋을까? 이때는 메뉴 중 제일 첫 줄에 적힌 음식이나 큰 글씨로 쓰여진 요리를 시켜 보자. 그 식당에서 자신 있게 내놓는 음식일 확률이 높기 때문이다.

## ⑦ 추천 메뉴를 묻는다.

번역기를 이용해 "음식을 추천해 주세요"라고 말하는 방법도 유용하다. 물론 그 음식에 대한 설명을 알아들을 수는 없다. 그저 웨이터가 메뉴판에서 가리키는 메뉴를 주문할 뿐이지만 실패할 확률이 적다. 그 모든 것 중에서도 가장 좋은 방법은 웨이터와 식당 주인에게 "맛있는 음식이 먹고 싶어요"라고 의사표현을 하는 것이다. 여행객이 추천해 달라고 하면 무조건 비싼 메뉴를 권하는 경우도 왕왕 있으니 그럴 땐 가격을 보면서 추천받은 몇 개의 음식 중 하나를 스스로 선택하자.

외국인이 찾아오면 데면데면하게 대하는 동네식당도 있다. 그도 그럴 것이 우리가 어색해하는 만큼 그들도 영어로 말하기 어렵고 의사소통이 안 되면 답답하기 때문이다. 시간은 이 상황을 티나지 않게 부드럽게 만들어준다. 외국인 여행자가 이틀 혹은 사흘에 한 번꼴로 얼굴을 비추면서 자신의 음식을 맛있게 먹는다면 싫어할 이가 없다. 같은 식당 두 번, 세 번 방문하기는 한달살러만이 누릴 수 있는 특권이고, 이런 환대가 바로 한달살기를 하며 동네식당을 찾는 매력이다.

# 한달살기에서 발견한 맛

### 고아

고아에서는 해산물 요리가 대표적이다. 지리적 특징과 지배국이었던 포르투칼의 음식 문화를 바탕으로 한 이 요리는 지역 사람들에게 자부심이다. 여느 인도인들과 결코 같다고 할 수 없는 고아 사람 특유의 느낌은 이 독특한 음식 문화에서 연유한다.

### 발리

발리 식당에서 음식을 시키면서 매번 당황스러웠다. 라탄 바구니에 바나나 잎을 툭 깔아 놓고 그 위에 음식이 담겨 나오는 모양 때문이다. 바나나 잎은 튼튼하고 크기도 커서 발리에서는 오래전부터 음식을 담는 그릇 역할을 하고 있다. 발리를 떠올리면 그 맛보다 음식을 담고 있던 짙은 녹색의 바나나 잎이 먼저 떠오른다

### 바르셀로나

가스파초Gazpacho는 걸쭉한 토마토 수프를 차갑게 먹는 음식이다. 파에야와 감바스 알 아히요처럼 널리 알려진 음식이 아니라 여행자들은 쉽게 지나친다. 이베리아반도에서 가스파초를 빼놓고 여름 음식을 말할 수 없다. 온몸에 내려앉은 뜨거운 태양의 열기를 식히기 위해 반드시 먹어야 하는 여름 메뉴다.

### 세비야

1670년부터 한 자리를 지키고 있는 식당의 바에 서서 하몽 한 접시를 시켰다. 염장한 돼지 뒷다리를 얇게 썰어 한 접시를 내놓은 웨이터는 테이블에 백묵으로 쓱쓱 계산서를 적었다. 그제서야 볕에 바랜 것처럼 곳곳이 하얀 바 테이블이 눈에 들어왔다.

### 마요르카

맥주 한잔 하려고 들른 가게는 여름 한정 메뉴로 달팽이찜을 팔고 있었다. 프랑스 레스토랑에서 고급 요리로 나오는 달팽이와 달리 이 달팽이찜은 스페인 남부의 투박한 선술집 분위기를 그대로 담고 있다. 짙은 흙냄새와 허브향이 가득한 달팽이 요리.

### 치앙마이

'여기에서는 현지 음식을 맛볼 수 있겠지?' 하는 마음으로 허름한 식당에 들어갔다. 기대와 달리 메뉴 제일 첫 줄에는 프랑스어로 전채요리를 뜻하는 오르되브르hors d'oeuvre가 적혀 있었다. 며칠 전, 다른 식당에서도 봤던 메뉴로, 놀랍게도 태국 전통음식이었다. 밑간이 되어 있지 않은 아주 담백한 재료의 맛이 꼭 태국 북부의 모습 같다.

# 재래시장과
## 슈퍼마켓에서 장 보기

숙소가 정해지고 나면 구글맵을 통해 먼저 찾게 되는 장소가 재래시장과 슈퍼마켓이다. 한 달 내내 매 끼니를 사 먹을 수는 없으니 생활을 위해서도 가까운 시장 위치는 미리 파악해 놓는 게 좋다. 여행자 중에는 우리만큼이나 시장을 좋아하는 이도 있을 것이다. 매일 들락거리며 오늘 마실 와인을 고르고 현지에서 나는 과일과 채소 사 먹는 걸 좋아한다면 한달살기에서 시장이 가져다주는 행복감은 세 손가락 안에 들 것이다.

### 3월의 롬복

람부탄을 먹을 수 있다. 태국이나 필리핀에서보다 알이 쫄깃하고 당도가 높아서 이웃 국가에 비싼 값으로 수출한다.

### 6월, 7월의 이스탄불

체리가 제철이다. 체리는 알이 굵고 꼭지가 단단할수록 맛있고 비싸다. 수박은 그동안 한국에서 보아 온 사이즈가 아니다. 두 배 어쩌면 세 배쯤 크다. 멜론은 건조하고 뜨거운 아나톨리아 고원에서 재배되지만 요즘은 이스라엘을 통해 수입한 물량도 많다고 한다.

### 7월의 바르셀로나

여러 종류의 복숭아를 맛볼 수 있다. 특히 모양이 납작해 '납작 복숭아', '도넛 복숭아'라 불리는 특이한 복숭아는 당도가 높고 한입 베어 물기가 좋아 여행자에게 인기가 많다.

### 12월의 가오슝

'왁스잠부' 혹은 '자바애플'이라는 과일을 맛볼 수 있다. 가오슝 남부 지방의 특산물이며 대만에서는 '흑진주'라는 별칭으로 불린다. 독특한 모양에 껍질은 빨간색인데 한입 베어 물면 시원한 과즙과 함께 수세미 열매 속 같은 독특한 식감을 즐길 수 있다.

같은 스페인이라도 북부인 빌바오에서는 좋은 하몽을 찾기가 쉽지 않다. 하몽을 만드는 곳은 스페인 남부 지역에 몰려 있기 때문이다. 또 멜론 같은 과일도 볕이 좋은 남부에서 저렴한 가격으로 좋은 상품을 구입할 수 있다. 대신 목축업이 발달한 북부 지방은 유제품과 채소류는 물론 숯불에 굽기 좋은 육류를 쉽게 구할 수 있고, 스페인 와인 산지인 리오하Rioja와 가까운 지리적 장점으로 와인 소비량도 다른 지역에 비해 높은 편이다.

태국 푸껫에는 휴가를 즐기러 온 관광객들을 위한 엄청난 수의 호텔과 리조트가 존재한다. 또, 은퇴 후 이주해 온 유럽인도 많다. 이들의 숫자를 체감할 수 있는 곳이 바로 슈퍼마켓의 육가공 제품 코너다. 막대한 수요가 존재하니 치즈나 살라미 같은 유럽의 식재료를 만드는 공급처가 태국 내에 존재하고, 덕분에 유럽 식탁의 다양한 식자재를 합리적인 가격으로 구할 수 있다. 유럽의 육류와 유제품 가공 기술을 태국 푸껫으로 옮겨온 상황이다. 푸껫의 대형마트와 시장의 상품만 놓고 보면 여기가 유럽인지 태국인지 헷갈릴 때가 있다. 개인적으로 관광대국으로서 태국의 면모를 엿볼 수 있는 공간으로 마켓을 드는 이유이기도 하다.

마트와 달리 일주일에 한 번씩 열리는 재래시장에서는 또 다른 재미와 관점을 얻을 수 있다. 지방 소도시의 경우 고기, 야채의 종류 등 시장에서 판매되는 상품으로 지역의 특징을 이해할 수 있다. 어떤 특산물이 지역경제에 도움을 주는지 파악할 수 있기 때문이다.

일본 삿포로는 우유를 비롯해 치즈, 요거트 등 유제품을 먹기 좋은 환경이다. 삿포로가 속한 홋카이도 섬 전체가 낙농업 생산지로, 질 좋은 유제품을 맛볼 수 있다. 반면 과일은 먹기가 쉽지 않다. 마트나 시장에 가면 구할 수 있지만 다른 일본 지역과 비교했을 때 가격이 비싸다. 냉대 습윤 기후에 속하는 홋카이도는 과실 재배에 불리해 다른 지역에서 과일을 들여와야 하는데 운송료가 만만치 않기 때문이라고. 과일을 사기 어렵다기보다 구할 수는 있으나 비싸서 양껏 먹지 못한다는 말이 좀 더 정확하달까.

이처럼 한달살기를 하면 그 지역이 낙농업에 집중하고 과일 가격이 높은 이유를 현지인의 관점에서 자연스럽게 받아들이게 된다. 보통의 여행자가 습득하는 관광 정보 외에 기후 특성까지도 이해하게 되는 것이다.

재래시장은 도시와 여행자를 가장 가깝게 연결하는 메신저 역할도 한다. 재래시장에는 출출한 상인과 고객 들을 위해 미니트럭 식당이 마련돼 있다. 이탈리아 피렌체에서는 곱창버거가, 이란 테헤란에서는 순무절임이, 프랑스 파리에서는 팔라펠을 그 동네에서 가장 맛있다는 셰프의 솜씨로 맛볼 수 있다. 현지인들 틈에서 든든하게 배를 채우고 있다 보면 내가 정말 이 도시에 살고 있다는 사실이 짜릿하게 느껴진다.

시장에서 많이 보이는 재료는 제철에 나는 건강한 재료고, 공급량 또한 풍부해 합리적인 가격으로 구매할 수 있다. 숙소로 돌아가 요리에 도전해 보자.

# 제철 재료로
# 현지 음식 만들어 먹기

숙소에 주방이 있다 해도 익숙지 않은 공간과 재료 사이에서 해 먹을 수 있는 음식은 한정적이다. 그나마 숙소를 구해 사는 한달살러는 게스트하우스의 공용 주방에서 요리해야 하는 배낭여행자보다 요리하기가 수월하다.

현지에서 요리해 볼 계획이 있는 한달살러를 위해 몇 가지 유용한 아이템을 소개한다. 한달살기의 묘미인 '현지인들처럼 먹고 마시고 생활하기'에서 기본인 음식과 요리를 기준으로 최소한의 것들만 작성해 보았다.

## 1. 한국에서 가져가면 유용한 물품

### ① 전기밥솥

'밥심'으로 여행하는 이라면 꼭 챙겨야 할 물건이다. 1인용 전기밥솥은 한 번 취사로 2인분의 밥을 지을 수 있어 커플 한달살러도 사용하기에 부족하지 않다.

전기밥솥의 무게가 부담된다면 전자렌지에 넣어 밥을 할 수 있는 취사용기도 좋다. 압력솥에 한 것 같은 찰진 밥맛을 기대하긴 어렵지만 그런대로 먹을 만하다. 무엇보다 편리하므로 그 부족함을 용서할 수 있다.

### ② 젓가락, 숟가락, 스위스 아미 나이프

대부분의 숙소에 포크, 나이프 그리고 주방칼이 구비되어 있지만 내가 쓸 수저와 과도 정도는 가져가자. 반드시 젓가락으로 식사를 해야 하는 사람이라면 젓가락도 잊지 말자. 혹 여행지에서 젓가락이 필요하다면 어느 지역에서나 만물상 역할을 하는 중국인 상점에서 구할 수 있다. 스위스 아미 나이프(일명 '맥가이버 칼')는 다용도 칼과 함께 와인 오프너가 장착된 제품이

유용하다. 공원에서 와인 한잔할 때도, 시장에서 구입한 과일을 먹을 때도 쓸 수 있다. 단, 기내 반입 금지 물품이니 반드시 체크인 카운터에서 수하물로 보내자.

### ③ 플라스틱 와인잔

여름 시즌에 한달살기를 하러 간다면 공원, 페스티벌 등에서 와인을 마실 기회가 종종 생긴다. 와인병에 입을 대고 마실 수도 있겠으나 플라스틱 와인잔을 준비한다면 더 근사하게 즐길 수 있다. 와인과 피크닉을 좋아하는 이들에 한해서 추천한다.

### ④ 물병

가볍고 작은 사이즈의 물병이 있으면 여행이 편리하다. 숙소에서 컵으로 사용할 수 있고 외출 시 마실 물을 챙겨 다닐 수 있다. 여행 초반, 물갈이로 고생하는 사람이 생각보다 많아서 그 지역 물에 적응될 때까지 마시는 물도 조심할 필요가 있다. 또한 자신이 마실 물을 챙겨 나오는 부지런함이 환경을 지키는 자연스러운 노력으로 이어진다.

### ⑤ 양념

외국에서 쉽게 구할 수 없는 기본 양념 정도가 좋다. 한식을 포기할 수 없다면 고추장과 된장 둘 중 하나만 선택하거나 그도 아니라면 쌈장을 가져가는 것도 방법이다. 간장, 참기름, 소금, 설탕, 고춧가루 등은 해외에서도 쉽게 구매할 수 있다. 간장과 참기름 등은 굴소스로 유명한 이금기 제품이 좋다. 전 세계 어느 마트에서나 구할 수 있다.

### ⑥ 레토르트 식품

한달살기 중 한식이 그리울 것 같다면 시중에 나와 있는 동결건조 식품이 좋은 선택이 되어 준다. 된장국, 사골곰탕 등 큐브형으로 된 동결건조 제품은 무게도 가볍고 뜨거운 물만 부으면 바로 먹을 수 있어 편리하기까지 하다. 한 달 정도는 한식을 먹지 않아도 괜찮은 사람도 한두 끼 분량은 챙겨 가면 좋다. 특히 사골곰탕 엑기스를 포장해 놓은 레토르트 식품은 행여나 몸이 아플 때 먹으면 회복에 도움이 된다.

무게와 부피가 많이 나가지 않으면서 챙기면 좋은 반찬으로는 '마른 김'이 있다. 가볍게 구워 간장에 찍어 먹어도 좋고 외국인 친구에게 식사를 대접하고 싶을 때 김밥용 김으로 사용할 수 있어 활용도가 높다. 참고로 외국인들은 김밥도 스시의 한 종류라 생각해 직접 만들어 주면 굉장한 음식을 대접받은 것처럼 기뻐한다. 한국 인스턴트 라면은 전 세계 어느 대형마트에서도 구매할 수 있으니 짐 가방에서 과감히 빼자.

## 2. 현지에서 사면 좋을 것들

### ① 쌀

한국 쌀과 비슷한 품종을 찾을 순 없지만 쌀은 대부분의 나라에서 구매할 수 있다. 현지 쌀을 먹어 보는 것도 문화체험의 일부라고 생각한다.

### ② 피클

외국 음식의 느끼함을 잡고 싶다면 김치 대용으로 피클도 괜찮다. 슈퍼와 시장 어디에서나 피클을 쉽게 볼 수 있다. 현지 상황에 따라 고추, 오이, 배추 등 다양한 재료를 활용한 피클을 맛볼 수 있다. 한 달 머물 도시에 도착하자마자 현지 시장에서 오이나 무를 사서 간단히 피클을 만들어 먹을 수도 있다.

만약 반드시 김치가 있어야 식사가 가능하다면 소포장된 볶음김치를 한국에서 준비해 간다. 한인들이 많이 거주하는 방콕, 쿠알라룸푸르 등 대도시에서는 한인 상점에서 김치를 주문할 수 있고 코리아타운도 형성돼 있어 의사소통이 편하다.

### ③ 제철 재료

고기, 과일, 채소 등은 현지에서 나는 제철 식재료로 구한다. 우유, 치즈, 버터, 잼, 시리얼, 햄, 빵 등이 저렴하니 이 식품들을 활용해 아침식사를 챙겨 보자. 유럽은 채식 환경이 잘 갖춰져 있어 아스파라거스, 멜론, 체리 등 채소와 과일로 채식 경험을 쌓아 보는 것도 좋다. 물론 육식도 가능한데 한국과 달리 현지 사람들의 선택 순위에서 밀려 있는 돼지고기 삼겹살이나 목살을 저렴한 가격에 구입할 수 있다.

### ④ 올리브 절임, 올리브 오일

개인적으로 추천하고 싶은 재료는 올리브다. 스페인, 이탈리아, 튀르키예에 머문다면 현지 시장에 들러 각자의 방식으로 담근 올리브 절임의 다양한 세계를 경험해 보길 바란다. 올리브 절임은 고기와 함께 먹으면 느끼함을 잡아 준다.

　올리브 오일 또한 신세계라 할 만큼 다양하고 깊은 맛의 세계를 가지고 있다. 지역마다, 가게마다, 품종마다 각자의 맛이 있어 먹을 때마다 매번 새롭다. 고급 올리브 오일은 접시에 소금과 함께 담아 빵에 찍어 먹거나 샐러드 위에 뿌려서 먹으면 좋다. 저렴한 올리브 오일은 부통 조리 용도로 사용한다.

# 잊을 수 없는
## 커리 맛

은덕

삿포로에서는 이례적으로 두 달을 머물렀다. 한반도의 폭염이 모두를 질려 버리게 한 그해 여름이었다. 눈 축제로 유명한 일본 홋카이도의 중심 도시 삿포로. 이곳의 성수기는 의외로 여름이다. 최고 기온은 30도를 밑돌고 북쪽에서 불어오는 시원한 바람 덕분에 공기는 에어컨을 틀어 놓은 것처럼 상쾌하다. 불쾌지수를 높이는 꿉꿉한 습도 대신 만개한 보랏빛 라벤더가 싱그럽고 푸른 여름을 한층 아름답게 물들인다.

삿포로에 도착한 다음 날, 대중교통이나 렌터카를 이용하는 대신 중고 자전거를 하나씩 장만했다. 어렵게 자전거 등록까지 마치고 거리를 씽씽 달리고 나니 삿포로에 온 게 실감이 났다. 완벽한 계획도시를 목표로 조성된 이 도시는 드넓은 평지 위에 반듯한 격자 모양으로 도로가 정비되어 있으며 오르막 내리막도 거의 없어 자전거를 타기에 더없이 좋다. 삿포로의 대다수 시민들도 비싼 대중교통 대신 자전거를 이용하니 여행의 시작으로 중고 자전거 구매는 꽤 괜찮은 선택이 아닐까 싶다. 자전거를 탄 우리의 목적지는 유명한 관광지가 아닌 현지인들의 소소한 일상 속이다.

삿포로 시민들이 열광하는 문화에 흠뻑 빠져 보는 재미도 빼놓을 수 없다. 프로야구 경기를 보러 삿포로 돔을 찾거나 경마장에 가기도 한다. 맛있는 음식과 술을 들고 경마장으로 피크닉을 나온 가족 틈에서 도박이 아니라 생활 스포츠로서의 경마를 즐길 수 있다. PMFPacific Music Festival 기간에는 유료 공연 외에도 도심 곳곳에서 열리는 무료 공연이 많은데 시청 로비에서 점심시간을 이용한 하프 연주를 보기도 하고 운이 좋다면 수준 높은 타악기 연주도 만날 수 있다.

살아 보는 여행에서 집과 동네는 매우 중요하고 그만큼 이웃들이 소중하다. 동네 주민들이 처음부터 낯선 이의 방문을 달가워할 리 없다. 하지만 우리 동네에 찾아온 '손님'으로 받아들여지는 데까지 필요한 시간은 생각보다 짧다. 머무는 시간이 길수록, 내가 먼저 한 발짝씩 다가갈수록 이웃들은 경계 어린 눈빛을 거두고 "오늘은 뭐할 건데?"라며 이것저것 물어오기 시작한다. 이웃들이 알려 준 맛집을 찾아다니다 보면 그들과 함께하는 한 달이라는 시간이 턱없이 부족하게만 느껴진다.

삿포로에서는 현지인들이 알려 준 수프커리 식당을 찾아다니기 바빴다. 선선한 여름이 짧게 지나가면 이내 쌀쌀해지고, 이른 겨울이 찾아와 추워지기 시작하다가 온 세상이 하얀 눈으로 뒤덮이는 홋카이도에서는 커리를 묽게 만들어 따뜻하게 수프처럼 먹는다. 카레가루를 베이스로 야채와

223

고기를 넣고 끓인 탕인데 재료의 맛이 모두 우러나오도록 은근하게 끓여 낸 국물에 빠져든다. 일주일에 두 번씩 동네 사람들이 알려 주는 식당에 가서 수프커리를 먹었는데 집집마다 맛이 다르다. 한두 번 먹어서는 그 매력을 알 수 없지만 오래 머무는 여행이기에 충분히 맛을 보고 내 입에 맞는 식당을 점찍어 단골손님이 되어 볼 수 있었다.

우리의 여행은 늘 새로운 것투성이였고, 누구도 가 보지 않은 길이었다. 생경한 동네와 낯선 이들 속으로 천천히 걸어 들어가는 모든 과정이 불편하고 두려웠다. 하지만 결국에는 낯선 이국의 공간에 잠시 소속되어 현지인의 친구가 되고 그들의 공간을 나누고, 작은 추억을 공유하는 사이가 되었다. 현지 사람들의 다양한 삶의 방식을 볼 수 있었던 '살아 보는 여행'이기에 가능했다.

# 8장 현지에서 어떻게 이동할까?

## 스마트폰에 의존하지 않고
## 길감각 키우기

스마트폰이 여행을 도와주는 시대지만 지나치게 의지하면 간혹 난처한 상황이 발생한다. 배터리가 다 됐을 때, 데이터를 모두 소진했을 때가 그렇다. 배터리와 데이터를 충전하면 해결할 수 있지만 이참에 여행의 방식을 조금 바꿔 보면 어떨까? 아날로그 여행법으로 말이다.

네팔 카트만두에서의 일이다. 스마트폰의 도움으로 카트만두 시내에서 20분 정도 떨어진 숙소까지 잘 걸어 다녔다. 동네에 익숙해진 어느 날이었다. 여느 때와 마찬가지로 시내를 구경하고 숙소로 돌아가는 길에 지금도 무슨 이유인지 알 수 없지만 스마트폰의 GPS 기능이 작동하지 않았다.

그나마 큰 길을 따라 숙소 주변까지 갈 수 있었으나 다음부터가 문제였다. 그동안 스마트폰만 믿고 현지 주소 체계도 알아 두지 않고, 이정표로 삼을 만한 것도 찾아 두지 않았음을 그제서야 깨달았다. 스마트폰을 내려놓고 걷기 시작한 카트만두의 골목길은 하나같이 똑같아 보였다. 분명 숙소 근처인 듯한데 한 시간이 넘도록 집을 찾을 수 없었던 것이다. 설상가상으로 길을 찾는 동안 밤이 되어 버려 그야말로 멘붕. 때마침 숙소 주변 사원에서 울리는 기도 소리를 따라간 덕분에 겨우 찾긴 했지만, 그날 이후로 스마트폰 없이 숙소를 찾을 수 있는 방법을 고민하게 됐다.

## 1. 숙소 주변에서부터 움직이자.

마을 중심지 파악부터 시작해서 교통 체계, 주소 체계를 확인하는 데는 시간이 필요하다. 상호명이 주소 역할을 하는 호텔과 달리 가정집은 현지 주소 체계에 대한 이해를 필요로 한다. 주소만 가지고 길을 찾는 법을 익혀 두어야 휴대폰 없이도 숙소로 돌아올 수 있다.

주소 체계는 숙소 주변부터 살피면서 익힌다. 숙소 주변의 집들과 주소 표를 매치하면서 움직이는 반경을 조금씩 늘려 간다. 임의의 주소를 정하고 목적지를 찾을 수 있다면 현지 주소 체계를 이해한 것이다. 이런 과정 없이 한국 상황을 근거로 움직이다 보면 낭패를 보기 쉽다. 빨리 무언가를 보고 싶은 마음에 조급해지더라도 시내로 바로 나가기보단 하루이틀은 숙소 주변만 돌아다니며 현지 주소에 적응할 필요가 있다.

## 2. 처음 가는 곳이라면 버스를 이용한다.

처음 가는 곳은 버스와 트램을 이용하자. 택시를 타고 이동하면 위치감각이 떨어질 수밖에 없다. 버스와 트램에서는 이정표가 되는 풍경과 큰 건물들을 눈에 익힐 수 있고 스마트폰의 지도를 봐 가면서 위치와 경로를 확인할 수 있다.

## 3. 떠나기 전 구글맵의 핀 기능을 활용하자.

구글맵에서 원하는 위치를 길게 누르고 있으면 '핀'을 표시할 수 있다. 가고 싶은 장소 혹은 식당을 표시하며 주변 지리를 익혀 두자. 위성뷰와 스트리트뷰를 이용하면 현지에 도착하기 전에도 골목 풍경과 이정표가 되어 줄 주요 건물의 모습을 봐 둘 수 있다. 한국에서도 현지의 실제 풍경을 대략이나마 확인할 수 있는 셈이다. 이런 식의 지리 정보 습득 과정을 '랜선 여행'이라 부르는데 이는 여행 중 시행착오를 줄일 수 있는 방법이며, 여행 정보를 사전에 얻을 수 있는 소중한 기회이기도 하다.

## 4. 한국의 도로명 주소 체계를 숙지하자.

2014년부터 우리나라에서 시행되고 있는 도로명 주소는 세계적으로 보편화된 주소 체계다. 도로명을 알고 있는 것만으로도 지도나 스마트폰의 도움 없이 쉽게 목적지를 짐작할 수 있다. 외국에서 길 찾는 게 그동안 두려웠다면 우선 한국 도로명으로 주소를 찾는 연습부터 해 보자.

# 유용한 지도 앱
# 모음

주소만 보여 주면 그 앞까지 데려다주는 택시나 우버와 달리 대중교통을 이용한다는 것은 '길찾기'를 해야 한다는 의미다. 낯선 풍경 속에서도 길을 잘 찾는 사람이라면 걱정 없지만 대부분은 두려움이 앞선다. 이럴 때 스마트폰 어플리케이션이 우리를 도와줄 것이다. 목적지를 체크하고 '길찾기'만 누르면 내비게이션 기능이 친절하게 길을 안내해 주고, 대중교통 노선도를 보여 줄 것이다.

## 1. 구글맵

해외에 나가면 길찾기에 이만큼 훌륭한 조력자가 없다. 사용법은 카카오맵, 네이버지도와 비슷하다. 그 밖에도 회원가입 후 로그인만 해 두면 타임라인에 내가 다닌 경로가 모두 자동 저장된다. 날짜별, 시간별로 꼼꼼히 저장되기 때문에 내가 언제 어디에서 무엇을 했는지 쉽게 찾아보고 확인할 수 있다. 단, 몇몇 국가에서는 정부 규정상 반쪽 짜리 기능만 구현되는데 그때는 다음에 소개하는 앱을 사용하면 된다.

## 2. 무빗

구글맵이 작동하지 않는 곳을 주요 타깃으로 한 듯 보인다. 튀르키예, 태국, 말레이시아에서는 구글맵의 대중교통 정보나 경로를 따라가면 낭패를 보기 쉬운데 그때 무빗을 사용하자. 단, 전 세계 모든 도시의 정보를 제공하지는 않는다. 앱 설치 후 목적지인 도시가 서비스되는지 확인하자.

## 3. 시티맵스투고

공공 와이파이가 점점 늘어나고 여행 중 데이터 쓸 일도 별로 없으니 굳이 유심칩을 사지 않아도 된다고 하는 분들에게 적절한 조력자다. 이 지도 앱은 필요한 지역의 지도를 미리 다운로드해 사용할 수 있는 오프라인 맵이다. 데이터 사용이 필수인 길찾기 기능은 없지만 도로명, 상점 정보들을 이용해 자신의 위치를 확인할 수 있다. 종이지도를 펼치고 길을 찾을 때 만나는 즐거움을 느낄 수 있다.

## 4. 시티맵퍼

한국어 지원이 되며, 출발지에서 목적지까지 가는 방법을 알려 주는 지도다. 대중교통, 택시, 자동차 도로, 보도 등 현재 위치에서 목적지까지 자세한 안내가 나온다. 특히 대중교통 환승이 필요할 때 정류장 위치, 버스 번호, 지하철 노선 등을 알려줘 헤매지 않고 길을 찾게 도와준다. 또 목적지에 가까워지면 알람이 울리기 때문에 목적지를 지나치는 불상사를 막을 수 있다.

# 구글맵의
## 중요한 기능 4

스마트폰에서 구글맵을 열어 검색창 하단 오른쪽의 ◇를 눌러 보자. '위성', '지형'을 선택할 수 있다.

### 1. 위성뷰
위성으로 내려다본 풍경을 통해 주요 건물의 위치나 형태를 파악할 수 있다. 큰 건물, 광장, 주요 도로를 파악해 두는 것만으로도 도착했을 때 길 헤매는 수고를 줄일 수 있다.

### 2. 스트리트뷰
위성뷰가 넓은 지역을 익히는 방법이라면 좀 더 자세하게 길을 숙지할 수 있는 도구는 스트리트뷰다. 네이버지도의 거리뷰, 카카오맵의 로드뷰와 기능이 같은데 차량 혹은 모빌리티를 이용해 360도 촬영된 사진을 제공한다. 두 발로 직접 이동하며 주변을 둘러보는 것 같은 효과를 얻을 수 있고 친숙한 눈높이로 길을 익힐 수 있다. 숙소를 정하기 전 주변을 둘러보면서 대중교통 접근성이나 주변 상권 정보를 파악해 자신의 취향과 맞춰볼 수 있다.

### 3. 대중교통 노선

구글맵에서 대중교통을 이용해 이동하는 방법을 알아보자. 그러기 위해선 먼저 가고자 하는 곳의 주소를 입력한다. 나타나는 지도를 누르면 화면 하단에 '경로'라는 파란 버튼이 보인다. 누르면 현 위치에서 목적지까지 이동할 수 있는 몇 가지 방법(자동차, 대중교통, 도보)을 알려 준다. '대중교통' 버튼을 누르면 버스나 지하철 같은 대중교통의 이동경로, 배차 간격, 환승 정보 등을 알 수 있다.

### 4. 우버, 그랩 등 택시 호출

동남아시아를 비롯한 일부 국가에서는 구글맵의 '경로' 버튼을 누르면 우버Uber, 그랩Grab, 현지 택시회사를 연결하여 호출 서비스까지 제공한다. 목적지까지의 예상 금액을 알려 주며 이동하는 동안 경로 정보가 계속해서 제공된다. 이동경로를 속이는 사기 수법에 당할 걱정도 줄일 수 있고, 인원이 많은 경우나 대중교통이 불편한 지역에서 활용하면 편하다. 한국의 카카오택시나 T맵택시와 비슷한 서비스인 그랩은 아시아 지역에서 유용하고, 우버는 유럽, 미주 지역에서 사용할 수 있다.

# 스쿠터 라이프

은덕

손과 발이 차가운 나 같은 이들에게 겨울은 고난의 계절이다. 종민처럼 등과 무릎이 시린 사람에게도 반갑지 않은 계절이다. 오죽했으면 2년 동안 세계여행을 할 때 북반구와 남반구의 기후를 따져 치밀하게 여름으로만 동선을 짰을까. 비가 올 때나 아침저녁으로 몸 안에 스산한 기운이 스며들 때를 대비해 전기장판까지 들고 다녔으니 우리가 추위를 얼마나 무서워하는지 짐작할 것이다.

시간 부자인 우리 같은 사람은 전 세계 어디서든 노트북과 인터넷, 그리고 미니 전기밥솥만 있으면 글 작업이 가능하다. 서울에 있으나 외국에 있으나 생활비는 비슷하니 경제적인 제약도 크게 없다. 원고 작업을 해야 했기에 가능하면 집 전체를 빌리기를 원했다. 집 전체, 두 사람이 월 50만 원의 숙박비라면 어디가 좋을까? 그렇다. 태국이다. 90일까지 관광비자가 주어지는 태국에 머물며 11월은 푸껫, 12월은 치앙마이, 1월은 방콕으로 도시를 옮기기로 했다.

《먼 북소리》를 읽어 보면 25년 전 하루키는 이미 한달살기를 하며 글을 썼다. 하루키의 책은 너무 오래전에 읽었어서 그땐 한 달에 한 도시씩 머무른 하루키의 여행 패턴을 인지할 수도 없었다. 한 달씩 도시를 옮기며

243

여행을 한 사람이 25년 전에도 있었다는 사실, 그 사람이 하루키라는 사실을 알게 된 건 세계여행을 끝마친 후《먼 북소리》를 다시 읽고 나서였다.

요즘은 숙박 공유 플랫폼을 이용해 숙소 사진을 미리 보고, 다녀온 방문객들의 리뷰를 읽고, 주인이 어떤 사람인지 파악할 수 있다. 숙소에 도착해서 이게 아니다 싶으면 뛰쳐나올 수 있는 시스템도 갖춰져 있다. 그러나 25년 전 하루키의 고충은 이만저만이 아니었으리라.

그가 그리스 섬에 살던 어느 해, 텔레비전이 없어 동네 사람들이 다 아는 폭풍우 소식을 본인만 몰랐고 비상식량도 준비하지 못한 채 이틀을 지냈다고 한다. 그러다 잠시 날이 갠 순간을 이용해 전력 질주로 음식을 사왔다고. 이 이야기를 하며 하루키는 그 시절에는 남들만큼 알려면 텔레비전이 꼭 필요했다고 우스갯소리를 적어 놓았다.

《먼 북소리》에서 그는 이탈리아 팔레르모, 그리스 미코노스 등을 옮겨 다니며 여행과 집필을 했다. 지인이 소개해 준 부동산이라든가 친구의 친구 집에 머무는 등 아날로그 방식으로 우여곡절 끝에 집을 찾는 과정도 소개되어 있다.

다행히 우리는 하루키보다 손쉬운 방법으로 푸껫에 한 달짜리 집을 구했다. 하루키처럼 비싼 돈으로 컨디션이 엉망인 집을 빌린 게 아니라 집주인과 가격 협상을 거쳐 새로 지은 콘도의 첫 게스트가 되었다.

장기 여행자들이 많이 찾아오는 태국의 관광 도시들에는 외국인을 위한 콘도가 많다. 우리가 머무는 숙소도 그중 하나였다. 콘도 입구를 통과하려면 신분증을 맡기거나 디지털 키를 소지해야 하고 지문인식까지 마치면 수영장과 헬스장까지 자유롭게 이용할 수 있다.

발 뻗고 누울 집을 마련하고 나면 식량을 사러 나서야 한다. 푸껫에서는 대도시의 편리한 교통은 기대할 수 없다. 트럭을 개조한 버스, 송태우 Songthaew가 대중적인 교통수단이지만 노선을 파악하기 힘들고, 택시는 부르는 게 값이다. 집앞에 레스토랑과 편의점이 있어서 먹고 지내는 데 불편함은 없지만 해변이나 시내에 가기 위해서는 30분쯤 걸어야 한다. 동네에 짱 박혀서 원고나 쓸까 싶다가도 푸껫까지 와서 바다도 못 보고 가는 건 아니지 싶다. 그러다 보니 스쿠터가 필요했다.

한 달 3,200바트, 한화로 10만 원 정도를 내면 스쿠터를 빌릴 수 있다. 만달레이, 고아, 롬복에서 한 달씩 빌려 봤는데 하나같이 10만 원을 요구했다. 100cc든, 125cc든, 150cc든, 시동이 잘 걸리든 아니든 외국인이 스쿠터를 빌리면 한 달에 10만 원을 받기로 담합이라도 한 것처럼. 10만 원으로 우리 두 사람의 다리가 되어 줄 150cc 스쿠터를 데리고 왔다. 키가 작은 종민에게는 50cc 스쿠터가 어울릴 것 같은데 이 동네에서는 취급을 안 하는가 보다.

외국인이 스쿠터를 타고 지나가면 현지 경찰들이 귀신같이 알고 별의별 꼬투리를 잡아 벌금을 물리거나 뒷돈을 뜯는데 우리는 이를 '외국인 특별세'라고 부른다. 언제 어디서든 뜯길 것을 대비해 비상금을 챙겨 놓는다. 우리는 이 외국인 특별세 500바트를 주머니 안쪽에 준비하고 언제나 그러하듯 헬멧을 쓰고 천천히 마트로 향한다.

마트에서 사 온 간장과 식초, 각종 채소들로 피클을 만들어 보았다. 처음 만드는 피클이라 설탕이 많이 들어갔다. 인터넷 레시피만 보고 설탕을 들이부은 게 잘못이다. 두 번째 만들 때는 잘할 수 있겠지. 그나저나 오늘은 바다에 가 볼까? 푸껫에서의 한달살기가 시작됐다.

248

249

# 9장 영어, 꼭 해야 할까?

# 영어는
## 필수일까?

제주 한달살기가 유행이던 때가 있었다. 바쁜 일상을 벗어나 한가로운 날들을 보내고 싶다는 마음으로 비행기를 타고 도시와 멀리 떨어진 바다 건너 섬으로 갔다. 물론 제주에는 한달살기를 위한 인프라가 잘 갖춰져 있다.

제주 한달살기를 외국에서 한달살기의 예행연습 차원으로 생각한 사람도 있다. 국내에서 먼저 해 보면 한달살기라는 여행 패턴에 익숙해질 수 있으리라 기대했을 것이다. 하지만 외국에서 한달살기에 더 도움이 되는 사전 여행은 한 번의 국내 한달살기보다 여러 차례의 해외 단기 여행이다.

한달살기 예행연습에 나선 사람들이 제주를 선택한 것은 혹시 외국어에 대한 두려움 때문이지 않을까 생각해 본다. 외국어 못하는 사람은 한달살기를 할 수 없는 것일까? 우리가 외국어라고 생각할 때 가장 먼저 떠오르는 건 영어인데 영어를 자국어로 사용하는 나라를 꼽아 보자. 미국과 영국, 호주, 뉴질랜드, 아일랜드가 먼저 떠오른다. 그 외 자국 내 주요 언어로 영어를 사용하는 나라는 캐나다(퀘백을 비롯해 동부연안은 프랑스어를 사용), 인도(각 지역별로 자체 언어를 별도로 사용), 필리핀(타갈로그Tagalog어라는 필리핀 언어와 공용으로 사용), 나이지리아, 남아프리카공화국 그리고 카리브해의 몇 개국 정도다. 그러니까 대략 40개 국가를 여행할 때는 영어가 필요하다.

다른 나라는 어떨까? 프랑스에는 프랑스어가 존재하고, 이탈리아에는 이탈리아어가 있다. 중국과 대만에서는 중국어를 사용한다. 독일은 이민, 유학 등의 목적으로 현지에 장기 체류하거나 관공서에서 업무를 봐야 하는 경우에는 강력하게 독일어 사용을 요구한다. 포르투갈과 브라질은 포르투갈어를 사용하고 브라질을 제외한 중미와 남미 전역은 스페인어를 사용한다. 스페인은 당연히 스페인어고, 튀르키예는 튀르키예어, 일본은 일본어, 이란은 페르시아어, 이란을 제외한 서아시아 국가들은 아랍어, 러시아와 소비에트 연합의 소속이었던 국가들은 러시아어를 사용한다. 그리고 우리의 한국어도 있다. 이렇듯 대부분의 국가에는 자국어가 존재한다.

영어를 모국어로 사용하지 않는 나라에 가면 영어는 서로에게 어렵고 불편한 외국어다. 각자 자국어로 말하며 보디랭귀지로 소통하는 것이 더 편하다. 우리가 떠나려는 여행이 관광지를 지나는 빠른 여행이 아니라 현지인의 동네에 들어가 그들의 삶을 경험하고자 하는 느린 여행임을 생각할 때 영어의 효용성은 더욱 떨어질 수밖에 없다. 효용성만 생각한다면 중국어를 배워 전 세계 어느 국가에나 크고 작게 존재하는 차이나타운에서 필요한 정보를 얻는 것이 현명하다. 그도 아니라면 세계에서 첫 번째로 많이 사용되는 스페인어를 배우는 것이 효율적일 것이다.

다른 나라 사람들도 영어를 거저 익히는 것이 아니라 대부분 배워서 사용한다. 배운 영어는 사용하는 단어나 문법이 대체로 비슷비슷하다. 영어권 원어민을 만나 이야기하기보다 영어를 제2외국어로 사용하는 나라 사람들과 대화하기가 소통이 좀 더 원활하게 느껴지는 이유다. 자기도 잘 못했던 시기가 있고 그 마음에 공감하니 내가 못해도 적당히 분위기를 파악해 이해하기도 하고, 나 또한 그들이 사용하는 단어나 문장을 듣고 뜻을 짐작하기가 쉽다. 그러니 영어 못한다고 너무 걱정하지 말자. 대부분 현지인들은 우리처럼 영어를 배워서 한다는 사실도 잊지 말자.

이렇게 얘기해도 평생 외국어 공부가 버거웠던 사람이라면 쉽게 용기가 생기지 않을 것이다. 하지만 한달살기의 의지를 꺾지 말자. 영어 못해도, 외국어 못해도 방법은 다 있으니까.

번역기는 좋은 여행 도구가 되어 준다. 인터넷을 보다 보면 번역기의 어색한 문장을 비웃는 글도 많이 올라온다. 하지만 그런 문제는 번역기 사용에 조금만 익숙해지면 해결할 수 있다. 만약 번역기 사용이 오히려 혼란스러운 상황을 만들어 냈다면 그건 번역기의 문제가 아니라 사용자가 앞선 기능을 요구했기 때문이다. 또는 번역기에 맞춰 자신의 문장을 정리하지 못했을 가능성이 높다. 언어마다 단어간 대응 체계가 다르다. 때문에 긴 문장을 번역기에 돌리면 오역이나 어색한 번역이 나올 수밖에 없다. 가급적 주어+서술어 식의 짧고 쉬운 문장을 번역기에 적용하는 노하우가 필요하다.

한달살러가 밀란 쿤데라의 《농담》과 같이 복잡한 문장을 이용해 현지인과 대화할 일은 없다. 번역기를 원활하게 사용하고자 한다면 간략한 내용을 한 문장으로 입력한다. 그보다 더 좋은 것은 문장 대신 단어만 입력하는 것이다. 예를 들어 '가까운 버스터미널에 가려고 하는데 돈도 적게 들고 가장 쉬운 방법이 있다면 좀 알려 주세요'라는 문장을 '버스터미널에 가는 방법'이라고 고쳐서 입력하는 것이다. 대화를 할 때도 이렇게 단답식 혹은 단어 위주로 번역을 하면 필요한 내용을 주고받을 수 있다.

## 번역기가 힘들어하는 문장 예시

나는 한국 남부의 도시 순천에 사는 이름은 ○○○이고
태어나서 처음 외국에 나와 본 뼛속까지 토종 한국 사람입니다.

## 번역기가 좋아하는 문장 예시

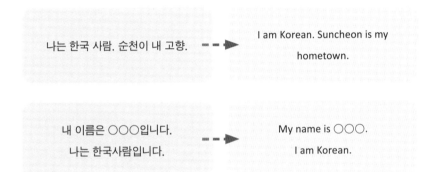

제3의 언어로 번역이 필요할 경우, 한국어에서 영어로 번역한 뒤 영어 번역 문장을 다시 제3국 언어로 번역하는 방법을 이용하자.

### 제3의 언어로 번역해야 할 때

앞의 예시처럼 '번역하려는 문장은 짧고 단순하게'라는 조건만 기억한다면 원하는 정보를 구할 수 있다.

### 파파고Papago

구글 번역기가 꽤 오랫동안 번역 앱으로 사랑받아 왔다. 하지만 최근에는 국내 번역기 파파고의 상승세가 가파르다. 파파고의 장점은 한국어 문맥을 고려해 번역해 준다는 점이다. 구글은 사용자가 간단하더라도 주어+서술어를 정확하게 써야 번역의 정확도가 오른다. 반면 파파고는 문어체가 아닌 구어체라도 문맥에 맞게 번역을 해 준다. 이는 파파고가 한국어에 특화된 앱이기 때문이다. 반면 번역이 가능한 나라의 언어는 구글 번역기에 비해 적은 편이다.

파파고에서 번역이 가능한 언어: 영어, 일본어, 중국어, 스페인어, 프랑스어, 독일어, 러시아어, 포르투갈어, 이탈리아어, 베트남어, 태국어, 인도네시아어, 힌디어

# 현지 언어 익히기에
## 좋은 앱

영어를 잘 못한다면 급히 영어 공부를 하기보다 여행하는 나라의 언어를 조금이라도 익히는 것이 더 든든하다. 현지 언어를 사용하려는 노력만으로도 그 나라 사람들에게 친근감을 줄 수 있다. 띄엄띄엄이라도 자신들의 언어를 사용하려고 노력하는 외국인들을 볼 때 현지인들은 '당신은 우리 문화를 존중하는군' 혹은 '우리와 친해지려고 노력하고 있군' 하는 느낌으로 반가워한다. 현지 언어를 배우고자 노력한다면 좀 더 깊은 한달살기를 할 수 있다.

본격적으로 현지 언어를 배우기 위해 한달살기하는 동안 어학연수를 할 수도 있다. 대부분의 도시에는 대학에서 운영하는 어학원이 있고 혹 찾지 못한다 해도 사설 학원에서 수업을 받을 수 있다.

어학연수에 시간을 투자하기 부담스러운 한달살러라면 떠나기 전 온라인을 통해서 현지 언어를 공부할 수도 있다.

## 1. 듀오링고(무료)

무료로 외국어를 공부할 수 있는 앱이다. 영어와 중국어, 독일어, 프랑스어는 물론이고 인도네시아어, 핀란드어 등 전 세계의 다양한 언어를 배울 수 있다. 게임하듯 진행되는 구조로 재미있게 공부할 수 있다. 실생활과 밀접하게 연관된 것부터 먼저 가르치니 공부라기보다는 그림책을 읽는 기분이 든다. 당장 써먹을 수 있는 문장을 수도 없이 반복시킴으로써 현지에 가서 활용해 보고 싶은 욕구를 불러일으킨다. 사용해 본 결과, 간단한 대화도 가능하고 특히 현지 언어의 감을 익히는 데 도움이 된다.

단점도 있다. 영어 사용자가 우선 대상인 프로그램이라 한국어 기반 수업은 영어, 중국어뿐이다. 대신 영어 사용자로 설정하면 전 세계 수많은 언어를 배울 수 있다. 미리 입력된 문장을 단순히 들려 주기 때문에 내 발음을 확인하기 어렵다. 발음 익히기는 다른 앱을 이용하는 게 낫다.

| 장점 | 단점 |
| --- | --- |
| 무료. 게임하듯 재미있게 공부. 현지에서 당장 써먹을 수 있는 단어, 표현부터 반복 학습. | 영어 기반의 프로그램. 발음 교정이 어려움. |

## 2. 로제타스톤(유료)

외국어 학습을 위한 전문 프로그램이다. 끊임없는 반복 학습과 음성 파동을 이용한 발음 교정 기능이 포함되어 있어 현지어 구사에 상당히 효과적이다. 영어가 아닌 오직 현지 언어로만 차근차근 기초를 쌓도록 도와준다. 무엇보다 정확한 발음 교정이 강점이다. 발음, 말하기, 문장 만들기 등 집중하고 싶은 파트를 설정할 수 있다. 정해진 과정을 두고 하나씩 완수해 나

가며 배우는 걸 좋아한다면 이만한 교재가 없다.

꽤 집요한 선생님을 만났을 때처럼 단계를 끝내면 훌륭한 언어 습득이 가능하다는 장점이 있다. 다만 지나친 반복 학습이 자칫 공부를 지루하게 만들 수 있다.

| 장점 | 단점 |
| --- | --- |
| 반복 학습. 발음 교정 기능. | 진도별 학습 계획이 자칫 지루할 수 있음. |

그 외에도 국내 유명 어학원에서 운영하는 온라인 강좌(유료), 서울시평생 학습포털을 비롯한 각 지자체에서 운영하는 온라인 강좌(유료/무료)를 통해 영어, 중국어, 일본어를 비롯해 태국어, 러시아어 등 다양한 언어를 공부할 수 있다. 영어, 중국어, 일본어는 각 주민센터에서 운영하는 자치 프로그램을 이용할 수도 있다.

서울시평생학습포털 sll.seoul.go.kr
경기도평생교육진흥원 www.gseek.kr

# 현지 어학원을
# 다녀 볼까?

## 1. 태국어

전 세계 여행자들에게 한달살기를 비롯해 장기 체류의 성지가 된 치앙마이에서 현지 언어인 태국어를 배울 수 있다. 우리가 추천하는 과정은 치앙마이 대학교의 외국인 어학연수 프로그램이다. 우리가 수업을 들었던 2016년에는 초급반, 중상급반으로 나누어 각각 1개월 과정이 진행됐다. 현재는 기간이 줄어들어 2주 과정의 수업이 진행된다. 초급반은 태국어 발음과 간단한 일상 언어를 배우는 정도지만 치앙마이에 온 외국인 친구들을 사귀기에도 좋고 선생님으로부터 태국 문화를 듣는 재미도 쏠쏠하다. 과정을 마치고 나면 식당에서 태국어로 음식 주문은 물론이고 버스표를 사거나 물건을 살 때 기본 회화 정도는 가능하다. 단, 읽기와 쓰기는 중상급 과정에서 배운다.

**치앙마이 대학교 태국어 어학연수 과정**
웹사이트 www.learnthaicmu.com
시간 15일 x 하루 3시간(총 45시간)
금액 9,000바트 (한화 약 33만 원)
문의 learnthaicmu@gmail.com
(2022년 7월 기준)

## 2. 스페인어

대부분의 중남미 국가 사람들은 초급 수준의 영어 회화도 힘겨워한다. 중미와 남미를 여행하려는 이들이 과테말라 안티구아Antigua라는 도시로 몰려드는 이유다. 안티구아는 저렴한 비용으로 스페인어를 배우려는 사람들에게 여행의 시작점과 같은 곳이 되었다. 그 수요에 맞춰 수많은 사설 학원들이 단기, 장기 어학연수 프로그램을 운영 중이다. 어학연수 기간이 중남미 사람들의 사고방식에 적응하는 완충의 시간도 되어 줄 것이다.

스페인 본토에서 어학연수도 가능하다. 바르셀로나, 마드리드 등 대도시에는 유학생들을 대상으로 어학연수 과정을 운영하는 어학원들이 상당수 존재한다. 단기 프로그램도 있어 한달살러도 수업 듣기가 가능하다.

## 3. 중국어

중국어는 본토와 대만, 어느 곳에서 어학연수를 해도 일상생활 수준의 의사소통은 문제가 없다. 다만 중국 본토는 간체(문화혁명을 거치며 복잡한 한자를 간단히 표기하는 규칙을 통해 만들어진 글자)를, 대만은 번체(한국에서도 사용하는 한자)를 사용하는 차이가 있다. 대부분 도시마다 대학이 있고 대학에는 어학연수 과정이 개설되어 있다.

## 4. 그 외 언어

조금씩 다르긴 해도 모든 도시에는 어학연수 과정이 존재한다. 먼저 그 지역에 대학교가 있다면 홈페이지를 통하거나 직접 방문해 어학연수 과정이 존재하는지 문의, 확인하는 방법이 있다. 그 밖에도 구글맵에 'language school'을 입력하면 학원 등 언어 공부가 가능한 곳을 찾을 수 있다.

# 칠레에서 과외라니

칠레 발디비아의 패트리샤 아줌마는 에어비앤비를 운영하고 있으니 영어로 의사소통이 가능할 줄 알았다. 하지만 기대와 달리 그녀는 영어를 한마디도 할 줄 몰랐다. 서로의 언어를 알지 못하기에 몸으로, 웃음으로 인사할 수밖에 없었고, 겨우 구글 번역기의 힘을 빌려 방까지 인도받았다.

"나가자! 대학에 어학 과정이 있겠지. 한 달이라도 스페인어를 배워야지, 안 그럼 나머지 여행도 차질이 생기겠어." 짐을 풀던 은덕이 말했다. 은덕으로서는 큰 결단이었다. 외국어 배우기가 불편한 상사와 일하는 것만큼 힘들다던 그녀였다.

다른 여행자들보다 긴 시간을 한 도시에 머물며 현지인의 삶을 들여다보는 것이 우리 여행이다. 2년간 24개 도시에서 한달살기를 하기로 계획한 우리가 남미에 머무는 기간은 총 7개월. 긴 시간인 만큼 스페인어를 배우는 일이 우리의 여행에도 분명 도움이 될 것이다.

나로 말할 것 같으면 새로운 언어 배우는 게 취미이자 특기인 사람이다. 낯선 언어를 배우고 사용하는 데 일말의 주저함도 없는 뻔뻔한 DNA를 지녔다. 뇌의 영역이 확장되는 기분이 들 만큼 언어는 내게 강한 자극을 준다. 스페인어를 배우겠다는 은덕의 의지가 너무나 반가웠던 이유다.

　　스페인어를 배우기 위해 무작정 교정에 들어섰지만 크리스마스가 바로 코앞이라 주변이 조용했다. 도서관을 찾아가 학생들에게 말을 걸어 봤다. "좀 도와주시겠어요. 스페인어를 못 하는데 영어 할 줄 아나요?" 회화 사전을 따라 읽은 스페인어 질문에 몇몇은 미안한 얼굴을 하며 손사래를 쳤다. 그중 한 명이 조금 주저하다 잘하진 못하지만 무슨 도움이 필요한지 물어보았다. "영어회화 수업은 있는데, 스페인어 수업은 못 들어봤어요. 그래도 어학센터에 한번 가 볼래요?" 학생은 스페인어를 못 하는 우리가 걱정스러운지 자리를 털고 안내했다.

　　어학센터 담당자들 또한 친절했으나 다음 학기 접수는 내년 1월부터이고 수업은 4월에 시작된다고 했다. 다행히도 우리의 딱한 사정이 동네에 소문이 났는지 영어를 가르치는 은퇴한 선생님에게 스페인어를 배울 기회가 주어졌다. 수업 인원은 은덕과 나, 단 둘. 발디비아에 머무르는 한 달 동안 하루 한 시간 수업을 진행하기로 했다. 과외가 효과를 발휘했는지 3주 차가 넘어갈 무렵, 제법 생존 스페인어 구사가 가능해졌다. 버스터미널에 가서 티켓을 구매하고 식당에 가서 먹고 싶은 음식을 스페인어로 주문할 수도 있었다.

　지금도 나는 새로운 언어 배우기를 취미로 삼고 있다. 이번 봄에는 인도네시아어를, 지난해에는 튀르키예어를, 그리고 지지난해에는 다시 스페인어 사전을 펼쳐 들었다. 물론 내가 이렇게 새로운 언어를 공부하는 데는 당장 반년 후에 이 언어를 쓰는 도시에서 한 달을 머물 예정이기 때문이다. 생존 본능 더하기 취향까지 맞물려 끊임없이 언어 공부를 하고 있는 셈이다. 한달살기가 좋은 점은 즐겁게 공부한 언어를 마음껏 활용해 볼 기회가 주어지기 때문이다. 다짜고짜 영어로 떠드는 대신 더듬거려도 천천히 현지 언어를 사용하면 상대방 표정에 나타나는 변화를 금세 눈치챌 수 있다. 그때가 그들의 마음이 열리는 순간이다.

# 치앙마이에서
# 어학원 다니며 한달살기

**종민**

치앙마이 구심지는 붉은색 성벽과 해자로 둘러쌓여 있다. 오래전 도시를 지배했던 왕조가 세운 정방형 건축물을 한 바퀴 돌면 5킬로미터 남짓. 길을 따라 가로수가 심겨 있어 달리기 좋은 코스다. 주말마다 그곳을 달리며 성벽이 온전했던 시기에 치앙마이는 어떤 모습이었을까 궁금해졌다.

때마침 달리기에 취미를 붙인 은덕과 함께 반듯한 사각형 트랙을 뛰고 싶었다. 하지만 그녀는 단번에 거절했다. 성벽을 돌며 치앙마이의 과거를 알고 싶어 했던 것처럼 내가 자신의 지난 시간을 물을까 우려한 것인지, 함께하는 것은 공부만으로 충분하다고 생각했던 것인지는 알 수 없다. 아무튼 달리기는 따로 했지만 태국어 공부만큼은 함께였다.

치앙마이에서 지낸 한 달 동안, 매일 아침 스쿠터를 타고 슬로틀을 있는 힘껏 당겨 치앙마이 대학교 어학원으로 향했다. 은덕은 "뜨롱빠이", "리우싸이"(태국어로 '직진', '좌회전') 익숙하지 않은 태국어 단어를 혀끝에서 또르르 굴렸다. 학교에 도착해서는 옆자리에 앉아 선생님이 건네 오는 질문에 서로 머리를 맞대고 고민했다.

수업이 끝나면 교내식당에서 학생들 사이에 앉아 밥을 먹었다. 배릿한 맛은 부담스러워 간장게장도 먹지 못하는 내가 입에 넣을 수 있는 태국음식은 똠얌꿍이나 팟타이, 카오카무까지다. 그에 반해 맛있다며 민물생선으로 담근 젓갈과 그것으로 양념한 쏨땀 같은 음식들을 입에 넣는 은덕은 주변 학생들과 이질감이 없었다. 자기가 먹는 음식이 맛있다며 수저를 들이밀면 나는 인상을 찡그리고 은덕은 까르르 웃었다.

학생식당 옆 커피 가게에서 담뿍 연유를 넣은 커피 한 잔을 사서 그늘진 캠퍼스 구석을 향해 느릿느릿 걸었다. 벤치에 앉아 수업시간에 배운 어색한 발음, 쉽게 떠오르지 않는 단어를 복습해 보고 숙제를 하며 익숙지 않은 문장을 만들고는 서로 맞는지 몰라 고심한다. 해가 뉘엿뉘엿 저물어 갈 때면 다시 스쿠터에 올라타 시내에서 저녁 찬거리를 사거나 식당에서 저녁을 먹고 집으로 돌아온다. 잠들기 전, 내일은 무슨 내용을 배울까 궁금해하는 그녀를 보는 게 좋았다.

학창시절 은덕은 어떤 책을 읽었는지, 누구를 만났는지 그리고 무엇에 열광하고 있었기에 지금의 당신이 되었는지 알고 싶었다. 그리고 한 번쯤 확인하고 싶었던 것은 '그때 우리가 만났어도 지금처럼 잘 지냈을까' 하는 것이다.

유난히도 추위를 타는 은덕을 위해 한국을 떠나 있기로 했고 그렇게 찾아간 따뜻한 남쪽 도시가 태국 북부의 치앙마이였다. 그곳에서 우연히 학창시절로 돌아가 서로를 마주할 수 있었다. 머리를 맞대고 함께 공부했고, 알콩달콩 연애하듯 캠퍼스를 거닐었다. '그 시절에 서로를 만났다면 이런 모습이었겠지' 생각하며 풋풋한 시간을 보내고 왔다.

치앙마이 성벽이 온전했던 그 시절로 돌아갈 수는 없지만 적어도 지금 사랑하는 사람의 학창시절을 상상해 볼 수 있었다. 삶이라는 긴 호흡 속에서 잠시나마 살아 볼 기회가 주어진다면 다시 치앙마이로 가고 싶다.

**Çorbalar**

| | |
|---|---|
| Mercimek | 2.50 |
| Ezo Gelin | 2.50 |
| Tavuk Suyu | 2.75 |
| Yayla | 2.75 |
| İşkembe | 6.25 |
| Kelle | 7.50 |
| Lahana | 3.50 |

**Pilav ve Makarnalar**

| | |
|---|---|
| Pilav | 2.75 |
| İç Pilav | 3.50 |
| Sebzeli Pilav | 3.50 |
| Spagetti | 3.00 |
| Fırın Makarna | 3.50 |
| Kıymalı Makarna | 3.50 |
| Mantı | 6.50 |

**Tavuk Yemekle**

| | |
|---|---|
| Tavuk Snitzel | |
| Tavuk Biftek | |
| Tavuk Baget | |
| Tavuk But | |
| Tavuk Pirzola | |
| Tavuk Ciğer | |
| Tavuk Sote | |
| Tavuk Macar | |
| Tavuk Pane | 6.50 |
| Tavuklu Püreler | 8.00 |

**...nyağlılar**

| | |
|---|---|
| | 4.00 |
| | 6.00 |
| | 4.50 |
| | 4.50 |
| | 4.50 |
| | 4.50 |
| Tavuk Salata | 4.00 |
| Patates Salata | 3.00 |
| Brokoli | 4.50 |
| Taze Fasulye | 4.50 |

**"Lezzet Listemiz"**

**Salatalar**

| | |
|---|---|
| Mevsim Salata | 3.00 |
| Çoban Salata | 2.75 |
| TonBalıklı Salata | 3.50 |
| Turşu | 3.00 |
| Piyaz | 3.50 |
| Cacık | 3.00 |
| Konposto | 3.00 |
| Damak Salata | 3.00 |

**Tatlılar**

| | |
|---|---|
| Güveç Sütlaç | 3.00 |
| Süpangiler | 3.00 |
| Kabak | 3.50 |
| Kemalpaşa | 3.00 |
| Trileçe | 4.00 |
| İrmik tatlısı | 3.00 |
| Kadayıf | |

P | Ajuntament ⚜ de Palma | 2020 CiViTAS PALMA | THE CIVITAS INITIATIVE IS CO-FINANCED BY THE EUROPEAN UNION

↑ Sa Gerreria a 700m **178**

↑ Parc de la Mar a 2,2 Km **215**

Mercat de l'Olivar a 350m → **128**

# 10장 현지 이웃과 어떻게 지낼까?

# 이웃을 대하는
# 마음가짐

한번은 집 앞 큰길에서 외국인 두 명이 몹시 당황해하면서 길을 찾고 있었다. 여행지에서 받았던 친절을 돌려주고 싶어서 가던 길을 멈추고 그들을 안내했다. 그들은 아프리카 카메룬 출신의 교환학생이고 건강보험공단에 필요한 서류를 내러 가는 길이라고 말했다. 그러면서 나보다 앞서 몇 사람에게 도움을 요청했지만 '잘 모르겠다', '바쁘다'며 모두 지나쳐 갔다고 했다.

그로부터 얼마 뒤, 선행에 관한 설문조사 결과를 보게 되었다. 길 위에서 어려움에 처한 사람을 만났을 때 가던 길을 멈추고 도와주는 사람, 즉 '선한 사마리아인'이 될 수 있는 요건은 학벌, 경제력, 연령이 아니라 시간적 여유라는 결과였다. 시간이 많은 사람이 가던 길을 멈추고 도움이 필요한 사람에게 도움을 준다는 결과가 인상적이었다. 카메룬 학생들을 도와줄 수 있었던 그날의 나도 바빠 해야 할 일이 없어 선의를 베풀 수 있었다. 결국 마음의 여유는 자유롭게 사용할 수 있는 시간과 비례함을 직접 확인한 것이다.

한달살기를 다른 말로 바꿔 보자면 '시간적 여유'라고 할 수 있겠다. 겨우 일주일, 열흘 정도 주어지던 외국에서의 시간이 한 달로 늘어났으니까. 충분히 즐길 수 있는 시간이 주어졌고, 사치라는 생각이 들 정도로 느긋한 여유를 부려 볼 수 있다. 그러나 한 달 동안 해외로 나가서 살려는 분들의 걱정은 아이러니하게도 그 많은 시간 동안 무엇을 할까에 있었다. 그저 산책을 하면서 계절이 지나가는 모습을 살펴도 좋고, 누군가에게 선행을 베풀어도 좋다. 시간이 많은 만큼 우리의 마음도 풍요로워질 것이니 사실 무엇을 해도 만족스러울 가능성이 높다. 하지만 우리는 대부분 시간이 넉넉했던 경험이 너무 부족해서 이게 또 걱정이다.

한달살기라는 여행은 새로운 것들과 가까워지는 방법을 체득하는 과정이다. 살아 보는 여행을 잘하기 위해서는 내가 살 집에 관심을 가져야 하고, 숙소 주변에 무엇이 있는지 꼼꼼히 살펴야 한다. 생필품과 식재료를 살 수 있는 상점이나 시장을 숙지해야 하며, 그 도시의 쓰레기 분리배출은 어떤 식인지 알아 둬야 한다. 한국에서 아무렇지 않게 해 오던 일들이 조금은 신경써야 하고 생각해야 하는 새로운 일이 되는 것이다. 여기에 잘 적응하면 그 도시와 잊지 못할 추억을 쌓게 된다.

우리가 한달살기를 시작하며 느끼는 불안함이 현지인들에게도 찾아온다. 낯선 이가, 심지어 언어도 생김새도 다른 외국인이 옆집으로 이사 오면 함께 살아갈 만한 사람인지 확인하는 시간이 필요하다. 상점 주인은 자신이 관심을 쏟아야 할 새로운 동네 사람인지, 그저 한번 물건을 사고 지나가는 뜨내기인지 눈치를 살핀다. 한달살기를 하는 동안 당신도 현지인들도 서로 이웃이라는 관계를 맺는 과정을 고민하게 되어 있다. 동네에 새로 문을 연 식당이나 카페가 괜찮은 곳인지 살피고 종종 들르면서 단골이 되어 가는 과정과도 닮았다.

이렇게 보면 한달살기 여행에 만족감을 느끼는 사람은 이웃을 잘 사귀고, 관계 맺기에 익숙한 사람이라고 할 수 있다. 그저 다른 도시를 관찰하고 관망하는 것이 아니라 자기 삶의 일부를 내어 그 마을 사람이 되어 보는 경험을 만드는 것이 바로 한달살기 여행이다.

# 달팽이 여행법

우리의 한달살기는 '달팽이 여행법'을 따른다. 달팽이 여행법은 달팽이의 속도처럼 천천히 도시를 알아 간다는 의미와, 달팽이집의 모양처럼 조금씩 활동 반경을 넓혀 간다는 뜻이 담긴 한달살기 노하우다.

총 체류 기간인 4주를 나눠서 1주씩 계획에 맞게 달팽이 여행법을 실행한다. 꼭 한 달이 아니라 2주, 아니면 한 달 이상을 여행하는 경우도 있겠지만 규칙은 한 달을 체류하는 것과 비슷하다. 총 여행 기간에 맞춰서 4단계로 이웃과 교류하는 것이다.

## 1주 차: 마을, 이웃과 인사하기

첫 번째 주는 동네를 여행한다고 생각하자. 새 집으로 이사한 것처럼 짐을 풀고, 동네에 어떤 가게가 있는지 꼼꼼히 살펴본다. 익숙하지 않은 문화지만 이웃과 눈을 마주치며 가벼운 인사를 건네는 것을 잊지 말자. 우리에게는 눈을 돌리는 것이 사소한 실수지만 상대는 그 순간 무시당했다고 느끼기도 하니까. 이 기간 동안에는 동네를 거닐며 마주치는 사람들과 열심히 인사를 나누도록 하자. 자신을 알리는 기회기도 하고, 해를 가하지 않는 사람이라는 인상을 심어 줄 필요도 있다.

아침 산책은 매일 하길 권한다. 현지 풍경을 살피는 좋은 기회이기도 하고 아침나절 잠깐 열리는 시장을 이용할 수도 있다. 이 과정을 빼 버린다면 신선한 재료를 파는 동네시장이 있다는 사실을 떠나는 날까지 알지 못할 수 있다.

산책이라고 생각하면서 천천히 걸으며 집 주변에 어떤 가게들이 있는지 확인하고 생필품과 식자재를 살 수 있는 가까운 상점을 파악한다. 교통 정기권을 사는 곳과 시내로 나가는 대중교통의 시간과 탑승 위치도 확인해 둔다.

다음은 식사 시간에 맞춰서 동네식당을 둘러보자. 사람들이 많이 드나드는 곳은 분명 맛집일 테고 앞으로 당신에게 그 지역의 제대로 된 현지 음식을 맛보여 줄 것이다. 동네식당은 동네에 관한, 더 넓게는 당신이 머무는 도시에 대한 자세한 가이드 역할도 맡아 준다.

첫 주에 동네를 돌면서 어떤 시간에 유동인구가 많고, 혹시나 위험이 발생하면 어떻게 도움을 청할 수 있는지도 숙지해 두자. 이 과정은 꼬박 일주일을 들여도 충분치 않다. 단, 해가 진 뒤에는 외출을 삼가자. 외국을 여행하는 사람들이 사고를 당하는 시간대는 대부분 밤이다. 한국의 치안 상황을 생각하다가 봉변을 당하기 일쑤다.

## 2주 차: 준비한 여행을 실행하는 날들

1주 차에 동네를 탐험했다면 2주 차에는 시내로 나가 본다. 첫 주에 동네를 돌며 조급해진 마음을 풀어 주는 것이다. 그동안 여행을 계획하며 가고 싶었던 곳, 보고 싶었던 공연 등을 즐기는 집중 기간이다. 동네에 익숙해지는 첫 주 동안 그 지역의 교통 시스템이나 규칙을 익혀 두었기에 큰 시행착오 없이 여행할 수 있다.

외국인 여행자에게 자주 벌어지는 또 다른 사고의 유형은 무턱대고 낯선 자의 손을 잡은 뒤에 벌어진다. 호의라고 생각한 손이 사실 범죄의 올가

미였던 것이다. 여행자는 사고 후 대응이 느리다는 것을 그들은 알고 있다. 또한 타지에서 외로워진 순간에 호의를 받게 되면 긴장의 끈이 풀어진다는 사실도 안다. 때문에 갑작스러운 호의는 시간을 두고 살펴볼 필요가 있다. 누군가 호의의 손길을 내밀었다면 이에 응하는 것은 3주차 이후로 미뤄 두고 상대의 태도가 당신을 향한 진심인지, 사기를 치려는 수작인지 여유 있게 살펴봐야 한다. 우리는 한 달이라는 긴 시간을 두고 위험을 줄여 나갈 수 있는 한달살러라는 사실을 잊지 말자.

## 3주 차: 내게 찾아올 우연을 기다리는 시간

개인적인 차이가 있겠지만 인사를 건네는 외국인이 보름 동안 내 주변을 돌아다닌다면 궁금증이 생기기 마련이다. 동네카페에 앉아 있으면 동네사람들이 어디서 왔는지, 여기에 얼마나 머무는지와 같은 사소한 질문을 걸어온다. 상대방이 연세가 있는 현지인이라면 동네의 사소한 사건사고들을 나누며 말동무가 되어 줄 것이고, 나와 나이가 비슷한 이라면 외국에서 친구를 사귀는 경험이 생기는 것이다.

이런 관계가 지난 2주 동안 이어졌다면 분명 한 명쯤은 좀 더 자기 도시에 관해 알려 주고 싶어 하는데 이때 현지인들만 아는 특별한 장소나 이벤트 정보를 얻을 수 있다. 덕분에 가이드북이나 블로그에 올라오는, 여느 여행자에게나 열려 있는 경험이 아니라 한달살러만의 특별한 여행을 만들 수 있다. 친밀감도 더해지고, 스케줄도 맞으면 이웃의 차를 타고 조금 멀리 함께 여행을 갈 수도 있다. 3주 차는 내게 찾아올 우연을 기다리는 시간이라고 할 만하다.

## 4주 차 : 안녕을 나누는 시간

머물고 있는 도시와 사람들에게 이별할 준비를 하는 시간이다. 그동안 이용하던 동네식당, 상점 주인들과 가볍게 인사를 나눈다. 이때 상대방의 태도를 보면 내가 이곳에 얼마나 잘 머무르다 가는지 확인할 수 있다. 상대방이 '굳이 나한테까지 인사를 하고 갈 필요가 있나' 하는 눈빛이라면 관계 맺기에 온도차가 있었다는 뜻이니까. 또 여력이 된다면 한국에서 준비해 간 (전통 문양이 새겨진 손거울, 마스크팩 등) 작은 선물을 건넨다. 마음을 전하는 좋은 방법이 될 것이다.

특히 숙소 주인이나 동네주민 중 현지에 적응하는 데 큰 도움을 준 이가 있다면 숙소로 초대해 한국 요리를 대접하는 것으로 만남을 마무리할 수도 있다. 매듭을 잘 지으면 평생을 이어 갈 인연 하나가 생긴다. 단, 약속을 잡을 때는 최소 일주일 전에 이야기해서 시간과 장소를 정하는 것이 좋다.

# 호스트에 관한
# 탐구

새로운 동네로 이사했을 때, 그 지역을 소개해 줄 안내자가 있다면 마을에 적응하기가 한결 수월하다. 다행히 한달살러에게는 좋은 안내자가 준비되어 있는데 바로 숙소 호스트다. 그 지역에 관해 잘 알고 있는 현지인인 데다가, 자신의 집에 나를 손님으로 받았으니 잘 적응할 수 있도록 여러 가지 정보를 건네준다. (사실 문제가 생기면 외국인이라는 특수성 때문에 사건 처리가 복잡해지므로 미연에 방지하고자 하는 마음도 있을 것이다.)

　　호스트는 손님을 향한 관심도에 따라 두 부류로 나눠 볼 수 있다. 첫 번째는 다른 문화에 대한 호기심으로 손님을 받는 '문화탐구형'이고, 두 번째는 수입 창출을 목적으로 숙소를 내주는 '수입창출형'이다. 어느 쪽이 더 좋다고 말할 수 없지만 각각의 성향과 특징은 다음과 같다.

285

## 1. 문화탐구형 호스트

문화탐구형은 다른 문화에 호기심이 많아 에어비앤비 호스트가 된 사람들이다. 그만큼 친해지기가 수월하다. 서로 음식을 만들어 나누거나, 구글맵을 보면서 동네 이야기를 하며 자연스럽게 친해질 수 있다. 그 과정에서 동네의 특징이라든가(어떤 부류의 사람이 많이 살고, 그 동네의 맛집은 어디인지) 주의해야 하는 마을 규칙을 자연스럽게 알 수 있다.

　　긴 시간 손님을 받아 온 호스트보다 이제 막 문을 연 호스트에게 문화탐구형 성향이 자주 나타난다. 그들은 한 달 단위의 장기 숙박도 선뜻 제공하며, 할인에도 우호적이다. 잘 머물고 좋은 평점을 남겨 주는 것이 선의를 베푼 호스트에게 우리가 줄 수 있는 좋은 선물이다.

다만 이 성향의 몇몇 부류는 에어비앤비 서비스를 자기 집에 친구가 머문다는 생각 안에서만 운용한다. 돈을 낸 만큼 서비스를 받아야 한다고 생각하는 이용자라면 그만큼 불쾌함도 느낄 수 있다. 예를 들어, "내 집처럼 마음 편히 써"라는 말이 곧 필요한 물건을 알아서 찾으라고 하는 의미가 될 수도 있고, 숙소 가이드에는 '매일 청소'라고 써져 있지만 생각날 때마다 한 번씩 겨우 청소를 해 주는 경우도 있다.

스페인 세비야에서 일이다. 호스트는 레스토랑을 운영하면서 밴드 활동도 하는, 그 지역에서 꽤 유명한 사업가 겸 아티스트였다. 그 활동만으로도 바쁠 텐데 할아버지에게 물려받은 대저택으로 에어비앤비 호스트도 겸하고 있었다. 상당히 저렴한 금액으로 한 달 묵을 방을 내주었는데 "내 집처럼 편하게 머물다 가"라는 말을 덧붙였다. 덕분에 체크인하는 날 정말 내 집처럼 집 앞 가게에 맡겨진 열쇠를 찾아 아무도 없는 집의 문을 열고 들어갔고, 바쁜 호스트 대신 다른 방에 머무는 새 게스트를 맞이하는 일도 도맡아야 했다. 하루는 "일주일 정도 페스티벌에 다녀올 테니 집을 잘 부탁해"라는 메시지도 받았다. 부담스럽지 않은 정도의 관심과 대저택을 내 집처럼 편하게 사용할 수 있는 무관심 사이에서 보낸 한 달이었달까.

## 2. 수입창출형 호스트

대부분 주변 상점과 시장의 위치, 주변 관광지 정보 등 초기에 게스트가 필요로 할 만한 정보를 꼼꼼하게 준비해 놓는다. 이들이 제공하는 정보는 여행에 꼭 필요한 것이긴 하지만 대개 짧게 여행하는 사람들에게 유용한 내용들이다. 한 달을 머물 우리에게는 이런 정보보다는 동네에 이사 온 사람에게 필요할 법한 특별한 내용이 유용하다. 또한 수입창출형 호스트는 자기 삶이 바빠서 기존에 준비된 것 외에 새로운 요청에 대한 피드백이 느릴 때가 많다. 막상 피드백을 받는다 해도 호텔이나 호스텔의 리셉션 고객 응대 수준의, 약간은 뻔한 내용들이 대부분이다.

수입창출형 호스트는 손님을 많이 받아야 한다는 목적의식도 뚜렷하고, 다음 손님에게 영향을 미칠 수 있는 후기나 평점 같은 객관적인 지표에도 신경을 쓴다. 한편으로는 장기 할인 대상인 한 달 손님을 꺼리는 성향도 있다. 그럼에도 손님 입장에서 생각하고 이전 손님에게서 피드백 받은 불편함 점들을 바로 개선해 놓는 장점도 있다. 모든 수입창출형 호스트가 그런 것은 아니지만 기본적으로 이들에게 연락할 때는 소규모 호텔이라는 생각으로 접근하는 것이 좋다.

일본 도쿄에서 그런 숙소를 만난 적이 있다. 2층 건물의 아래층은 게스트에게 내주고 호스트 본인들은 2층에 머무는 숙소였다. 슈퍼호스트를 오랫동안 유지하고 있을 만큼 손님들의 피드백을 잘 반영하며 운영하고 있는 곳이었다. 문을 열고 들어간 숙소 한가운데는 두꺼운 파일철이 한 권 놓여 있었는데 일본식 이불 개고 접는 법부터 목욕탕 사용법, 쓰레기 분리배출 방법, 주변 맛집 정보, 관광지 할인 정보까지 게스트가 필요로 할 법한 모든 내용이 담겨 있었다. 숙소 사용 매뉴얼이라 불러도 좋을 만큼 방대한 내용이었고 덕분에 머무는 동안 호스트에게 물어볼 내용이 없을 정도였다. 바로 위층에 살고 있으니 한 번쯤 얼굴을 보고 인사를 나누고 싶었지만 떠나는 날까지 그들의 흔적조차 볼 수 없어 숙소에 편하게 머무는 것이 좋은지, 불편한 점이 있더라도 호스트와 인간적인 교류를 나누는 것이 좋은지 아리송했다.

# 이웃과
## 친해지기

한달살기 숙소는 상업지역인 시내 중심보다는 외곽의 주거지역에서 구하는 것이 좋다. 숙박비도 저렴하고 질 좋고 싼 식재료를 구할 수 있는 시장도 이 지역에 많기 때문이다. 또한 관광보다 현지인의 삶을 보고자 하는 한달살기 목적에도 주거지역이 적절하다.

현지인들 틈에 섞일 수 있는 곳에 숙소를 구했다면 호스트 다음으로 가까이해야 하는 사람이 옆집을 비롯한 마을 사람들이다. 현지인의 시선으로 볼 때, 여행자는 온전한 자신의 세계에 갑작스럽게 찾아온 낯선 존재다. 때문에 얼마나 빠른 시간 안에 경계의 시선을 걷어 내느냐가 만족스러운 한달살기의 1차 과제이기도 하다.

내가 사는 아파트에 외국인 한 무리가 등장했다고 가정해 보자. 그들이 같은 층에 있는 집 하나를 차지하게 되었다. 뭔가 불편했지만 표현하자니 내가 옹졸해지는가 싶기도 하고, 낯선 외국어로 필요한 말을 다 전할 수 있을까 두렵기도 하다. 집 앞 놀이터에서 놀던 아이들은 피부색이 다른 이웃을 신기하게 쳐다보는 데 그치지만, 부모 마음은 여기에 그치지 않는다. 외국인들이 무슨 짓을 할지 알고 한 동네에서 지낼 수 있느냐며 민원을 넣는다. 외국인 이웃은 그저 그곳에 있는 것만으로도 누군가에게 불안 요소가 될 수 있는 것이다. 이런 상황은 한국에서 에어비앤비 숙소를 운영하는 호스트들이 실제로 고민하는 부분이다.

다른 생활방식도 문제가 된다. 그 외국인들이 금요일 저녁마다 늦은 시간까지 떠들고 논다고 가정하자. 일주일 동안 쌓인 피로로 당장이라도 눕고 싶은 나와 달리 외국인 이웃은 그 밤을 불태워야 비로소 피로가 날아가는 듯 시끌벅적하게 마시고 떠든다. 그 통에 나는 잠을 제대로 자지 못했다. 파티의 흔적들은 봉투에 담겨 주말 내내 아파트 복도 한켠에 자리하고, 그 안에 담긴 쓰레기들은 슬쩍 보아도 분리 상태가 엉망이다. 말을 할까 싶다가도 외국어로 말해야 하는 부담감이 다시 발목을 잡는다. 그렇게 쌓이고 쌓인 뒤에야 참지 못하고 그 집 문을 두드리지만 약간 상기된 나의 말끝에 그들은 "당신 나라의 규칙과 사정을 잘 몰라서 그랬다"라고 하면서 앞으로 주의하겠다고 웃으며 말한다. 그리고 마지막에 "미안하다"는 말까지 더했으니 집으로 돌아온 나는 뭔가 알 수 없는 패배감에 또 신경이 날카로워진다.

앞의 예를 뒤집어서 외국인 위치에 한달살기를 준비하는 당신을 놓아보자. 외국에서 한 달을 머무는 동안 당신을 바라보는 현지인들의 시선을 알 수 있다. 내 돈을 들여서 항공권을 구하고 집을 구했지만 그들 세계에 들어갈 수 있는 티켓은 돈으로 살 수 없다. 그들의 규칙을 어기지 않을지 늘 조심하고, 먼저 미소를 보이는 친절함을 내보이고 나서야 비로소 이웃들과 조금이라도 가까워질 수 있다. 때문에 돈으로 모든 걸 해결할 수 있다는 생각을 가진 사람에게 이 여행법은 맞지 않을 것이다. 오히려 당신의 주머니를 노리고 먼저 웃음 지어 보이는 노련한 관광업자와 손발을 맞춰야 평온한 여행을 할 수 있을지도 모르겠다.

# 단골 식당
## 만들기

한국에서의 경험을 생각해 보자. 동네식당 메뉴에서는 집에서 먹는 맛이 난다. 식당 주인이 직접 장을 담그고 나름의 레시피를 가지고 자기만의 맛으로 승부를 거는 곳이 동네 맛집이다. 외국에서 맛있는 식당도 상황은 비슷하다. 그 지역에 오래 산 부모님의 손맛이 담긴 진짜 현지 음식은 시내 중심보다는 동네에서 발견할 확률이 높다.

마을 단위로 상권이 형성되어 있는 유럽 지역을 비롯해 골목 상권을 중심으로 소비가 일어나는 일본이나 대만의 경우도 지역 주민들이 자부심을 갖고 찾는 맛집이 있다. 멀리 시내에 나가서 외지인 입맛에 맞춘 식당을 찾기보다 집 가까운 곳에 현지인이 소중히 지키는 맛집 하나를 나의 단골식당으로 만들어 보자.

단골식당을 만드는 일은 세 가지 관점에서 좋은 일이 된다. 첫 번째, 동네를 꼼꼼히 둘러보는 연습이 되고 두 번째, 앞서 설명한 것처럼 현지의 손맛이 묻어나는 맛있는 음식을 맛볼 수 있으며, 마지막으로 동네식당은 그 동네의 구성원과 만날 수 있는 가장 쉬운 접점이 된다. 이웃과 친해지겠다며 무턱대고 길 가는 주민을 붙잡고 말을 걸 수는 없는 노릇이므로 그들의 커뮤니티에 자연스럽게 녹아드는 방법으로 식당이나 카페를 이용하는 것이다.

물론 동네식당을 단골가게로 만들기 위해서는 블로그나 인스타에 소

문난 맛집을 찾아가고 싶은 욕심을 억누르는 노력이 필요하다. 많은 사람이 간다고 꼭 내 입맛에 맞을 리 없지만, 남들 다 가는데 나만 안 가는 건 미련한 짓 아닐까 하는 생각이 들기 때문이다. 그런 의미에서 동네에서 나만의 맛집을 찾으려는 노력은 나의 취향을 발견하는 기회가 되어 준다. 내가 어떤 맛을 좋아하고, 어떤 분위기의 카페에 끌리는지 확인할 수 있으니 말이다. 거기에 더해 종업원들과 나눈 소소한 대화들로 남들은 가질 수 없는 여행의 중요한 장면을 향유할 수 있다. 처음에는 '정신 승리'라 생각할 수 있겠지만 이런 경험을 계속하다 보면 내 안에 남들과 다른 가치가 쌓이는 것이 느껴진다.

동네식당을 찾아야 하는 또 다른 이유는 여행이 끝난 뒤 직접 현지 요리를 만들기 위해서다. 매일 들르는 그 동네식당에서 맛있게 먹은 음식을 한두 번쯤은 한국에 돌아가서 해 먹고 싶다는 생각이 들 것이다. 현지 식당을 자주 이용해 봐야 후에 요리할 때 그 맛을 흉내낼 수 있다. 하루 한 끼는 동네식당에서 해결하고, 한 끼는 식당에서 먹은 맛을 연습해 보는 거다. 어설프더라도 그 음식을 만드는 행위가 나의 여행 기억을 되살리는 중요한 장치가 되어 줄 테니까.

# 웰컴 투 이란!

종민

아라비아반도와 인도 사이에 위치한 이란은 '환대'라는 독특한 문화를 가지고 있다. 직접 경험한 이란의 환대문화는 은덕과 나의 상상을 초월했다. 그동안 '환대의 아이콘'이라 생각했던 남미조차 이곳에 비교할 수 없을 정도다. 우리는 이란을 여행하는 내내 환대의 끝이 어디일지 궁금했다. 그리고 환대만큼 특이했던 건 그들의 호기심이었다. 길을 걷다 보면 어느 나라에서 왔는지 묻고는 "웰컴 투 이란!" 하고 인사하는 사람과 이름이 무엇인지, 왜 이란에 왔는지 등 시시콜콜한 질문을 건네는 사람을 손으로 꼽을 수 없을 만큼 많이 마주하게 된다.

이란을 여행하다 보면 겪는 이상한 상황이 또 있다. 카메라를 들고 있으면 꼭 포즈를 취해서 사진을 찍어 달라고 한다. 자신들이 믿는 신이 이방인의 모습으로 다녀갈 수 있다고 생각하기 때문인 것 같다. 신의 손에 들린 카메라니 얼마나 찍히고 싶겠는가. 또, 이틀에 한 번꼴로 모르는 사람에게서 전화번호를 받았다. 전화번호를 준다는 건 외국인을 향한 호기심을 넘어 '나는 언제든 당신을 도울 준비가 되어 있다'는 신앙의 고백 아닐까? 이슬람 율법에 이방인의 어려움을 외면하지 말라고 적혀 있으니까.

아니면 과거 유목민이었던 선조들의 마음이 여전히 남아 있는 것일까?

293

그들은 이방인으로부터 외부의 문화나 정보를 전해 들어야 갈 길을 정할 수 있고, 삶을 유지할 수 있었다. 그래서였는지 지하철 승강장에서도, 비좁은 버스 안에서도, 심지어 식당에서 주문을 기다리는 사이에도 그들은 우리에게 말을 걸었다. 모두들 바깥세상을 향한 열망이 대단했다. 또한 유학을 다녀왔다거나, 여행을 가고 싶다거나, 그도 아니면 외국에서 직장생활을 하다가 귀국을 한 이들이었다. 그들은 어떻게든 이방인과의 끈을 놓치지 않으려고 했다. 이란 정부가 다른 나라와 교류가 적고 폐쇄적이기 때문이었을까.

이란은 외국인이 여행하기 힘든 나라다. 반대로 이란인이 외국으로 여행, 공부 혹은 일을 하러 가기는 몇 배 더 힘들다. 외국 여행을 하려면 현지에서 도와줘야 할 누군가가 꼭 필요하다. 비자 초청장도 필요할 것이고, 물가가 비싼 나라에서는 숙박비, 생활비도 만만치 않을 것이다. 그러니 해외에 나갈 생각이 있는 이들이라면 어떻게든 그 나라 친구들을 만들 필요가 있다. 하지만 그보다는 율법에 적힌 대로 어려움에 처한 사람에게 도움을 건넨 것이고, 선조들이 그랬던 것처럼 이방인에게 친절했던 것이라고 믿고 싶다. 그들이 내민 손길에 가장 큰 혜택을 입은 것이 우리니까.

# 빌바오 속으로

은덕

날씨는 그 땅에 사는 사람들 삶의 깊숙한 영역까지 영향을 미친다. 한 달씩 머무는 여행을 통해 날씨와 지형이 사람들의 생활방식과 성격에 어떻게 연결되는지 살펴보는 재미를 알게 됐다. 바람과 비가 많은 북쪽의 바스크 지역 사람들은 스페인 특유의 활기찬 DNA보다 근면성실함이 몸에 밴 듯싶다. 스페인 내에서도 가장 많은 세금을 내는 곳이 바스크다. 가만히 누워만 있어도 과일이 떨어지는 축복받은 양지가 아니니 부지런히 일할 수밖에! 그래서 오래전부터 바스크의 주도, 빌바오는 조선, 철강 등 공업 분야에서 강세를 보였다.

빌바오를 흔히 '모더니즘의 도시'라고 일컫는다. 서유럽의 어떤 세련됨이 이곳에 분명 존재한다. 하지만 지방 중소도시만의 투박함과 정겨움이 아예 없는 건 아니다. 빌바오의 첫인상은 쌀쌀맞다 싶을 정도의 무신경함이었다. 스페인의 다른 도시에서 사람들과 눈이 마주치면 "올라!"부터 외치던 버릇이 무색해지게 상점 직원 외에는 인사를 주고받지 않는다. 휴대전화를 바라보는 사람도 많고 자리를 양보해도, 문을 열어 줘도, 고맙다는 말을 하지 않는다. 어깨를 부딪혀도, 길을 방해해도 미안하다는 소리를 안 한다. 이 투박함에 적응하는 데 시간이 좀 걸렸다. 그런데 겉으로 살살

거리는 친절함만 없을 뿐 말을 걸어오는 현지인들은 어느 도시보다 많았던 곳이기도 하다.

혹자는 어느 도시를 가리켜 '반나절이면 다 보는 도시', '하루면 끝나는 도시'라는 표현을 쓴다. 안타깝게 빌바오도 한국 여행객들 사이에선 그런 불명예를 안고 있는 도시인가 보다. 기껏해야 구도심을 돌아다니거나 구겐하임 미술관을 둘러보는 게 다인 걸 보면 말이다. 천천히 동네를 거닐면서 여행의 범위를 시내와 근교까지 확장해 나가는 달팽이 여행법을 선호하는 우리도 생각보다 작은 도시 규모에 당황했다.

하지만 빌바오 구석구석 바스크인의 섬세한 손길이 닿은 건축물을 보는 재미가 있었다. 예를 들어 지하철 내부에 들어서면 차가운 무채색의 콘크리트 벽이 승객을 맞이한다. 유럽에서 흔히 맡을 수 있는 소변 냄새도, 뉴욕 지하철의 상징과도 같은 큰 쥐도, 하다못해 어지러운 광고판도 없다. 빌바오의 첫인상과 닮아 있는 깔끔한 회색빛 콘크리트가 바스크인의 세련되고 모던한 감각임을 눈치채는 데 그리 오랜 시간이 필요치 않았다. 사람도 건축물도 빌바오의 전체적인 인상이 그렇다. 가까이 보면 감흥이 덜 하나 멀리서 보면 속뜻을 품고 있다.

지형도 마찬가지다. 가까이 보면 대서양과 면한 항구도시라는 생각이 먼저 든다. 하지만 바스크인들은 바다를 이용해 항로를 개척하고 무역에 힘쓴 역사보다 산에서 목축을 하고 땅을 일구며 산촌 사람으로서 살아간 세월이 훨씬 길다. 그래서인지 해산물만큼이나 많이 먹는 음식이 출레타 chuleta라고 하는 구운 고기 요리다. (많은 바스크인들이 아르헨티나로 이민을 갔다. 아르헨티나에서 먹는 아사도asado가 바스크에서 유래한 게 아닐까 싶을 정도로 두 음식은 육질이나 굽는 방식이 흡사하다.)

산으로 막혀 있던 바스크는 나름의 언어로 자신들만의 고립된 세상을 만들었고 '나는 누가 뭐래도 내 갈 길 가겠소'라는 뚝심 혹은 고집이라고 불러도 좋을 성격을 지니게 된 듯하다. 가까이 보면 무뚝뚝하고 멀리서 보면 속정이 깊은 바스크인의 성격을 조금씩 이해하게 된다.

이렇게 고립된 세상에 독일 나치 군은 무자비한 폭격을 가했다. 게르니카Gernika는 산이 마을을 둘러싸고 작은 강줄기가 바다로 흐르는 평화로운 바스크 마을 중 하나다. 1937년 스페인 내전 중 프랑코 군을 지원하던 독일 콘도르 군단이 게르니카를 폭격한다. 1,500여 명의 마을 주민이 사망한 이 비극적인 참상을 전해 들은 피카소는 〈게르니카〉라는 그림을 그렸

297

고 우리에게 '게르니카'는 이 작품의 이름으로 알려졌다. 비록 모조품이라도 실제 참상이 일어났던 장소에서 마주한 그림은 더 참혹하게 다가왔다.

프랑코 군이 하필 게르니카를 지목한 건, 그곳이 바스크였기 때문이지 않을까? 자신들만의 문화를 지키며 스페인 정부로부터 독립을 외치고 고집스럽게 살아가고 있는 이들이 눈엣가시처럼 보였을 것이다. 아픔을 간직한 곳의 사람들은 그 아픔이 치유되기까지 긴 시간 동안 트라우마를 가지고 살게 된다. 가까이 보이는 바스크는 멀쩡해 보이지만 그 안에 상처는 어디까지 아물었을까?

# 크로아티아는
## 산도 멋지다

**은덕**

크로아티아는 아름다운 자연경관과 주변 유럽 국가보다 저렴한 물가 덕분에 여름이면 여행객들로 발 디딜 틈이 없다. 크로아티아 중에서도 스플리트, 흐바르, 그리고 두브로브니크로 가고 싶었지만 성수기만 되면 두 배 넘게 뛰는 숙박비와 물가 때문에 다른 곳을 찾아야 했다. 그러다 인구 1,500명이 사는 작은 마을, 바카르를 발견했다. 도서관 하나, 호텔 하나, 우체국 하나를 온 주민이 공유하는 아담한 동네.

우리가 머물 다보르카네 집은 3층으로 된 크로아티아 전통 가옥이다. 1층은 손님방, 2층은 다보르카의 집, 3층은 그녀의 딸 도냐와 사위 보로의 집이다. 딸과 사위 모두 현직 교사고 각각 영어와 역사를 가르친다. 다보르카 역시 은퇴한 지리 선생님이었다.

한 달을 머물면서 이 집 식구들과 정이 많이 들었다. 해가 질 무렵이면 바다로 향하는 다보르카를 따라 멋진 아드리아해에서 수영을 했다. 대중교통이 불편한 바카르에서 도냐는 아침 출근길마다 우리를 시내까지 태워 주었다. 그리고 동네 꼬마들은 우리가 행여 심심할까 봐 말동무가 되어 주고 크로아티아어를 가르쳐 주었다.

어느 도시보다 바쁜 일과를 보낸 바카르였지만 이곳을 떠나기 전날 마주한 풍경을 잊을 수 없다.

"올라가는 데 한 시간 반, 내려오는 데 한 시간 정도 걸릴 거야. 힘든 코스는 아닌데 정상에 올라갈 때 가파른 바위를 타야 해. 너희들 고소공포증은 없니? 못 올라가겠다며 우는 분도 있거든."

이때 가벼운 산행이 아님을 눈치챘어야 했다. 도냐, 보로와 함께 리스니야크 국립공원으로 향했다. 크로아티아는 백두대간과 동해처럼 벨레빗 산맥이 아드리아해를 마주 보며 남북으로 길게 뻗어 있다.

힘들게 산장까지 올라왔지만 이게 끝이 아니었다. 내 눈 앞에는 두 손을 짚고 기어야지만 도달할 수 있는 정상이 남아 있었다. 다시는 현지인들이 산에 가자고 하면 따라 나서질 말아야지. 한 걸음 한 걸음 바위 위를 기어가기 시작했고 바위 옆에 놓인 강철 줄의 도움을 받아 정상까지 올랐다. 크로아티아에 아름다운 바다만 있다고 누가 말했는가? 우리 눈 앞에는 장엄한 기운을 듬뿍 담은 크로아티아 산이 있었다. 보로와 도냐가 그토록 우리에게 보여 주고 싶어 했던 경관 앞에서 말을 잃었다.

"크로아티아는 산도 멋진데 사람들은 바다만 보려고 해. 너희가 떠나기 전에 이 산을 보여 주고 싶었어. 저 멀리 보이는 봉우리는 슬로베니아

땅이야. 멋지지?"

　만약 우리가 이 집에서 나흘, 혹은 일주일을 머물렀다면 이런 관계가 가능했을까? 동네 꼬마 녀석들과 사람들을 통해 크로아티아의 정을, 다보르카 할머니와 바다를, 도냐의 가족들과 크로아티아의 산을 만났다. 평화로운 바카르에서 그들과 함께한 따뜻한 추억을 가슴에 담았다. 만나서 복 Bok, 안녕! 그리고 헤어져서 복, 나의 바카르!

303

# 11장 현지에서 스마트폰 이용하기

로밍 vs 현지 유심

공공 와이파이 사용법

# 로밍 vs 현지 유심

외국에 도착해서 현지 유심칩을 구매, 사용하는 것이 낯선 풍경은 아니지만 아직 어려워하는 분들도 있어 설명을 덧붙인다.

현지 유심 사용의 장점이라면 통화료와 데이터 사용료가 저렴하다는 것이다. 지금 쓰는 스마트폰에서 유심칩을 빼고 현지 유심칩을 넣으면 되는데, 유심칩을 바꿔도 카톡과 같은 메신저 앱은 한국과 똑같이 작동한다.

현지 유심칩 구매의 단점이라면 구매 과정에서 영어 혹은 현지 언어를 사용해야 하고 유심칩을 바꿔 낀 다음에는 한국에서 쓰던 번호로 걸려오는 연락을 받을 수 없다는 점이다.

반면, 현지 유심칩을 사용하지 않고 한국 이동통신사에 로밍을 신청하면 유심칩을 교체하지 않아도 되고 한국과의 연락도 용이하다. 단, 비싼 데이터 및 통화 요금이 치명적인 단점이다. 무제한 데이터로밍은 일반적으로 사용료가 하루 만 원 정도인데 한 달이면 30만 원에 가까운 금액이다. 이 때문에 무제한 데이터로밍은 한달살러에게 추천하기 쉽지 않다.

---

SKT, KT, LGT는 로밍 서비스에 가입하지 않더라도 현지 통신망으로 자동으로 연결시켜 주는 자동 로밍 기능을 제공한다. 이 경우에는 단문 메시지와 걸려오는 전화번호 확인이 가능하다. (전화를 받지 않으면 통화료가 발생하지 않는다.) 단, 문자메시지를 보내거나 수신된 MMS를 확인할 때 데이터 사용료가 발생한다.

---

메신저로 연락을 주고받는 시대지만 한국과 전화 연락이 필요한 경우도 발생한다. 주로 관공서 업무 담당자와 연락할 경우가 그렇다. 이때는 자동 로밍 기능을 이용해 걸려온 전화번호만 확인하고 스카이프Skype로 전화하는 방법이 있다. 스카이프는 미리 요금을 충전해야 하지만(최소 충전비용은 5달러) 통화요금이 저렴해 상당 시간 사용할 수 있다. 스카이프는 전 세계 모든 지역의 유무선 번호로 전화를 걸 수 있다는 장점이 있다. 현지에서 유선 연락이 필요한 경우에도 사용할 수 있다.

한국에서 걸려오는 연락도 받아야 하고 현지에서 유심칩을 구입해 데이터도 저렴하게 사용하고 싶은 이들을 위한 방법도 있다. 듀얼 유심 스마트폰을 구매하거나 스마트폰을 두 개 가지고 출국하는 방법이다.

듀얼 유심 스마트폰은 기기 하나에 두 개의 유심을 동시에 사용할 수 있다. 하나의 스마트폰에서 한국에서 사용하는 전화번호와 현지 전화번호 두 개가 모두 사용 가능하다. 실제로 해외에 자주 나가야 하는 사람들은 듀얼 유심 스마트폰을 보유하고 있는 경우가 많다.

듀얼 유심 사용이 부담된다면 스마트폰 두 대를 이용하는 방법도 있다. 집 어딘가에서 사용하지 않는 단말기를 찾아서 해외에서 구매한 유심을 삽입하면 된다. 하지만 두 개의 휴대전화를 들고 다녀야 한다는 불편함은 감수해야 한다.

일본, 대만, 홍콩, 마카오, 태국, 베트남, 미국(본토 및 하와이, 괌, 사이판) 등 한국 여행자들 방문 순위가 높은 국가는 국내에서도 현지 유심을 구입해 수령할 수 있다. 구매 과정에서 외국어를 써야 하는 일이 두려운 분에게는 좋은 방법이다. 현지 유심은 체류 기간에 따라, 데이터 사용량에 따라, 통화 가능 시간에 따라 다양한 요금제가 있다. 통화는 불가하고 데이터만 사용할 수 있는 요금제도 있다.

단, 중국을 여행할 경우 현지 유심이 과연 적절한 대안인가 솜 더 ㄱ

11장 현지에서 스마트폰 이용하기

민이 필요하다. 중국은 자국 내 보안 정책에 따라 구글(구글 검색, 구글맵 등), 페이스북, 인스타그램이 차단되어 있다. 또한 카카오톡 같은 서비스들도 사용 불가한 상황이 자주 발생한다. 이런 이유로 중국 내에서는 카카오톡 대신 중국형 메신저 서비스인 위챗wechat으로 연락을 해야 하고, 구글맵 대신 바이두baidu 지도를 이용해 길을 찾아야 하는 어려움이 있다. 중국에서 네이버나 다음과 같은 한국 포털은 물론 지메일 등 구글 서비스를 반드시 사용해야 한다면 현지 유심이 아닌 로밍을 고민해야 한다.

다음에 소개하는 데이터로밍과 포켓와이파이는 이런 복잡한 상황을 완벽하게는 아니지만 어느 정도 보완할 수 있다.

### 1. 국내 통신사의 데이터로밍

해외 장기 체류 인구가 증가하면서 국내 통신사들은 다양한 데이터로밍 요금제를 출시했다. 사용량, 사용 기간 등에 따라 요금 차등이 있고 가입이 편리하다. 떠나기 전 한 번쯤 살펴보자.

### 2. 포켓와이파이

포켓와이파이를 작동시키면 핫스팟처럼 같은 장소에 있는 여러 명이 동시에 인터넷에 접속할 수 있다. 현지 유심은 단말기 하나당 요금을 지불하기 때문에 동행이 둘 이상이라면 포켓와이파이 사용이 합리적이다. 단점은 인터넷을 사용하기 위해서는 일행과 늘 함께 있어야 한다는 것.

### 해외 데이터 차단 방법

스마트폰에 한국 유심칩이 장착된 상태라면 스마트폰 설정에서 데이터로밍 차단을 해 두는 것이 좋다. 뜻하지 않게 자동 로밍으로 연결될 수 있기 때문이다. 귀국 후 요금 폭탄을 피하기 위해 아래 설정을 기억하자.

1. 안드로이드 데이터로밍 차단 방법

설정 〉 네트워크 및 인터넷 〉 모바일네트워크 〉 모바일 데이터 비활성화

설정 〉 연결 〉 해외로밍 〉 데이터로밍 비활성화

2. iOS 14.5 이상 데이터로밍 차단 방법

설정 〉 셀룰러 〉 셀룰러데이터 비활성화

설정 〉 셀룰러 〉 셀룰러데이터 옵션 〉 데이터로밍 비활성화

# 공공 와이파이(인터넷) 사용법

인터넷 접근성을 높이자는 것이 세계적인 추세다. 덕분에 대부분의 국가에서 공공 와이파이를 사용할 수 있다. 사용법도 한국과 다르지 않다.

스마트폰이나 태블릿의 설정 메뉴에서 'wi-fi'를 누르고 연결 가능한 공공 와이파이를 클릭한다. 자유로이 접속할 수 있는 와이파이의 경우 자물쇠 표시 🔒가 없다. 자물쇠 표시가 있더라도 'free' 또는 공공임을 알려 주는 신호명들이 있다. 클릭하면 별도의 안내 페이지가 등장하는데 그 설명만 따르면 사용 가능하다. 하루 사용량이 정해져 있거나, 현지 휴대전화 번호를 요구하는 경우도 있다. 단, 모종의 프로그램을 설치하라는 안내가 나온다면 해킹을 의심하자.

## 1. 유럽

프랑스, 독일, 크로아티아, 스페인은 카페, 패스트푸드 매장에서 와이파이를 사용할 수 있다. 미술관, 도서관에서도 쉽게 접속할 수 있다.

## 2. 아시아

### ① 동북아: 일본, 중국, 대만

정부에서 운영하는 공공 와이파이가 있다. 스타벅스, 버스나 기차에서도 제공한다. SNS에 사진을 올리거나 유튜브로 스트리밍을 할 것이 아니라면 충분한 수준이다.

### ② 동남아: 베트남, 말레이시아, 인도네시아

인터넷 보급 과정에서 유선 인터넷(광랜 등)보다 무선 인터넷 보급이 일찍 시작된 나라들이다. 통신요금도 저렴하다. 카페나 식당에서도 자체적으로 와이파이를 제공해 편리하게 인터넷을 사용할 수 있다.

### ③ 서남아: 튀르키예, 이란

튀르키예 정부는 국내 이슈가 발생할 경우 페이스북이나 유튜브 등의 접속을 막는다. 위키피디아는 접속을 완전 차단하고 있다. 이란은 무료라고 해도 좋을 만큼 통신요금이 저렴하지만 속도가 느리다. 또 페이스북, 인스타그램 등을 국가 차원에서 차단하고 있다. VPN이라는 우회로가 있지만 속도가 느려 실효성이 없다. 실제로 이란에서 한국 포털 사이트의 메인 페이지를 보기 위해 밤새도록 기다린 적도 있다.

## 3. 아메리카

### ① 미국

뉴욕에서 우리는 현지 유심칩을 구입하지 않았다. 공공 와이파이가 잘 갖춰져 있기 때문이다. 접속 속도 또한 빨라서 불편함이 없다.

### ② 아르헨티나, 칠레, 브라질, 우루과이, 파라과이, 볼리비아, 페루, 콜롬비아, 에콰도르

사용할 만한 수준의 속도를 제공하는 공공 와이파이가 존재하고 유심칩 가격도 저렴한 편이다. 단, 도시 중심이다. 외곽으로 나가면 자주 휴대폰 신호가 잡히지 않는다.

---

 **스마트폰 분실에 주의!**

카페 테이블 위에 전자기기를 올려두고 화장실에 다녀와도 아무 일이 벌어지지 않는 한국과 달리 대부분의 나라에서는 이 경우 전자기기 분실 가능성이 매우 높다(100%에 가까울 정도). 범죄 상황이나 긴급 상황 시 대처능력(특히 언어)이 떨어지는 외국인 여행자는 틈을 보이는 순간 범죄의 티깃이 되는 점을 잊지 말자.

---

# 12장 팬데믹 시대의 한달살기

# 팬데믹!
# 나도 떠날 수 있을까?

코로나19로 각 나라의 국경이 닫히기 시작한 2020년 3월, 우리는 한달살기를 하던 베트남에서 도망치듯 빠져나왔다. 전 인류 앞에 놓인 재난으로 우리의 한달살기도 일시정지돼 버렸다. 코로나19가 언제 끝날지 기약이 없었다. 다음 한달살기를 기다리며, 우리는 제주, 경주, 부산, 속초, 평창에서 일주일 살기로 여행의 그리움을 달래야 했다. 기다리는 시간이 길어지자 다시 해외에서 한달살기를 할 수 있을지 의심이 싹텄다. 2013년부터 한달살기를 해 온 우리에게도 팬데믹(전 세계적인 감염병 유행)은 처음이었고, 팬데믹이 언제 끝날지 모른다는 불안감이 우리 마음의 출구를 굳게 닫아 버렸다.

한달살기 짐 싸기를 핑계로 한바탕 집 청소를 하면서 느꼈던 해방감, 여행지에서 낯선 언어를 만나는 생경함, 그리고 도시마다 묻어 나는 특유의 냄새. 이 모든 것이 그리워질 무렵 조금씩 국경이 열리기 시작했다. 그 사이 우리도 백신 접종을 완료했다. 2013년 첫 한달살기를 떠날 때와 같은 다짐으로, 새로운 도전 앞에 서기로 용기를 냈다. 그렇게 2021년 10월 스위스로 떠났다. 스위스를 다녀오고 나니 더욱 자신감이 붙어 2022년 3월 튀르키예, 2022년 4월 조지아까지 다녀왔다.

코로나 시대의 한달살기는 이전과는 많이 달랐다. 분명 더 번거로워졌다. 하지만 우리는 떠나지 못한다는 사실에 머물러 있지 않았다. '조금 더 준비하면'에 방점을 찍었고 '떠날 수 있다'는 사실에 기뻐했다.

스위스 취리히에 가기 위해 경유한 암스테르담 스키폴공항에서 느꼈던 조용한 흥분이 떠오른다. 당시 스키폴공항은 도시 봉쇄에서 위드 코로나Living with COVID-19로 방향을 바꾼 유럽의 분위기를 여실히 담고 있었다. 인천국제공항과 달리 여행자들로 북적였고, 사람들은 대부분 덴탈마스크를 쓰고 있었다. 이 모습을 보고 우리도 약간 안심됐다. 조만간 꼭 한달살기를 떠나고 싶다고 말하던 독자들도 생각났다. 어디도 떠나지 못할 것 같다는 불안감에 꼼짝도 못 하고 있는 그들에게 지금 우리의 한달살기 경험이 가능성이 될 수 있으리라는 기대가 들었다. 우리가 스키폴공항에서 서로의 국가를 경계 없이 자유롭게 여행하는 유럽인들을 목도하고 조금은 마음을 놓았던 것처럼 말이다.

스위스에 도착해서 SNS에 사진을 올리니 이전과 온도가 확연히 다른 댓글들이 달렸다. 사람들은 코로나 시국에 우리가 국경 바깥으로 여행을 떠났다는 사실에 함께 열광해 주었다. 생각 이상으로 많은 사람들이 여행을 갈망하고 있음을 실감했다. 이는 팬데믹에도 한달살기를 떠날 수 있다는 사실은 물론, 팬데믹에 대비해 어떤 준비가 필요한지 우리가 알려야겠다고 결심한 계기가 됐다. 마음 같아서는 SNS에 하트를 달아 준 이들 모두와 함께 '한달살기 원정대'로 떠나고 싶은 심정이다. 코로나 시국을 관통하면서 감행한 마흔세 번째, 마흔네 번째, 마흔다섯 번째의 한달살기! 코로나에 한 번도 걸리지 않고 매번 무사귀환했으니, 그 노하우로 여러분에게 팬데믹에도 우리는 여전히 떠날 수 있음을 확인시켜 드리고 싶다.

자, 지금부터 팬데믹의 시기의 한달살기에는 어떤 준비가 필요한지 찬찬히 들여다보자. 우리가 그토록 고대하던 인생의 여행이 언제 또 일어날지 모르는 팬데믹에 좌절되지 않도록 말이다.

# 더 정확하게, 더 철저하게,
## 출발 전 준비사항

팬데믹 시대의 한달살기는 이전과 다른 준비를 요구한다. 출입국을 위한 서류 등 실질적인 준비사항이 평소보다 늘기도 하지만, 마음의 안정을 위해서도 준비해 두면 좋은 것들이 있다. 두려움은 무지에서 비롯되는 경우가 많고, 또 이 두려움은 사전 준비를 꼼꼼히 하면 극복 가능하다는 사실을 잊지 말자. 팬데믹 시대 한달살기, 무엇부터 준비하면 좋을까?

## 1. 외교통상부를 통한 공식 출입국 정보 확인

각 나라의 출입국 서류 확인은 '외교통상부 해외안전여행' 사이트에서 하자. 팬데믹 시대에는 출입국 정보가 실시간으로 변경된다. 바로 어제 인터넷 블로그나 여행자 카페에 입국 거절 에피소드가 올라왔더라도 오늘부터는 해당 국가 입국이 자유롭게 이루어질 수도 있는 게 팬데믹 시대의 여행이다. 블로그에 올라 있는 정보보다 먼저 '외교부 해외안전여행' 공지사항을 자주 확인하는 습관을 들이자. 우리는 특히 매일 업데이트 되는 해외안전정보 공지사항의 '코로나19 관련 각국의 해외입국자에 대한 입국제한 조치 실시 국가'라는 글을 자주 확인했다. 또, 현지 대한민국 대사관 공지사항도 살펴본다. 이를테면 프랑스에서 한달살기를 계획 중이라면, 주프랑스 대한민국 대사관 홈페이지에 들어가서 공지사항을 확인한다. 2022년 여름 현재, 주프랑스 대한민국 대사관 공지사항에는 "모든 해외입국자 격리 면제 시행"이라는 제목의 게시글이 있다. 외교통상부와 현지 대사관의 정보는 여행 계획 시점부터 출발 직전까지 꼼꼼히 확인하도록 하자.

---

외교부 해외안전여행 www.0404.go.kr 〉 해외안전정보 〉 공지사항 〉
코로나19 관련 각국의 해외입국자에 대한 입국제한 조치 실시 국가

---

## 2. 백신 접종

백신 접종은 필수다. 물론 백신을 맞았다고 감염을 100퍼센트 피할 수는 없지만 중증으로 가는 확률을 줄일 수 있다. 해외에서 호흡기 중증으로 인한 병원 신세는 피할 수 있다는 마음의 평화 또한 얻을 수 있다. 입국 시 백신 접종 증명서 또는 PCR 음성 확인서를 요구하는 나라가 있다는 사실에도 유의하자. 현지에 도착해서 카페, 식당, 공공시설과 같은 다중이용 시설에 들어가려면 이 두 가지 서류를 제시해야 하는 경우가 있다. 백신 접종은 해외에서 장기간 머무는 여행을 하려는 당신에게 최소한의 방패 혹은 출입증이 돼 줄 것이다.

영문 백신 접종 증명서는 질병관리청 홈페이지에서 받을 수 있다. 현지에 도착해서도 종종 꺼내야 하므로, 출력 후 코팅해서 가지고 다니면 구겨질 염려가 없어 좋다. 또 하나, 앞면에는 영문 백신 접종 증명서, 뒷면에는 여권 사본을 함께 붙여 코팅해 두면 유용하다. 이를 본 현지인들로부터 "한국인들은 역시 머리가 좋아" 하는 느닷없는 칭찬까지 덤으로 들어 봤다.

## 3. 여행자 보험 '해외질병 보장' 약관 확인

한달살기에 여행자 보험이 필요하다는 얘기는 이미 5장에서 했다. 팬데믹 시대가 되면서 여행자 보험은 선택이 아니라 필수가 됐다. 여행자 보험에

가입할 때 유의점은 해외에서 병원을 이용해야 할 경우 보험에서 보장해 주는 금액(해외질병 보장)이다. 해외질병 보장은 1천만 원부터 5천만 원 등 다양하다. 팬데믹이 계속되는 상황에서 한달살기를 한다면 되도록 보장 범위가 큰 옵션을 선택하기를 권한다. 단, 병원 치료 외에 자가격리 시 추가로 발생하는 숙소비, 식비를 포함한 체류비, 항공편 변경 등으로 인한 항공비는 지원받을 수 없다는 점을 알아 두자. 최근 많은 나라들이 코로나19에 감염되었다 해도 병원 치료 없이 자가격리로 해결하는 추세다. 만약 현지에서 확진된다면 보험사에 즉시 문의 후 현지 사정에 맞게 병원 입원을 할지 자가격리를 할지를 선택하자.

## 4. 마스크, 체온계, 신속항원검사 키트, 코로나 상비약

마스크는 반드시 한국에서 넉넉히 준비해 가자. 한국을 벗어나면 K-마스크의 성능과 가격이 얼마나 훌륭한지 체감할 수 있게 된다. KF94 마스크는 현지가 국내보다 2~3배 정도 비싸다. 현지인들은 대부분 덴탈마스크 또는 KF94보다 성능이 낮은 마스크를 착용한다.

내 몸의 상태를 가장 손쉽게 판별할 수 있는 체온계도 도움이 많이 된다. 매일 잠자기 전 체온을 체크해 두면 보험사 문의 등 좀 더 빠르게 조치를 취할 수 있을 것이다. 증상이 의심된다면 신속항원검사(RAT) 도구, 즉 자가진단키트를 통해 증상을 확인하도록 하자. 증상이 발현된 후 현지에서 구하려면 어려움이 있으니 개인별로 다섯 개 정도는 챙겨 가자.

확진 시에는 타이레놀, 부루펜 계열의 해열제를 복용하면 도움이 된다. 출국 전 약국에 들러 '코로나 상비약 키트'를 구매하면 편리하다. 자가격리 시 도움을 받을 수 있는 해열제, 소화제 등을 비롯해 신속항원검사 도구를 묶어서 팔고 있으니 간편하게 준비할 수 있다. 혹시라도 해외에서 감염되면 그 어려움이 몇 배는 커지니 미리미리 준비하자.

여행 중에는 영양 불균형이 생기지 않도록 종합비타민을 챙겨 먹고 장시간 무리한 활동이나 과음은 삼가는 것이 안전하다. 특히 환절기에는 항상 몸을 따뜻하게 한다. 보온 물주머니 등을 챙기면 체온이 떨어져서 면역력이 저하되는 상황을 미연에 방지할 수 있다.

# 현지에서는
# 마음가짐이 중요

## 1. 방 한 칸보다는 집 전체를 빌리자.

한달살기의 매력은 현지인의 삶에 자연스레 스며들어 여행과 일상의 경계에서 살아 보는 것이다. 하지만 팬데믹 상황에서 현지 친구 만들기는 사실상 어려워졌다. 집의 일부만을 빌리면 호스트와 한 집에 살면서 가까워질 기회가 생기지만, 안타깝게도 전염력이 높은 질병이 유행 중일 때는 호스트도 피하는 게 좋다. 호스트 또는 나, 둘 중 하나라도 전염병에 감염되면 서로 미안한 경우가 발생하기 때문이다. 팬데믹 상황에 한달살기를 할 경우 모두의 안전을 위해서라도 되도록 집 전체를 렌트하기를 권한다.

이럴 경우, 비용은 당연히 늘어난다. 앞서 우리는 한 달 숙소 비용에 500달러 정도를 쓴다고 밝혔지만, 실제 스위스에선 1,700달러가 들었다. 물가 높은 나라임을 감안한다 해도 꽤 많은 비용을 지불한 편이다. 하지만 그 이후에 떠난 튀르키예와 조지아에서 집 전체를 빌려 사는 비용은 각각 300달러와 500달러였다. 그러니 팬데믹에는 물가가 저렴한 나라에서 집 전체를 빌려 한달살기 해 보기를 추천한다.

## 2. 여행 중 감염될 수 있다는 가정하에 떠나자.

팬데믹 상황에서는 우리의 의지대로 감염 상황을 막을 수 없다. 항상 KF94 마스크를 쓰고 손을 잘 닦고 심지어 식사를 따로 한다고 해도 감염을 피할 수 없는 노릇이다. 여행의 분위기에 취해 나도 모르게 조금은 방심하기 마련이고, 여행 일정 때문이라도 불가피하게 다중시설을 이용해야 하거나 레스토랑에서 식사를 해야 한다. 그러니 '현지에서 감염이 될 수도 있다'라는 마음가짐으로 여행에 임하는 편이 낫다. '그동안 걸리지 않았으니 난 슈퍼항체 보유자인가 봐' 혹은 '한 번 걸렸는데 또 걸리겠어?' 하는 마음으로 안이하게 준비했다가는 크게 고생할 수 있다. '만약에'라는 마음으로 준비를 해 놓으면 불안함을 덜 수 있음을 명심하자.

### ① 대한민국 정부의 공인된 정보 얻기

한달살기 하려는 지역의 감염률 추이를 살펴보자. 이는 코로나19 공식 홈페이지mohw. go.kr 발생 동향 〉 국외 발생 현황에서 매일 확인할 수 있다.

### ② 여행 국가의 방역 방침 확인

현지에서의 자가격리 방법을 확인해 두자. 대부분의 국가는 집에서 자가격리를 권고하지만 태국 같은 경우는 호텔, 병원, 재택 등 자가격리 장소를 정해야 한다.

### ③ 격리 기간 음식 문제 해결법 마련

현지 배달 앱의 종류와 사용법을 숙지하자. 감염 시 대부분의 음식은 배달 앱을 통해 구입하게 된다. 카르푸, 테스코 등 현지에 마트가 있다면 대부분 배달 앱을 이용할 수 있다. 사전에 현지에서 이용 가능한 배달 앱을 사용해 본다면 코로나 확진 시 당황하지 않고 현지인처럼 집 밖에 나가지 않아도 음식을 구할 수 있다.

여행 중 코로나에 감염된다면 추가적으로 비행기 날짜 변경과 국내에서의 향후 일정을 조율해야 할 것이다. 가능하면 국내에 도착해서 일주일에서 열흘 정도는 일정을 비워 두길 권한다. 지금은 점점 검역 단계가 완화되고 있지만 언제든 코로나19가 심해지면, 혹은 새로운 전염병이 창궐하면 자가격리가 부활할지 모른다(2021년 한동안 감염자가 꾸준히 줄어들어 해외 입국자 자가격리가 사라진 적이 있지만, 그해 겨울철 코로나19 확산으로 자가격리 시행이 다시 부활했다). 비행기표는 출입국일 조정이 가능한지 따져 보자. 일정을 조율할 필요가 생길 수 있다. 코로나19 확진을 입증하면 많은 항공사가 추가 요금 없이 날짜를 변경해 주거나 환불해 주거나 마일리지로 돌려준다. 예약하기 전 이 부분을 한 번 더 확인하자. 다음은 여행지에서 코로나에 확진되었을 때 기본 대처다.

### ① 대사관이나 영사관에 연락 취하기

현지 한국 대사관 및 영사관에 확진 사실을 알린다. 확진 신고가 필수사항은 아니지만 현지 정보에 어두운 여행자에게 대사관은 정확한 정보를 얻을 수 있는 창구다.

### ② 자가격리가 가능한 숙소 구하기

머물고 있는 숙소 호스트에게 혹은 리셉션에 문의 후 자가격리가 가능한지 확인받는다. 다음 예약이 잡혀 있거나 기타 다른 사유로 불가능할 경우 새로운 숙소를 결정한다. 새 숙소를 예약해야 한다면 자가격리 가능 여부 역시 확인한다. 주방이 있는 숙소면 좋다.

### ③ 충분한 음식 준비

자가격리 전 충분한 약과 음식(물 포함)을 준비한다. 배달 앱의 종류와 사용법을 숙지하고 배달이 가능한 정확한 주소를 체크한다. 대면 만남 없이 결제가 가능한지 확인해 놓자.

### ④ 휴식 후 검사

자가격리 기간 동안 여행을 못 한다는 아쉬움은 내려두고 충분한 휴식에 집중하자. 확진 후 5~7일 차에 한국에서 미리 준비해 간 신속항원검사 키트로 재검사를 해 보자. 음성이 나왔다면 PCR 검사 음성 확인서 또는 전문가용 신속항원검사 음성 확인서를 받고 귀국하자.

### ⑤ 자가격리 마친 뒤 의무사항 확인

자가격리 기간이 끝났을 때 어떻게 하면 되는지도 알아봐야 한다. 자가격리 해제에 PCR 검사가 요구되는 나라도 있다. 현지 보건당국의 안내에 따라 진행하면 된다.

## 3. 날씨, 시차 예민하게 살피기

충분한 휴식과 운동, 그리고 적절한 영양 섭취로 면역력을 유지. 이 세 가지가 일상생활에서 코로나19를 이기는 가장 효율적인 방법이라고 한다. 이는 은퇴 후 여행을 꿈꾸는 이들에게 우리가 한달살기를 권하는 이유와 닮았다. 한달살기는 시차 적응에 충분한 시간을 들이고 일정을 여유롭게 짜며 면역력을 지키기 좋은 여행법이다. 하지만 이런 장점과 별개로 우리의 몸은 갑작스러운 날씨 변화에 민감하게 반응한다. 특히 비행기를 타고 계절이 다른 곳에 도착했을 때, 몸의 변화가 눈에 띄게 나타난다. 동남아에 도착했을 때 공항에서부터 느낄 수 있는 높은 습도, 지중해와 카리브해와 같이 적도 부근에서 머리 위로 쏟아지는 강렬한 햇볕, 알프스나 안데스 산간의 아침저녁으로 큰 일교차 등 환경 변화에 우리 몸 내부는 티가 나지 않게 상처를 입는다. 그리고 여행자는 외부에서 활동하는 시간이 많으므로 쉽게 지치고 이로 인해 피로가 쌓일 수 있다. 이는 모두 면역력 저하로 이어져 감염 확률을 높인다. 모든 유행병은 면역력이 약해졌을 때 더 쉽게 찾아온다는 사실을 기억하면서 날씨와 환경 변화를 예의 주시하고 옷과 생활도구를 그때그때 적극 활용하자.

### ① 첫 주에는 무리하지 않기

여행 첫 번째 주에는 되도록 장시간 외출을 삼가자. 실내 활동과 가벼운 외출을 일정에 적절히 배분하고, 새로운 환경에 내 몸이 잘 적응하고 있는지 면밀하게 살핀다.

### ② 보온에 각별히 신경 쓰기

평균 기온이 한국보다 낮은 나라, 혹은 겨울인 나라를 여행할 때에는 핫팩, 보온 물주머니를 챙긴다. 외출할 때는 모자, 스카프 등을 사용하면 좋다.

### ③ 열사병, 탈수, 냉방병 주의

평균 기온이 한국보다 높은 나라, 혹은 여름인 나라를 여행할 때는 햇빛을 막아 줄 양산이나 모자를 챙기고 낮 동안 외부 활동은 피한다. 특히 적도 지역이 가까워질수록 한낮의 태양은 더욱 강렬하다. 장시간 외출은 몸에 무리를 가져올 수 있다. 열대기후 지역을 여행할 경우에는 에어컨 노출도 신경 써야 한다. 너무 오래 노출되지 않도록 조심하자.

## 4. 많은 곳을 둘러보는 대신 깊게 들여다보기

많은 비용과 시간을 지불하고 여행을 왔기에 누구나 뭐라도 더 봐야 한다는 생각을 떨치기 어렵다. 하지만 팬데믹 상황이라면 자신의 안전을 위해서라도 잦은 이동은 줄여야 한다. 장거리 이동과 환승이 많을수록 감염의 위험도 커지기 마련이다. 조금은 느긋한 마음으로 내 몸을 들여다보는 여행이 어느 때보다 필요한 시점이다. 한달살기의 진정한 의미인 '한 도시에 한 달을 머물며 현지인의 삶을 깊숙이 들여다보기'만큼 팬데믹 상황에 잘 맞는 여행법도 없을 것이다.

### ① 하루에 하나의 스케줄

'현지 시장 둘러보기' 혹은 '박물관 가기'와 같이 하루에 하나의 스케줄만 소화한다.

### ② 관광지보다는 동네 상점 이용

여러 나라에서 많은 방문객이 찾아오는 유명 맛집보다는 로컬 식당을 이용한다.

### ③ 야외 활동 비중 높일 것

감염 확률은 실내가 실외보다 높다는 사실을 잊지 말자. 유적지 탐방이나 하이킹처럼 야외에서 할 수 있는 액티비티를 선택한다.

### ④ 아무것도 하지 않는 날 정하기

여행은 생각보다 힘든 일이다. 일주일에 하루, 이틀 정도는 온전히 집에서 쉬자.

# 안전하게 돌아오기

위드 코로나 정책이 시행된 이후로 항공료가 부쩍 높아졌다는 이야기가 들린다. 기름값은 오르고, 여행 수요는 많고, 정기 운항편은 감소되었으니 어쩔 수 없는 상황이다. 태국 방콕을 예로 들자면 팬데믹 이전에는 특가 항공권으로 수하물 포함 왕복 30만 원에도 다녀올 수 있었지만, 요즘은 50만 원 이상은 줘야 한다. 거의 두 배가 오른 셈이니, 우리는 지금 코로나19 이전과 결코 같다고 할 수 없는 시기를 보내고 있다.

팬데믹 시기에는 떠나기만큼 돌아오기도 만만치 않다. 귀국 준비와 일상 복귀는 한달살기 여행자가 넘어야 할 가장 높은 벽이다. 방역당국의 지침에 따라 그때그때 다르겠지만, 2022년 8월까지만 해도 귀국 비행기를 타려면 전염병에 감염되지 않았다는 음성 진단이 필요했다. 우선 현지에서 이런 검사를 받는 일부터 쉽지 않다. 검사 장소를 알아내는 것부터, 검사 비용 또한 부담스럽다. 게다가 검사에서 양성 진단이 나온다면, 항공편 스케줄을 변경해야 하고, 자가격리를 위한 숙소 또한 찾아야 한다. 귀국 후 예정돼 있던 일정도 모두 틀어질 수밖에 없다. 주변 사람들에게 끼칠 영향까지 생각하면 그 피해 규모를 따지기도 복잡할 정도다.

코로나19 확진자 수가 크게 줄면서 우리나라 방역당국도 입국 절차를 점차 간소화하고 있다. 코로나19 상황에서 몇 차례의 입출국을 경험한 우리는 시기마다 다른 귀국 준비를 했다. 그중 입국 전 48시간 이내에 발급받은

PCR 음성 확인서 제출은 2021년 가을의 스위스 한달살기 때나 2022년 봄 조지아 한달살기 때나 동일하게 유지된 방침이었다. 2021년 11월 스위스에서 입국할 때는 코로나19에 대한 검역신고서도 필요했다. 입국 다음 날에는 거주지 보건소에서 PCR 검사를 받았고, 입국 7일 차에 PCR 검사를 한 번 더 받았다. 만일 이때 PCR 검사에서 확진 판정을 받았다면, 그날로부터 14일간 자가격리를 해야 하는 게 당시의 방침이었다. 음성일 경우에도 일상생활이 가능한 능동감시자(감염의 위험성은 있지만 자가격리할 정도의 상황은 아님. 하지만 다중시설 방문에 조심해야 하는 사람)로 분류돼, 입국 후 14일까지는 체온 및 건강상태를 매일 제출해야 하는 신분이었다.

2022년 3월 튀르키예에서 입국할 때는 여전히 PCR 음성 확인서와 코로나19 검역신고서를 작성, 제출해야 했고 입국 이후 PCR 검사 시기와 횟수는 스위스에서 입국할 때와 동일했다. 단, 입국 후 PCR 검사에서 확진 판정을 받을 경우 기존 14일이던 자가격리 기간이 7일로 줄었다.

조지아에서 돌아온 2022년 4월에는 검역정보 사전등록 시스템인 Q-Code를 통해 별도 검역신고서 작성 없이 입국했다. 입국 다음 날 보건소에서 PCR 검사를 받고 음성 확인이 돼 자가격리가 면제됐다. 입국 7일 차에 받아야 했던 PCR 재검사는 없어졌고, 약국에서 구입 가능한 신속항원 검사 키트로 양성이 나오지 않으면 별도 신고 없이 일상생활을 영위할 수 있었다. 몇 개월 사이로도 이렇듯 입국자 관리체계에 변화가 있었다. 출입국 전후 외교부 '해외안전여행' 사이트와 질병관리청 공지는 꼭 확인하자.

모든 해외 입국자에 한해 자가격리를 실시하던 때에 비하면 많이 완화됐지만, 앞의 내용만으로도 여행이 부담되는 게 사실이다. 우리 역시 스위스 현지에서 처음 PCR 검사를 받으러 갈 때 만약 양성이 나오면 어떻게 해야 하는지 여러 선택지를 궁리해 봤다. 음성 확인서를 받기 전까지 '혹시'

라는 불안한 마음을 피할 수 없었다.

이후에는 PCR 검사뿐만 아니라 전문가용 신속항원검사로도 음성 확인이 가능해졌는데, 신속항원검사는 PCR에 비해 비용도 적게 들고 결과도 빨리 나오기 때문에 여행자로서 부담을 훨씬 덜었다. 그리고 마침내 2023년 3월, 입국 전후로 실시되던 코로나 검사와 해외 입국자 격리 의무도 해제됐다. 입국 전 Q-CODE 시스템을 통한 인적사항, 입국 및 체류 정보, 검역정보, 건강상태를 작성하여 QR코드를 발급받으면 신속하고 편리한 검역 조사를 받을 수 있다.

취리히

# 스위스 취리히Zurich, Swiss
## #알프스 #하이킹 #초콜릿

취리히

스위스

스위스는 철저한 여행 계획이 필요한 곳이다. 즉흥 여행을 한다면 교통비로 큰돈을 지불해야 한다. 두 번째로 엄청난 식비를 내야 한다. 스위스에 두 번 다녀온 사람은 진짜 부자니 필히 친하게 지내라는 우스갯소리가 있을 만큼 스위스는 돈이 많이 드는 곳이다. 그러나 미리 준비하고 떠나는 한달살기의 여행 방식이라면 스위스에서도 부담스럽지 않게 여행할 수 있다. 아울러 취리히는 스위스에서 가장 큰 도시인데도 인구밀도가 낮아 코로나 시국이라는 불안감이 덜했다.

취리히는 겨울은 길고 여름은 짧다. 설경이 여행의 목적이 아니라면 6~9월 방문을 추천한다. 이 기간은 취리히 호숫가의 수영장과 물놀이 시설을 맘껏 이용할 수 있을 만큼 날이 좋다. 알프스 하이킹이 목적이라면 한여름보다는 봄과 가을을 추천한다. 특히 10월은 알프스가 가장 아름다운 시기로, 낙엽과 설산을 한꺼번에 볼 수 있다. 스위스 날씨는 분 단위로 변화한다. 취리히 날씨가 좋다 해도 알프스에 오르면 큰 눈이 내리고 있을 수 있다. 알프스 산간지역으로 출발하기 전에 날씨 앱 메테오스위스MeteoSwiss를 통해 반드시 날씨 예보를 확인하자.

시간은 짧고 봐야 할 건 많아서 관광지 레스토랑에서 식사할 일이 많다. 1인당 3~4만 원 하는 식사비를 지불하다 보면 돈 생각에 음식도 맛있게 느껴질 것이다. 그러나 식재료비는 우리나라와 비슷하거나 조금 비싼 수준이라 감당할 만하다. 대형마트 브랜드가 경쟁적으로 내놓는 레토르트 식품은 그 종류가 다양하고 퀄리티가 좋아서 간단히 식사를 해결하기에 좋다.

코로나 시국에는 집 전체를 빌릴 것을 추천한다. 취리히에서 집 전체를 빌리려면 2,000달러 이상(2인 기준, 2022년)은 지불해야 한다. 취리히 외곽에 저렴한 숙소를 잡는다면 아낀 숙소비를 교통비로 지불해야 할 수 있다(취리히 생활권에서 사용할 수 있는 교통패스가 있지만 이용 구간이나 사용 기간에 따라 가격이 달라지므로 주의해야 한다). 되도록 취리히 시내(대중교통 요금 110구간) 숙소를 찾은 뒤 호스트와의 협상을 통해 가격을 깎자. 협상 없이 그대로 지불하면 한 달 숙소비로 3,000달러 이상이 들 수 있다는 점에 주의하자.

대도시에 베이스캠프를 두고 보름 정도 집중적으로 알프스 하이킹을 즐긴다면 스위스 한달살기를 100% 누릴 수 있다. 알프스 산봉우리까지 교통시설이 잘 마련돼 있으며, 기간별 무제한 이용권인 스위스 트래블 패스가 필수다. 스위스 전역(취리히, 바젤, 제네바 등 대도시 포함)의 버스, 기차, 페리, 케이블카 등 다양한 운송수단을 커버한다. 사용 기간에 따라 30~60만 원까지 요금제(2등석 기준)가 존재하니 알맞은 교통패스를 구매하면 된다. 가능하면 최대 이용일인 15일권을 끊어 매일 아침 일찍 숙소에서 출발해 당일치기로 알프스 곳곳을 둘러보기를 권한다. 스위스는 국토가 작고, 교통편이 잘되어 있어 대부분 지역을 당일로 다녀올 수 있다. 스위스 철도청에서 제작한 SBB 앱을 이용하면 교통편, 시간표, 환승 방법, 대기 시간, 연착 정보까지 확인할 수 있다. 스위스 사람들의 정확성에 혀를 내두르게 될 것이다.

스위스인에게 2,500미터 하이킹은 산책에 불과하다. 아이부터 지팡이를 진 노인, 그리고 익숙한 듯 주인과 함께 산책 나온 고양이까지! 모든 이들이 알프스 전 지역을 걷고 또 걷는다. 다양한 아웃도어 스포츠(스키, 래프팅, 패러글라이딩 등)를 곁들이면 재미까지 챙길 수 있다.

# 김은덕, 백종민의 취리히 한달살기 가계부

* 환율 스위스 프랑(CHF) = 1,300KRW(원)  * "1인" 표시가 없으면 모두 2인 비용  * 2021년 10월 기준

| 날짜 | 용도 | 현지 통화 | 환전 금액 | 합계 |
|---|---|---|---|---|
| 9월 24일 | 교통 | 8.80 CHF | ₩11,440 | 36.70 CHF |
| | 식재료 | 17.55 CHF | ₩22,815 | |
| | 와인 3병 | 10.35 CHF | ₩13,455 | |
| 9월 25일 | 교통패스 | 73.20 CHF | ₩95,160 | 175.34 CHF |
| | 식재료 | 28.65 CHF | ₩37,240 | |
| | 점심 | 8.60 CHF | ₩11,180 | |
| | 유심칩 | 49.95 CHF | ₩64,935 | |
| | 간식 | 7.65 CHF | ₩9,945 | |
| | 간식 | 7.29 CHF | ₩9,477 | |
| 9월 26일 | 트래블패스 (15일권, 2인) | 846.00 CHF | ₩1,100,000 | 1,017.05 CHF |
| | 교통패스 | 154.00 CHF | ₩200,000 | |
| | 음료수 | 1.45 CHF | ₩1,885 | |
| | 핫도그 | 15.60 CHF | ₩20,280 | |
| 9월 27일 | 빵 | 6.45 CHF | ₩8,385 | 32.05 CHF |
| | 점심 | 5.35 CHF | ₩6,955 | |
| | 케밥 | 10.00 CHF | ₩13,000 | |
| | 맥주 | 7.45 CHF | ₩9,685 | |
| | 초콜릿 | 2.80 CHF | ₩3,640 | |
| 9월 28일 | 식재료 | 34.55 CHF | ₩44,915 | 50.05 CHF |
| | 간식 | 4.00 CHF | ₩5,200 | |
| | 케밥 | 11.50 CHF | ₩14,950 | |
| 9월 29일 | 간식 | 4.00 CHF | ₩5,200 | 38.85 CHF |
| | 커피 | 3.50 CHF | ₩4,550 | |
| | 점심 | 11.35 CHF | ₩14,755 | |
| | 가방 수리 | 20.00 CHF | ₩26,000 | |
| 9월 30일 | 외식 | 23.00 CHF | ₩29,900 | 28.25 CHF |
| | 저녁 | 5.25 CHF | ₩6,825 | |
| 10월 1일 | 점심 | 23.00 CHF | ₩29,900 | 23.00 CHF |

| 날짜 | 용도 | 현지 통화 | 환전 금액 | 합계 |
|---|---|---|---|---|
| 10월 4일 | 간식 | 7.80 CHF | ₩10,140 | 16.90 CHF |
| | 빵집 | 9.10 CHF | ₩11,830 | |
| 10월 6일 | 화장품 | 7.00 CHF | ₩9,100 | 7.00 CHF |
| 10월 7일 | 저녁 | 12.10 CHF | ₩15,730 | 12.10 CHF |
| 10월 8일 | 점심 | 13.40 CHF | ₩17,420 | 22.30 CHF |
| | 호텔 택스 | 6.90 CHF | ₩8,970 | |
| | 택시 팁 | 2.00 CHF | ₩2,600 | |
| 10월 9일 | 세탁기 사용 | 7.00 CHF | ₩9,100 | 33.80 CHF |
| | 세제 | 1.00 CHF | ₩1,300 | |
| | 건조기 사용 | 6.00 CHF | ₩7,800 | |
| | 유료 화장실 | 1.00 CHF | ₩1,300 | |
| | 간식 | 1.80 CHF | ₩2,340 | |
| | 식재료 | 17.00 CHF | ₩22,100 | |
| 10월 10일 | 점심 | 13.00 CHF | ₩16,900 | 83.05 CHF |
| | 올마 입장료 | 36.00 CHF | ₩46,800 | |
| | 간식 | 8.00 CHF | ₩10,400 | |
| | 간식 | 7.00 CHF | ₩9,100 | |
| | 음료 | 4.20 CHF | ₩5,460 | |
| | 수도원 초 | 1.00 CHF | ₩1,300 | |
| | 저녁 | 13.85 CHF | ₩18,005 | |
| 10월 11일 | 등산장비 | 14.00 CHF | ₩18,200 | 171.80 CHF |
| | 점심 | 9.95 CHF | ₩12,935 | |
| | 간식 | 4.50 CHF | ₩5,850 | |
| | 식재료 | 120.00 CHF | ₩156,000 | |
| | 식재료2 | 23.35 CHF | ₩30,355 | |
| 10월 12일 | 점심 | 7.25 CHF | ₩9,425 | 7.25 CHF |
| 10월 13일 | 간식 | 4.60 CHF | ₩5,980 | 4.60 CHF |

| 날짜 | 용도 | 현지 통화 | 환전 금액 | 합계 |
|---|---|---|---|---|
| 10월 14일 | 식재료 | 76.25 CHF | ₩99,125 | 76.25 CHF |
| 10월 15일 | 점심 | 10.45 CHF | ₩13,585 | 33.85 CHF |
| | 점심 | 8.10 CHF | ₩10,530 | |
| | 간식1 | 1.80 CHF | ₩2,340 | |
| | 간식2 | 5.50 CHF | ₩7,150 | |
| | 간식3 | 8.00 CHF | ₩10,400 | |
| 10월 16일 | 유료 화장실 | 1.00 CHF | ₩1,300 | 30.40 CHF |
| | 간식 | 3.80 CHF | ₩4,940 | |
| | 점심 | 25.60 CHF | ₩33,280 | |
| 10월 18일 | 아침 | 11.85 CHF | ₩15,405 | 11.85 CHF |
| 10월 19일 | 외식 | 43.50 CHF | ₩56,550 | 54.20 CHF |
| | 저녁 | 9.70 CHF | ₩12,610 | |
| | 간식 | 1.00 CHF | ₩1,300 | |
| 10월 20일 | 점심 | 23.00 CHF | ₩29,900 | 36.00 CHF |
| | 우표 | 2.00 CHF | ₩2,600 | |
| | 음료 | 11.00 CHF | ₩114,300 | |
| 10월 21일 | 쇼핑 | 60.00 CHF | ₩78,000 | 60.00 CHF |
| | PCR 검사 | 200.00 CHF | ₩260,000 | |

| 사용 내역 (2인 기준) | |
|---|---|
| 기본 생활비 | ₩3,041,427 |
| | 2,263 CHF |
| 1일 생활비 | ₩108,622 |
| | 81 CHF |
| 숙소비 | ₩2,000,000 |
| | 1,538 CHF |
| 항공료 | ₩2,000,000 |
| 취리히 한달살기 총 비용 (생활비+항공료+숙소비) | ₩7,041,427 |
| | 약 700만 원 |
| 1인당 총 비용 | 약 350만 원 |

341

이즈미르

# 튀르키예 이즈미르Izmir, Türkiye
#에게해 #고대그리스 #해변

이즈미르

튀르키예

에게해 연안에 자리한 이즈미르는 튀르키예에서 세 번째로 큰 도시이다. 이즈미르 여행의 핵심은 에게해 역사에 있다. 이 지역은 고대 그리스 시대를 지나 로마제국, 오스만제국에 이르기까지 4천 년 동안 역사의 중심에 있었다. 그만큼 볼거리도, 찾아갈 곳도 풍부하다. 또 이즈미르는 이스탄불처럼 복잡하고 바쁘지 않아 태양 아래 느긋한 휴식이 가능하다.

이즈미르의 여름은 덥지만 건조하다. 그늘 아래 있으면 시원한 지중해성 기후를 느낄 수 있다. 대도시의 인프라와 덥지 않은 기후 덕분에 이즈미르는 튀르키예에서도 손꼽히는 여름 휴양지로 각광받고 있다. 단, 11~3월은 피하자. 튀르키예의 겨울은 한국보다 평균 기온이 높지만 방심하면 크게 고생한다. 온돌 난방이 전무하고 습도까지 높아 더 춥게 느껴진다. 잦은 비와 폭풍우가 몸과 마음을 움츠리게 한다. 3월이면 봄 기운이 시작되는 한국과 달리 4월이 넘어야 봄을 느낄 수 있다. 겨울만 피하면 화창한 하늘 아래 파란 바다에서 휴식을 취할 수 있다.

2022년 7월 현재, 환율 상황은 1리라에 한화 85원 정도다. 특히 이즈미르는 이스탄불보다도 물가가 낮은 편이라 더욱 부담 없이 여행할 수 있다. 현지인이 찾는 레스토랑에서는 60~100리라(한화 5,000~10,000원)면 푸짐한 식사가 가능하다. 그러나 에페수스Ephesus, 쉬린제Şirince, 알라차트Alaçatı 등 유명 휴양지는 한국보다 물가가 비싸다고 느껴질 정도다.

화폐 가치의 하락으로 튀르키예 전역에서 달러나 유로가 귀한 대접을 받는다. 때문에 달러나 유로로 숙소비를 지불하려는 여행자는 협상의 여지가 크게 열려 있다. 에어비앤비 호스트들 또한 한달살기 숙소비를 할인해 주는 편이다. 500달러이하에서 집 전체를 구할 수 있다. 우리가 묵은 숙소는 한 달 300달러였다. 특이사항으로 현재 튀르키예 정부가 외화 결제를 막고 있어, 부킹닷컴booking.com이나 아고다agoda 같은 글로벌 호텔 예약 사이트에서 온라인 결제가 되지 않는 경우가 빈번하다. 이럴 때는 현장에서 직접 결제하거나 튀르키예 호텔 예약 앱인 오텔즈Otelz를 통해 리라로 결제하는 방법이 있다. 에어비앤비는 아직까지 결제의 어려움은 없다. 마음에 드는 숙소가 있다면 할인을 요청해 보자.

교통카드(Izmir kart, 이즈미르 카르트)가 존재한다. 버스, 트램, 전철 등을 자유롭게 탈 수 있는데, 요금도 저렴한 편이므로 교통비 부담이 적다. 카르트는 전철역 내부 무인 판매기 혹은 버스 정류장, 트램 탑승장 주변 슈퍼마켓 등에서 살 수 있다. 찾기 어렵다면 현지인에게 도움을 청해 보자. 카르트를 구했다면 이즈미르에 머물면서 광역 전철 등을 이용해 에페수스, 베르가마Bergama 등으로 당일치기나 1박 2일 여행을 다녀오자.

345

이즈미르는 튀르키예 에게해의 중심 도시다. 부산과 울산의 인구를 모아 놓은 정도의 사람이 살고 있는 대도시라 인프라 역시 부족하지 않다. 휴양지와 접근성이 높아 언제라도 알라차트, 체쉬메Çeşme, 포차Foça 등으로 떠날 수 있다. 유대계, 아랍계, 그리스계 등 다민족이 어우러져 만들어 내는 개방성과 다양성을 물씬 느낄 수 있고, 해운대를 연상시키는 알산칵Alsancak 거리와 실크로드 시대부터 존재한 거대한 시장 등 한 달 내내 즐길거리가 가득하다.

트빌리시

# 조지아 트빌리시Tbilisi, Georgia
## #와인 #트레킹 #기독교

조지아

트빌리시

조지아라는 나라 이름을 이야기하면 미국의 조지아 주를 먼저 떠올리는 이들이 많다. 그만큼 낯선 나라인데, 불과 30년 전까지는 소련(소비에트 연방)의 '그루지야'로 불렸던 곳이다. 조지아는 튀르키예, 이란, 러시아 같은 거대한 나라에 둘러싸여 있고, 좌우로는 흑해와 카스피해를 접하고 있으며, 북쪽에는 5,000미터의 코카서스 산맥이 병풍처럼 서 있다. 낯선 땅이지만 그 안에는 아직 우리가 알지 못한 보물이 숨겨져 있다. 이 작은 나라는 음식, 자연, 물가 등 뭐 하나 빠짐없는 매력을 지녔다. 8천 년 전부터 시작된 세계 최초의 와인 문화, 전 세계에서 두 번째로 기독교를 받아들여 지금껏 이어져 오는 조지아인들의 신앙심, 그리고 신이 내려 준 아름다운 자연인 코카서스 산맥까지! 이 땅을 즐기기엔 한달살기도 부족하다.

347

조지아는 일조 시간에 영향을 많이 받는 고산기후로, 한낮엔 덥다가도 아침저녁으로 일교차가 심하다. 얇은 옷부터 두꺼운 외투까지 골고루 챙기는 것이 좋다. 특히 겨울에는 며칠씩 멈추지 않고 눈이 내리기도 한다. 여름 전까지 눈이 쌓여 있는 곳도 많다. 고산이라 봄과 가을에 트레킹을 즐기기에 좋지만 겨울은 다르다. 코카서스 산맥의 겨울은 몹시 길고, 매우 추우며, 눈이 많이 내린다. 때문에 여행보다는 집에 틀어박혀 와인만 마시는 게 나을 수도 있다. 한여름의 트빌리시는 40도를 웃도는 매우 뜨거운 날씨이기 때문에 외부 활동이 어려울 수 있다. 트빌리시와 코카서스 산맥 모두를 쾌적하게 둘러보고 싶은 여행자라면 봄과 가을을 추천한다.

디지털 노마드들에게 태국 치앙마이, 인도네시아 발리와 더불어 새로운 성지로 각광받고 있는 지역이 조지아 트빌리시다. 이 세 곳의 공통점으로 '저렴한' 생활비, '저렴한' 숙소비, '저렴한' 술값을 들 수 있다. 일을 좀 줄이고 여유롭게 시간을 쓰면서 살아도 금전적 부담이 적은 곳이란 뜻이다. 버스나 지하철비는 400원, 마트에서 사 온 토마호크 600그램은 15,000원이 안 된다. 레스토랑에서 와인을 곁들어 식사를 해도 1만 원 정도면 충분하다. 이렇듯 먹고사는 비용만큼은 확실히 저렴하나, 공산품과 수입 제품이 상당히 비싸다. 특히 전자제품은 한국에서 미리 준비해서 가야 한다.

최근 아파트가 많이 건축되고 있기는 하지만 신축 아파트나 콘도를 찾는 이들에게 트빌리시는 아직까지 좋은 선택지가 아니다. 이 도시의 주택과 아파트 대부분은 구소련 시절 지어진 건물을 리모델링한 것으로, 여행자 숙소들도 대체로 상황이 비슷하다. 그런 이유로 예약하기 전 내부 시설을 꼼꼼히 살필 필요가 있다. 사진으로 내부 상태를 확인했다면 어느 지역에 위치해 있느냐도 따져 봐야 한다. 우리가 머문 지역명은 바케Vake인데 대사관이 밀집해 있고 외국인들이 생활하는 데 필요한 인프라가 갖춰진 곳이었다. 다만 트빌리시 내에서도 물가가 비싼 지역이라 숙소비로 지불해야 하는 금액이 다른 지역에 비해 높은 편이었다. 우리도 처음엔 한 달 렌트비로 800달러를 요구받았지만, 호스트와 협상을 통해 500달러에 집 전체를 빌릴 수 있었다. 바케를 벗어나 저렴한 숙소를 찾는다면 300달러 선에도 찾을 수 있다.

348

트빌리시에서는 지하철, 버스, 공유 택시 등을 편리하게 누릴 수 있다. 특히 볼트Bolt나 얀덱스 택시Yandex Taxi 등 공유 택시가 저렴해서 많은 여행자들이 부담 없이 이용하고 있다. 코카서스 산맥을 트레킹하려면, 현지인들이 보통 '마르쉬루트카'라고 부르는 미니버스를 타고 외곽 지역으로 이동해야 한다. 탑승 비용은 '이 돈으로 기름값은 되나' 싶을 정도로 저렴하다. 다만 처음에는 이용하기 쉽지 않다. 버스가 모여 있는 지역에 가서 창문 앞에 붙어 있는 목적지를 확인하거나 현지인에게 물어서 탑승해야 한다. 트빌리시에서는 대체로 영어가 통하지만, 외곽으로 갈수록 소통이 어려워진다. 조지아는 독특한 자체 문자가 있는데, 외국인은 공부하지 않으면 읽을 수조차 없다. 또한 버스 티켓이 없어서 보통은 탑승 전 기사에게 직접 요금을 물어야 한다. 그래서 단기 여행자들은 조금 더 비싸더라도 합승 택시를 주로 탄다.

태어나면서부터 알프스를 걸었던 스위스인들이 알프스 다음으로 트레킹하러 가는 곳이 조지아 코카서스 산맥이라고 한다. 코카서스 산맥은 웅장하고 아름다우며 태초 그대로인 듯한 모습을 자랑한다. 프로메테우스의 전설로 유명한 카즈벡Khazbek산을 포함해 오랜 시간 외부 세계와 고립 상태로 보존된 메스티아Mestia까지 트레킹만으로도 한 달이 부족하다. '조지아 음식은 시와 같다'고 극찬한 러시아의 시인 푸시킨의 말처럼 맛있는 조지아 음식과 8천 년 역사를 지닌 질 좋은 크베브리Qvevri 와인까지 함께한다면 오감을 만족시키는 조지아 한달살기가 될 것이다.

349

# 마스크를
## 벗어 던진 여행

종민

2020년 3월 베트남 한달살기 이후 1년 반 만에 떠나는 해외여행. 그리 긴 텀이라고 볼 수는 없지만, 그동안 팬데믹이라는 벽이 너무 높아져 버려 스위스 여행이 더욱 특별하게 다가왔다. 그 높은 벽을 넘어서 떠나는 첫 번째 여행이기에.

꽤나 복잡한 출국 준비가 필요할 것 같았다. 외교부 해외안전여행 홈페이지를 이리저리 들락거리며 출입국 준비사항을 확인했다. 2021년 10월, 스위스 입국을 위해 전자 입국 신고서를 온라인으로 제출하고, 스위스 정부가 인정하는 코로나19 백신을 접종했다는 증명서(영문)를 출력해서 휴대했다. 별도의 비자 신청 과정도 없었다. '이렇게 쉽게 떠나도 되는 건가?' 싶을 정도로 간편해서 오히려 찝찝할 정도였다.

언제나 여행객의 흥분으로 가득했던 인천공항은 하루 두어 편 비행기가 내리는 소도시 공항처럼 한산했다. 또 달라진 점이라면 여권과 함께 백신 접종 증명서를 제시해야 발권 카운터에서 항공권을 받을 수 있다는 사실이었다. 출입국 심사대를 통과해 터미널로 들어서니 상점이 대부분 문이 닫혀 있었다. 인터넷 면세점에서 산 물품을 픽업하려는데, 대기줄은커녕, 내 앞에 단 한 명도 없어서 깜짝 놀랐다. 팬데믹 전에는 창구마다 여행객들로 꽉 차 있었고, 면세물품 수령장 앞은 비닐포장을 벗기려는 사람들로 인산인해를 이뤘던 그곳이 말이다. 새벽 1시, 텅 빈 인천공항 터미널을 서성이며 야반도주를 하고 있다는 생각이 들었다. 코로나 시국의 여행은 뭔가를 잘못해서 남몰래 떠나는 사람의 기분을 안겨 주었다.

비행기 내부에도 빈자리가 너무 많았다. 어떤 승객은 세 개짜리, 네 개짜리 좌석 전부를 침대처럼 쓰기도 했다. 열두 시간을 날아가 도착한 곳은 유럽의 환승 공항인 네덜란드 스키폴. '인천과 비슷한 분위기겠지' 짐작했는데, 웬걸. 여긴 또 다른 풍경이었다. 현지 시각으로 새벽 5시였는데, 상점들이 모두 문을 열고 있었다. 사람들은 이른 아침을 해결하려고 레스토랑 앞에 긴 줄을 서 있었다. 탑승 게이트 앞은 유럽 전 지역으로 가려는 사람들로 북적였다. 마치 명절 연휴의 고속도로 휴게소와 비슷할 정도였다. 여러모로 인천공항과 극명한 온도차였으나 모두가 마스크를 쓰고 있다는 사실에 현실감을 되찾을 수 있었다.

스위스에서 가장 큰 도시는 어디인가 하니, 사실상 수도의 기능을 맡고 있는 베른도 아니고 UN, 적십자, 유네스코와 같은 국제기구가 몰려 있는 제네바도 아니다. 스위스 북부에 위치한, 경북 구미시 정도의 인구가 사는 취리히가 그 타이틀을 가지고 있다.

입국 심사대를 지나며 마스크를 다시 한번 바짝 올렸다. 명색이 이 나라 최대 도시이니 여기저기에서 몰려든 사람도 많을 테고, 대도시이니만큼 불특정 다수와 접촉 횟수도 늘어날 테다. 그만큼 감염 확률도 높아진다는 얘기다. 그런데 공항을 나서며 경악하고 말았다. 우리가 도착하기 전, 스위스 방역당국은 실외 마스크 착용을 자율에 맡기기로 결정했다. 때문에 거리를 걷는 이들 모두가 마스크를 쓰고 있지 않았다. 마스크 쓰고 사는 세상에 고작 2년 살았을 뿐인데, 다시 코와 입을 드러내고 길을 걷는 풍경이 왜 그리 낯설던지! 다행히(?) 백신 접종 확인이 불가한 밀집시설이나 대중교통을 이용할 때에는 마스크를 착용해야 했고, 스위스 사람들은 그 규칙을 아주 잘 지키고 있었다. 그 모습을 보며 '여기도 내 상식이 통하는 곳'이라는 생각에 이상한 안도감이 들기도 했다.

스위스는 백신 접종자의 면역력에 대해 상당한 신뢰를 보이고 있었다. 매년 35만 명이 찾는 농업식품박람회인 올마OLMA를 방문하니 코로나19를 바라보는 스위스 사람들의 대범함이 놀라웠다. 만 16세 이하의 백신 접종 결정이 있기 전이라 청소년들은 증명서 없이도 입장이 가능했지만 성인은 백신 접종 증명서가 없으면 입장이 불가했다. 놀라웠던 건 일단 이렇게 박람회장에 들어서면 어디에서도 마스크를 쓰는 이를 찾을 수 없었다는 사실이다. 으아악! 언빌리버블! 아직 확신을 갖지 못한 우리만 소심하게 마스크를 쓰고 있을 뿐 수천 명이 실내에서 마스크를 벗고 있단 말이다! 코로나19 백신에 대한 믿음의 크기가 우리나라와 이렇게나 다름을 실감할 수밖에 없었다.

취리히에 머무는 동안 많은 장소를 돌아다녔는데 미술관이나 박물관 같은 대부분의 실내 공공시설은 백신 접종이 확인돼야 입장할 수 있었다. '유 노, 우리 모두 백신 맞았잖아. 상관없잖아. 그치?' 뭐 이런 느낌이랄까? 솔직히 스위스 방문 전 우리는 백신에 대한 믿음이 그리 크지 않았다. 그저 해외 출국을 위해 필요한 절차 정도로만 여겼다. 하지만 스위스에서 머문 한 달 동안 우리도 스위스 사람처럼 백신의 효력을 믿게 됐다. 백신 접종을 했다면, 코로나19에 걸려도 무증상이거나 경증으로 끝날 것이라는 자신감, 팬데믹 초기와 달리 이제 코로나는 우리 삶을 크게 위협할 수 없을 거라는 인식.

한달살기는 늘 우리에게 삶의 변화를 이끄는 어떤 지점들을 만나게 해 준다. 짧은 여행, 일정에 쫓기는 여행, 그저 바쁜 여행이었다면 스위스인들이 코로나를 대하는 방식이 이토록 자연스럽게 우리의 가치관에 배어들지 못했을 것이다. 이것이 스위스 여행이 우리에게 가져다준 가장 큰 선물이다.

# 테라스에서
# 만나자

은덕

2022년 2월 중순에서 3월 중순까지 튀르키예를 여행했다. 마침 튀르키예는 실외 마스크 착용 의무가 해제되어 있었다. 그 소식도 모른 채 길을 나섰는데 귀 어두운 여행자를 위해 동네 사람들이 어깨를 톡톡 건드리며 마스크를 벗어도 된다고 알려 주었다. 하지만 자유가 주어졌다고 누구나 반기는 건 아니었다. 길을 걷는 중에도 튀르키예 사람들 절반은 마스크를 쓰고 있었다. 조심스러워하는 분위기가 여실했다.

튀르키예는 우리가 한달살기를 가장 많이 한 나라다. 그 기간만 합쳐 봐도 5개월이 넘는다. 우리가 튀르키예를 늘 그리워하는 이유는 그곳에 사랑하는 친구들이 있기 때문이다. 10년 전 튀르키예에 처음 갔을 때는 빨래와 쓰레기로 뒤엉킨 숙소를 만났다. 그때 우리는 한달살기 초짜였고, 집 컨디션은 무시한 채 무조건 싸면 예약을 하는 애송이들이었다. '웬만하면'이라는 단어마저 아까운 그 집에서 머물기를 포기하고 새로운 숙소를 구해야 했다. 그런데 한 달짜리 숙소를 구하기가 어디 쉬운가. 당장 거리에 나앉게 되었을 때 우리를 받아 준 이가 야샴이다.

10년이 흐르는 사이, 그녀는 결혼을 하고 아이를 낳고 새로운 직업을 가졌다. 방송국 조연출이었던 그녀는 필라테스 선생님이 되어 있었는데, 너

355

무 다른 세계로 들어선 그녀의 인생이 쉬이 믿기지 않았다. 이번 튀르키예 여행에서 그녀에게 필라테스를 배워 볼 참이었다. 약속일만 기다리고 있었는데, 며칠 전부터 몸이 안 좋다던 그녀가 결국 코로나19 확진자가 되었다는 소식을 알렸다. 때마침 이스탄불에는 이례적으로 폭설이 내렸는데, 창문 밖으로 내리는 눈을 보며 '날씨마저 우리의 만남을 방해하는구나' 싶었다. 회포를 풀 수 있는 기회가 수포로 돌아갈 참이었다.

4년 만의 만남이 코로나로 인해 힘들어지려던 찰나, 나는 부에노스아이레스 사람들의 SNS에서 퍼지고 있는 '테라스 사랑'이 떠올랐다. 코로나19가 유행처럼 번지자 아르헨티나 정부는 6개월째 온 도시에 봉쇄령을 걸었다. 시민들은 집에 갇혔다. 반드시 필요한 경우, 예를 들어 식료품을 사러 가거나 급히 병원에 가야 하는 상황이 아니라면 건물 밖으로 나갈 수 없었다. 국경도 막혀서 봉쇄령 이전에 출국했던 아르헨티나 국민들은 외국에서 때 아닌 방랑 생활을 하고 있었고, 외국인들은 벌써 몇 개월째 발이 묶여 있는 상황이었다. 봉쇄의 시간이 지속되면서 '코로나 블루'가 유행처럼 번질 것 같았는데 부에노스아이레스 사람들은 '아무르(사랑)를 찾아서(아르헨티나 출입국 심사대에서 "아무르를 찾아서 이곳에 왔소"라고 말하면 묻지도 따지지도 않고 입국도장을 찍어 준다는 의미로, 사랑만큼은 진심인 아르헨티나인들을 표현하는 문구)'라는 말처럼 이 상황에서도 사랑할 방법을 찾아냈다. 건물 밖으로 나가지 못하니 바깥바람을 쐬러 테라스에 나가곤 했는데, 테라스에서 머무는 시간이 길어지자 그동안 관심 없었던 윗집, 아랫집, 옆집은 물론 길 건너 건물 사람과 이야기를 나누게 되었다. 그러다 사랑에 빠진다는, 영화 속에서나 존재할 법한 로맨스를 아르헨티나 사람들이 현실세계로 소환하고 있었다. 우리도 '테라스 사랑'을 시도해 볼 수 있을 것 같았다.

"테라스에서 만나자."

정확히는 야샴이 테라스에 나와 있으면 우리가 테라스 아래에서 야샴의 얼굴만이라도 보고 가겠다는 의지였다. 눈 폭풍이 멈추지 않던 그날, 야샴은 테라스에서, 우리는 그 아래에서 서로에게 그리움을 전했다. 비록 코로나라는 장벽이 우릴 가로막았고 휴대전화로 서로의 안부를 물은 게 다지만, 이렇게라도 만날 수 있다는 사실이 감격스러웠다. 짧은 만남을 뒤로하고 우린 다음 목적지로 떠나야 했다. 건강한 모습으로 다시 만나 이스탄불 앞바다에서 잡힌 신선한 생선을 함께 구워 먹자는 약속을 하고서.

# 코로나 시대의
# 청정여행

은덕

코로나 시국이니까 사람이 많은 곳보다 적은 곳이 여행하기 좋겠다고 생각했다. 크게 노력하지 않아도 사회적 거리 두기를 지킬 수 있을 테니까. 그러려면 도시는 어려울 테고…… 대자연 속으로 들어가면 모든 우려가 해결되지 않을까?

히말라야가 먼저 떠올랐지만 머리 아프고 숨이 가쁜 고산병은 더는 경험하고 싶지 않았다. 서호주의 사막은 어떨까? 사람도 없는데 풍경마저 끝없는 붉은빛 대지라면 피부는 건조함에 마르고 내 마음은 외로움에 바짝타 버리지 않을까 싶어 포기했다. 풀과 나무로 가득하며 맑은 공기도 넉넉하고, 여행하는 동안 사람 마주칠 일 없이 자연스레 사회적 거리 두기도 유지할 수 있는 곳은 정녕 없는 걸까? 지도 위 도시들을 피해 멀리멀리 향하다 보니 역시 조지아였다. 평생토록 와인과 함께 살아온 프랑스 사람들, 식탐 넘치는 러시아 사람들, 알프스를 다 둘러본 스위스인들이 조지아를 찾아온다. 왜 그들이 와인을 마시러, 음식을 맛보러, 새로운 대자연을 찾아오는지 궁금했다.

조지아 트빌리시에 도착하자마자 술꾼들의 나라에 왔음을 실감했다. 세계 최초로 와인을 생산한 지역답게 조지아인들은 와인 담그는 걸 신이 자신들에게 부여한 신성한 의무로 여겼다. 여행자가 와인을 담글 순 없는 노릇이니 우리는 매일 마시는 것으로 그 의무를 대신하며 프랑스인들의 마음을 어렴풋이 들여다봤다.

와인에 어울리는 음식을 만들어 내는 일은 조지아인들에게 숙명과도 같은 무엇이겠다. 러시아의 대문호 푸시킨은 "조지아의 모든 음식은 하나의 시와 같다"고 읊었으며, 신이 먹던 음식 부스러기가 조지아에 떨어졌을 거라는 우스갯소리도 있다고 하는데, 조지아 음식은 러시아인뿐 아니라 우리 입맛에도 잘 맞았다. 무엇보다 이 모든 음식은 뭐 하나 빠질 것 없이 와인과 찰떡 안주다.

그중 내 사랑을 독점한 이 요리의 이름은 시크메룰리shkmeruli다. 마늘을 듬뿍 넣은 치킨을 오븐에서 구워 내는데 여기까지만 들어도 입맛 다시는 분들이 많으리라. 거기에 크림소스를 가득 부어 진하고 고소한 맛을 더한다. 와인은 물론이고 맥주 안주로도 손색이 없다. 다음 타자 굽다리kubdari로 말할 것 같으면 밀가루 안에 다진 고기를 넣고 화덕에 구운 빵이다. 단순한 음식처럼 들리지만 쫀득거리는 빵에 가장자리까지 고기로 꽉 채운, 한 조각만 먹어도 한 끼 식사로 부족함이 없는 음식이다. 우리는 보통 한 판을 사다 하루 종일 굽다리만 먹기도 하는데 밥 대신으로 먹고, 와인 안주로 먹고, 간식으로 먹다 보면 굽다리만큼 여행자의 배를 아낌없이 채워 주는 음식이 또 있을까 싶어진다. 끝으로 힌칼리khinkali! 조지아 만두라고 불리는 이 음식을 먹고 있노라면 여기가 아시아인지 유럽인지 헷갈린다. 힌칼리에 들어 있는 고수 때문이다. 만두에 고수라고? 어울리지 않을 것 같은 이 조합이야말로 조지아를 상징한다고 볼 수 있다. 지리적으로는 중앙아시아면서 문화적으로는 유럽의 마인드를 지닌 조지아에서 힌칼리는 태생부터가 다른 지역 음식들과 달랐던 것이다. 고수 러버라면 눈이 번쩍 뜨이는 이 맛을 보러 꼭 조지아에 가야만 한다.

　조지아 와인과 음식 예찬은 여기까지만 하겠다. 조지아의 매력은 태초의 자연이라고 불릴 만큼 때가 타지 않은 대자연에서 더욱 부각되기 때문이다.

　러시아 국경과 맞닿아 있는 스테판츠민다Stepantsminda는 조지아에서 일곱 번째로 높은 카즈벡산 아래 위치한 마을이다. 일곱 번째니까 별로 안 높은 것 같겠지만 무려 5,047미터다. 승합차 안에서 구겨진 몸을 일으켜 세워 1년 내내 녹지 않는 만년설을 바라본다. 비수기라 그런지 카즈벡을 찾은 사람이 적다. 사회적 거리 두기를 극단적으로 경험하기에 이만한 곳이 없어 보였다. 일단 성공! 본격적으로 트레킹을 준비한다.

마을을 출발해 게르게티 트리니티 교회Gergeti trinity church까지 세 시간을 걷는 코스다. 출발 전 숙소 주인이 한마디 거든다.

"길이 잘 닦여 있어서 초보자도 걷기 편한 코스지만 지난주까지 내린 폭설 때문에 어떨지 모르겠다. 80라리만 주면 거기까지 데려다줄 수 있는데……."

다른 여행자들도 걷기를 포기하고 차에 오르고 있었다. 하지만 우린 코로나19를 피해 대자연을 걸으러 여기까지 온 사람들이 아닌가. 고어텍스 등 산화를 단단히 조이고 산행에 나선다.

산 중턱부터 무릎까지 푹푹 꺼지는 눈밭이 펼쳐졌다. 아뿔싸. 사람들이 이 기간에 산에 오르지 않는 데에는 다 이유가 있었는데. 후회 한 다발을 쏟아내 보지만 이젠 돌아갈 수 없고 전진뿐이다. 깊이조차 가늠 안 되는 눈에 발이 꺼지는 것도 잠시, 양지바른 길은 눈이 녹아 버려 진흙탕 범벅이다. 우리 이대로 도착이나 할 수 있을까? 걸음걸이는 험악한 바닥만큼이나 느려졌고 발목에는 더 이상 눈길에 버틸 힘이 남아 있지 않다. 목적지인 교회는 분명 저만치 있는데 내 몸은 이 산속에 묻혀 옴짝달싹 못 하고 있다. 하지만 걸음을 재촉하지 못해서 얻은 행운도 있었다. 병풍처럼 하얗게 펼쳐진 설산과 그 아랫마을 풍경이 어찌나 그림같이 아름답던지 한 발자국 내딛고 풍경 한 번 바라보고. 이걸 반복하면서 네 시간 만에 교회에 도착했다.

14세기에 만들어진 게르게티 트리니티 교회는 외세 침입 때마다 조지아의 귀한 보물들을 보관했던 장소로 유명하다. 국가가 재난 상황에 처했을 때 이보다 안전한 곳이 또 있었을까 싶다. 이렇게 오르기 힘든 외딴 카즈벡이라면 도적놈들도 분명 포기하고 다른 보물을 찾으러 나섰겠지. 그러니 코로나19로부터도 이보다 안전한 여행지가 어디 있겠는가!

올라온 길을 되돌아갈 원점 회귀를 꿈꿀 몸 상태가 아니었다. 그렇다고 우리를 위해 택시가 기다리고 있지도 않았다. 그저 운이 좋아 내려가는 길에 히치하이킹을 할 수 있다면……(그 유명한 교회에서 드린 기도가 고작 이거였다니!).

발목이 부어 있었다. 눈길을 네 시간 동안 다시 걸어 마을로 돌아가기엔 불가능해 보였다. 다행히 30분쯤 내려갔을 때 다른 손님을 태우고 잠시 대기 중이던 택시를 만날 수 있었다. 서로 말은 안 통했지만 기사는 돈이, 우

리는 택시가 필요함을 단번에 알아챘다. 요금은 90라리. 보통 왕복에 이 정
도 비용을 지불하는데 우리는 편도에 이 금액을 지불하고 마을에 도착할 수
있었다. 그래도 그 돈이 참 아깝지 않았다!  다시 하이킹을 한다 해도 교회
까지 걸어서 올 것이다. 눈이 쌓였더라도? 아, 음, 아이젠을 어디에 뒀지?

도시 큐레이션은 쉽게 갈 수 있는 곳들로 정했습니다.

저희는 마흔일곱 번의 한달살기를 해 왔습니다. 한국과 가장 멀리 위치해 있는 우루과이 몬테비데오, 파라과이 아순시온, 그리고 크루즈 위에서도 한 달을 보냈습니다. 이 장소들을 사랑하지만 추천하기에는 무리가 있는 것도 사실입니다. 너무 멀고, 위험하고, 한달살기를 처음 하는 여러분들에게는 적절치 않기 때문입니다. 단, 마지막의 베스트 3 도시는 현실적 접근성과는 별도로 저희가 언제든 다시 가서 살고 싶은 곳들입니다. 한달살기의 경험이 조금씩 쌓여 간다면 여러분들도 자신만의 베스트를 꼽을 수 있게 될 거예요.

# 한달살기 도시 큐레이션

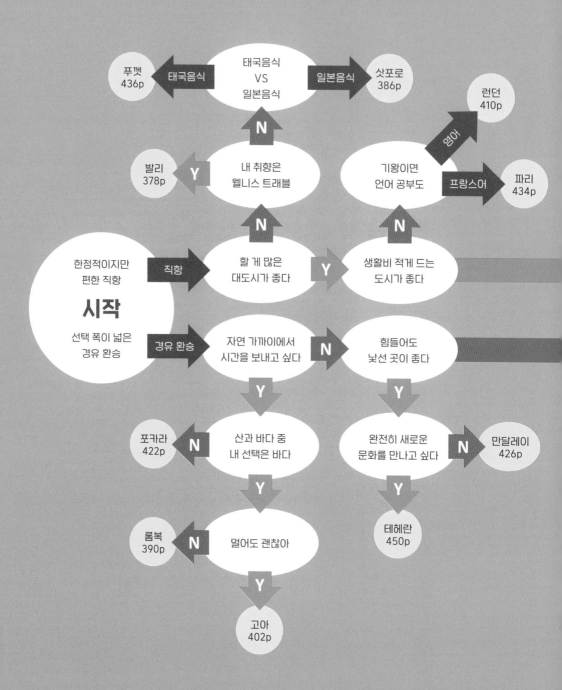

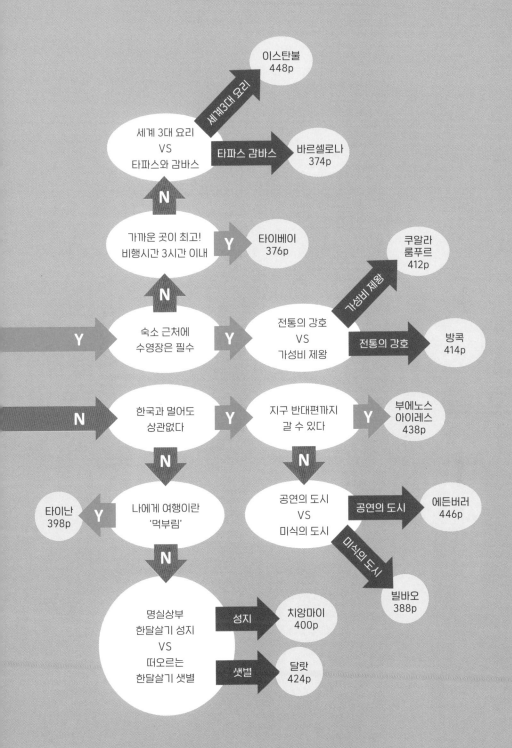

바르셀로나

타이베이

발리

# 스페인 바르셀로나 Barcelona, Spain
## #메뉴델디아 #지중해 #선탠

바르셀로나

스페인

유럽 어느 도시에서 한달살기를 해 보고 싶다면 스페인 바르셀로나를 추천한다. 유럽치고는 저렴한 물가, 한국인의 입에 잘 맞는 음식, 화려한 문화유산, 투명하고 깨끗한 지중해까지 무엇 하나 우리를 실망시키지 않는다. 한낮의 시에스타, 두 시간이 넘는 식사 등 전통적인 스페인 문화는 다소 희미하지만 바르셀로나의 속도도 충분히 여유롭다.

지중해의 대표 도시인 바르셀로나는 연중 볕이 따사롭다. 겨울 기온은 영하로 떨어지지 않고 한여름에는 뜨거운 태양에 비해 습도가 높지 않다. 언제 가도 좋은 바르셀로나지만 특히 여름을 추천한다. 이곳 사람들은 겨울을 제외하곤 바다에 가서 수영과 선탠을 즐긴다. 또한 하얀 피부인 사람을 애처롭게 생각하는데 일만 하느라 바다에 갈 시간이 없다고 여기기 때문이다. 바르셀로나 현지인처럼 살아보는 첫 번째 방법은 지중해를 즐기는 것!

스페인의 음식 문화인 메뉴 델 디아menu del dia와 함께라면 경비가 넉넉하지 않은 한달살러도 행복한 만찬을 즐길 수 있다. 메뉴 델 디아는 번역하자면 '오늘의 음식'이라는 뜻이다. 날마다 다른 메뉴가 단품이 아닌 코스 요리로 제공된다. 기념일에 큰 맘 먹고 주문하는 코스 요리를 이곳에서는 10~15유로로 주문할 수 있다. 음료로는 글라스 와인을 선택할 수 있다. 간혹 동네식당은 와인 한 병을 통째로 내주기도 한다. 아침은 간단히 집에서 해결하고 점심으로 한두 시간에 걸쳐 메뉴 델 디아를 먹고 나면 저녁은 건너뛸 정도로 배가 부르다.

바르셀로나는 여름이 최성수기다. 도시는 여행자로 넘치고 집 주인과의 가격 협상도 성공 확률이 낮다. 방 한 칸을 빌리려면 1,000달러 이상을 각오해야 한다. 하지만 7월, 8월을 피해 6월과 9월에 한달살기를 한다면 숙소비는 낮추면서 아름다운 지중해를 즐길 수 있다.

바르셀로나 1존 내에서 버스, 지하철을 무제한 이용할 수 있는 한 달 정액권은 53유로 내외다. 정액권을 사면 마음 놓고 어디든 갈 수 있다. 길을 잃어도 상관없고 목적지 없이 아무 버스에 올라타 마음에 드는 동네에 내려도 좋다. 우리가 가장 좋아하는 여행이기도 하다. 시내를 걷다가 너무 더우면 버스로 피신하자. 에어컨 빵빵한 버스 안에서 더위를 식히고 있다 보면 바르셀로나 시내가 내려다보이는 산꼭대기에 도착하기도 한다. 어디로 가는지 모르는 버스를 타고 바르셀로나 곳곳을 누비는 경험을 해 보자.

100년이 넘도록 아직도 공사 중인 성당이 바르셀로나에 있다. 안토니 가우디의 역작 사그라다 파밀리아뿐 아니라 카사 바트요 등 가우디의 숨결을 따라가는 여행을 할 수 있다. 또 올리브 오일과 소금으로 간을 하는 간단하고 건강한 지중해 요리를 맛보는 여행도 흥미롭다. FC바르셀로나의 고장답게 세계적인 축구리그를 관전하는 재미도 놓치지 말자.

# 대만 타이베이 Taipei, Taiwan
## #도시라이프 #오래된식당

타이베이

대만

대만이 너무 좋아서 타이베이에서 한 달, 타이난에서 한 달, 가오슝에서도 한 달을 살아 봤다. 이 세 도시 중 한달살기가 처음인 이들에게 추천하고 싶은 곳은 타이베이다. 타이베이에 머물다 보면 중국의 실용주의와 일본의 규칙성이 적절히 조화를 이룬 도시라는 걸 실감할 수 있다. 투박함과 세련됨이 오묘하게 뒤섞여 있다.

---

여름은 피하길 당부한다. 6월부터 9월까지는 한국의 여름보다 더 습하기 때문이다. 그 외 기간에는 쾌적하게 한 달을 보낼 수 있다. 하지만 언제 가든 비만큼은 각오해야 한다. 지진 대비 또한 필요하다. 실제로 가오슝, 타이난, 타이베이에서 각 한 달을 보냈을 때 진도 6 이상의 지진을 모두 만났다. 지독히도 운이 없다고 말할 수도 있겠지만 대만에서 한달살기를 한다면 크든 작든 지진을 만날 가능성이 있다. 하지만 건물마다 내진설계가 잘되어 있으니 너무 걱정하지 말자. 숙소를 고를 때 저층을 선택하는 것도 요령이다.

---

서울 물가의 2/3 수준이라면 적당하겠다. 대만의 다른 도시에 비해 물가가 비싼 편이다. 하지만 로컬 음식은 여전히 저렴하다. 기본 10년, 50년은 넘은 식당이 동네 곳곳에 포진해 있다. 장사가 잘되면 더 넓은 곳으로 점포를 옮기고 프랜차이즈도 생각해 볼 법한데 이들은 가게를 넓히려는 시도조차 하지 않는다. 원래 있던 가게를 버리고 다른 곳으로 옮기는 것은 단골손님들에 대한 예의가 아니라고 생각한다. 덕분에 한달살러도 좁고 허름하지만 디줏대감처럼 동네를 지키고 있는 식당에서 맛있는 음식을 사 먹을 수 있다.

타이베이 숙소 예산을 동남아 정도로 생각한다면 오산이다. 숙소비가 만만치 않다. 주 고객이 단기 여행객인 타이베이의 원룸형 숙소들은 주방시설도 미비하다. 이런 이유로 집 전체를 빌리는 것보다 현지인과 함께 사는 걸 추천한다. 방 한 칸이라면 500달러 내외로 중심부에 숙소를 구할 수 있다.

대중교통이 불편한 대만이지만 타이베이만큼은 걱정을 내려놓자. 버스, 지하철 등 다양한 교통수단을 이용할 수 있는 이지카드 구매가 필수다. 이지카드를 이용하면 20%가 할인된다. '요요카'라고도 불리는 이지카드는 대중교통뿐 아니라 물건을 구매할 수 있는 체크카드의 기능도 있다. 편의점, 약국, 식당 등에서 이용 가능하다. 카드 구매 시 보증금 100TWD(대만 달러)를 지불해야 한다.

대만은 스페인, 네덜란드, 중국, 일본 등 외세의 통치를 받은 아픈 역사를 가지고 있다. 그런 이유로 다양한 양식의 건축문화를 경험할 수 있다. 대만 북부 항구 도시 지룽Keelong은 기괴하면서 아름다운 암석 지형이 장관이다. 우리에게 영화 〈비정성시〉의 촬영지로 잘 알려진 지우펀Jiufen과 온천욕을 할 수 있는 베이터우 Beitou는 타이베이 인근의 관광지다. 무엇보다 타이베이 곳곳에 숨어 있는 세련되고 모던한 분위기를 한껏 느껴 보길 바란다.

377

# 인도네시아 발리 Bali, Indonesia
## #웰니스트래블 #디지털노마드

인도네시아

발리

바다와 산이 있는 거대한 섬 발리는 요가와 서핑의 성지다. 수요만큼 여행 인프라도 잘 갖춰져 있다. 그래서 첫 한달살기를 시도해 보기 좋다. 한 달 이상 숙박이 가능한 호텔 및 단독주택도 많다. 한국인은 무비자로 30일까지 체류가 가능하다.

적도 부근에 위치한 발리는 약간의 기온 변화는 있지만 늘 여름이다. 반팔과 반바지로 여행하기 충분하지만 가벼운 겉옷이나 스카프 정도는 들고 다녀야 한다. 그렇지 않으면 카페나 식당에서 에어컨 바람에 감기 걸리기 십상이다. 스콜이라 불리는 집중호우가 내리는 우기는 11~3월이다. 그 외 기간은 건기다.

발리에는 현지인 물가와 여행자 물가가 존재한다. 여행자를 상대하는 식당은 그럴듯한 인테리어로 꾸며 놓고 한국과 비슷하거나 조금 싼 가격으로 음식을 판다. 반면 현지인이 주로 찾는 식당은 좀 지저분해 보이는 허름한 외관이지만 한 끼에 2,000~3,000원으로 식사할 수 있다. 영어 주문이 당연한 곳을 제외하면 현지 물가는 저렴한 편이다. 참고로 식당에서 노란색 음식을 주의하자. 한국에서 매운맛을 대표하는 색이 빨간색인 것처럼 발리에서는 노란색 음식이 아주 맵다.

여행자가 모이는 곳은 크게 중부의 우붓, 서부의 스미냑과 꾸따, 그리고 동부의 사누르다. 모두 장기 숙박객을 위한 숙소가 넘친다. 에어비앤비 외에도 현지에서 중개업자나 전단지를 통해 찾을 수 있고 Bali house for rent와 같은 페이스북 그룹 안에서 직거래로 구할 수도 있다. 성수기는 12월 전후인데 숙소를 구하기는 어렵지 않으나 가격이 올라가는 것은 참고하자.

버스는 없다고 생각하는 편이 마음 편하다. 때문에 여행자들은 오래전부터 스쿠터나 자동차 렌트를 선택한다. 스쿠터는 한 달 대여료가 10만 원 선으로 비싸지 않다. 하지만 한국에서 발급받은 국제운전면허증은 인정되지 않는다. 현지 면허를 발급받는 등 주의가 필요하다. 그랩을 이용해 이동할 수도 있다. 비용도 저렴하고 그랩 차량도 곳곳에 많아 호출 후 탑승까지 오래 걸리지 않는다. 단, 우붓 등 몇몇 도시는 지역 택시산업 보호를 위해 그랩 이용이 제한된다.

최근 발리는 요가와 서핑을 넘어서 웰니스 트래블로 주목받고 있다. 발리에 머무는 동안 음식부터 잠자고 마사지 받으며 운동하는 것까지 자신의 몸을 회복하는데 집중해 보는 것도 한달살기의 특별함이 될 수 있다. 또한 시내 곳곳에 있는 코워킹 카페에서 디지털 노마드의 삶을 직접 확인할 수 있다. 이들을 만나 일주일의 절반은 일하고 절반은 여행하며 지내는 하프 홀리데이를 공유하는 것도 자신만의 한달살기 스타일을 찾는 기회가 될 것이다.

여름에 살기 좋은 도시 3

삿포로

빌바오

384

롬복

# 일본 삿포로 Sapporo, Japan
## #일본인들의여름휴양지 #미식의도시

삿포로 하면 영화 속 무대처럼 환상적으로 펼쳐진 하얀 설경이 먼저 떠오른다. 하지만 여름 삿포로를 만나고 나서 우리는 겨울 삿포로의 환상을 버렸다. 일본 사람들은 습하고 더운 여름을 피해 삿포로로 몰려든다. 고도의 마케팅 전략이 만든 근사한 겨울 이미지 대신 여름에 더 생기 넘치는 삿포로로 가자.

마라톤 대회에 참가하려고 여러 도시를 물색 중이었다. 습하고 더운 아시아에서 여름 풀코스 마라톤 대회를 찾기란 쉽지 않았다. 단 한 곳 빼고. 삿포로의 여름은 청명하고 시원하다. 덕분에 여름 시즌에 유일하게 국제대회 규모의 마라톤 경기가 열린다. 봄, 가을이 아닌 여름에도 상쾌하게 달릴 수 있는 곳이 바로 삿포로다.

삿포로는 일본 내에서도 생활물가가 비싼 편이다. 특히 과일이 비싸다. 하지만 라멘, 우동 등 끼니로 먹는 음식과 유제품, 징기스칸(양고기), 미소라멘, 수프커리 등 지역 특색을 살린 음식들은 저렴하다.

에어비앤비 정책이 까다롭기로 유명한 일본이다. 일본 호스트는 반드시 정부에 등록을 해야 하고 세금도 내야 한다. 정부의 단속이 시작된 2018년 이후 일본 에어비앤비 리스트가 많이 줄어든 상태다. 게다가 숙박비도 비싼 편이다. 여름 성수기임을 감안한다면 집 전체를 빌리는 데 1,000달러는 예상해야 한다. 우리는 호스트와 가격 협상을 통해 집 전체를 750달러에 빌렸다.

교통비가 비싼 일본이다 보니 자전거가 대안이 될 수 있다. 중고샵에서 자전거를 구입할 수 있는데 보통 5만 원에서 10만 원 정도면 무리 없이 타고 다닐 수 있다. (구글맵에 'recycle' 또는 'secondhands shop'이라 입력하면 중고상점 목록이 뜬다.) 다만 일본은 중고 자전거를 사더라도 자전거 등록세(600엔, 2018년 기준)를 내야 한다. 중고 자전거를 사면 등록을 할 수 있는 장소까지 안내받을 수 있다. 또한 자전거 주차장이 별도로 있고 불법주차 시 벌금도 내야 한다. 자전거는 구매했던 중고샵에 되팔 수 있다.

삿포로 인근에는 자연경치가 멋진 곳이 많다. 보랏빛 라벤더와 초록의 전원 풍경으로 유명한 후라노Furano, 〈미스터 초밥왕〉 쇼타의 고향이자 〈러브레터〉 촬영지인 오타루Otaru까지 렌트를 하거나 JR 홋카이도 레일패스(3일/5일/7일 권 또는 플렉시블 4일권)로 근교 여행을 떠나 보자.

387

# 스페인 빌바오 Bilbao, Spain
## #액티비티 #미식의도시

빌바오

스페인

스페인 북부에 위치한 빌바오는 많은 이들에게 낯선 지명이다. 이 도시에는 지중해의 낭만도, 스페인 남부 특유의 활기도 존재하지 않는다. 프랑스 파리에서 만날 것 같은 시크함이 가득한 지역이라 스페인 사람들조차 별종으로 취급한다. 대서양을 접한 일부 지역을 제외하면 열차가 들어서고 도로가 놓이기 전까지 두메산골이라 불러도 좋을 만큼 외부 세계와 단절되어 있던 곳이다. 빌바오는 지명만큼이나 낯선 풍경을 제공한다. 또한 뜨겁다 못해 타 죽을 것 같은 스페인 남부의 여름을 피할 수 있는 유일한 도시이기도 하다.

스페인에서도 이런 여름을 보낼 수 있다는 게 그저 신기할 따름이다. 한여름에 도착했건만 가죽재킷을 입은 이와 반팔 옷을 입은 사람이 섞여 있다. 긴팔에 도톰한 카디건을 걸쳐 입거나 반팔에 머플러를 두르고 다니는 이들도 많다. 에든버러의 여름인 것도 같고 파타고니아의 여름인 것도 같다. 숲과 나무가 많은 곳이니 지리산의 상쾌함에 더 가까울까? 어쨌든 빌바오의 여름은 걷기에도, 잠자기에도 쾌적하다.

빌바오가 속한 바스크 지방은 세금을 많이 내는 부자 동네다. 오래전부터 공업과 조선, 철강 산업이 발달했고 지금은 환경과 금융의 도시로 이미지를 탈바꿈했다. 그래서 스페인 내륙이나 남부보다는 바르셀로나와 물가가 비슷하다고 생각하면 좋다.

여름 성수기임을 감안해도 숙박은 어렵지 않게 구할 수 있다. 빌바오 자체가 외국 관광객 수요가 많지 않다. 대신 여름에 날이 좋아 스페인과 가까운 프랑스 사람들이 휴가를 보내기 위해 이곳을 찾는다. 또 산티아고 순례길 코스답게 짧게 도시를 스쳐가는 순례객이 많은 편이다. 바르셀로나보다 저렴한 금액대에서 에어비앤비 숙소를 구할 수 있다. 우리가 구한 방 한 칸짜리 숙소는 400달러였다.

교통수단을 무제한으로 이용할 수 있는 한 달 정액권을 판매한다. 지하철 역사 내부에서 신청서를 작성하고 사진을 찍으면 된다. 사용 구간(1~5존으로 구간이 나눠져 있음)에 따라 정액권의 가격이 다르다.

빌바오가 날씨만 좋은 도시라면 추천을 미뤘을 것이다. 맛있기로 소문난 스페인 음식이지만 빌바오는 그중에서도 미식의 도시로 꼽힌다. 핀초스(pinchos, 바스크 지역에서 타파스를 부르는 명칭으로 이쑤시개에 꽂아 먹는 게 특징)와 출레타 등 음식을 예술로 승화했다. 또한 지중해가 아니라 대서양에 접한 바스크는 파도가 높고 세서 서퍼들의 천국이라 불린다. 우리나라 오O월드의 인공 파드풀을 자연에서 즐기는 느낌이다. 미드 〈왕좌의 게임〉의 촬영지이기도 한 바스크는 거친 대서양과 험한 산악 지형이 만나 웅장한 자연경관을 만들어 내는 곳이다. 여름을 쾌적하게 보낼 수 있는 최적의 장소이자 음식+관광+바다까지 엔터테인먼트도 빠지지 않는다.

# 인도네시아 롬복 Lombok, Indonesia
## #힐링 #풀빌라

인도네시아

롬복

롬복은 면적이 4,725㎢로 제주도의 약 2.5배인 섬이다. 섬의 끝에서 끝까지 가는 데 자동차로 다섯 시간 정도는 걸린다. 이렇게 거대한 땅 안에 다양한 자연이 담겨 있다. 섬이니 바다는 말할 것도 없고 인도네시아에서 두 번째로 높은 산(화산)도 있다. 쌀이 자라는 비옥한 평야와 큰 강도 존재한다. 힌두교를 믿는 발리와는 다르게 주민 대부분이 무슬림이며 음주와 여흥이 제한적이다. 대신 섬 자체가 조용한 분위기로 때 묻지 않은 자연, 순박한 사람, 고즈넉한 분위기 등 이토록 축복받은 땅에서 한달살기는 힐링 그 자체를 선사한다.

적도 바로 남쪽에 위치한 롬복은 우리와 계절이 반대다. 여름에 출발하면 롬복은 겨울이니까 '이거, 겨울 옷을 준비해야 하는 건가?' 싶다. 하지만 적도 부근의 겨울은 아침저녁으로 바람이 불고 한낮에는 물놀이하기 좋다. 건기라 햇살이 많이 뜨겁긴 해도 습하지 않고 하늘도 맑고 밤공기도 선선해서 좋다.

관광지도 비싼 편은 아니나 동네식당으로 넘어가면 저렴한 물가에 놀란다. 특히 바닷가 근처 오두막에서 오늘 잡은 생선을 숯불에 구워 파는데 우리 돈 5,000원이면 롬복 특유의 매콤한 양념이 가미된 생선요리를 먹을 수 있다. 해상으로 들여와야 하는 공산품 가격은 비싼 편이나 재래시장, 동네식당을 이용할수록 생활비는 줄어든다.

발리만큼 여행자를 위한 인프라가 잘 갖춰져 있지는 않다. 발리 주민 대부분이 관광업에 종사한다면 롬복 주민들은 쌀을 재배하고 생선을 잡고 목축업을 하는 등 1차 산업으로 생계를 유지한다. 숙소도 발리보다 선택의 폭은 좁지만 서서히 늘어나고 있는 추세다. 수영장이 딸린 풀 빌라를 500달러에도 빌릴 수 있다.

대중교통이 미비하여 대안을 찾아야 한다. 얼마 전까지는 스쿠터나 차량을 빌려야 했는데, 최근에는 그랩 서비스가 그 자리를 메우고 있다. 앱을 깔고 카카오택시나 T맵택시처럼 차량을 호출한다. 혹 스쿠터를 직접 렌트하고자 한다면 한 달 대여 비용은 대략 10만 원 선이다.

한국 사람들에게 롬복은 TV 프로그램 〈윤식당〉을 계기로 알려졌다. 길리 트라왕안에 한식당을 열고 아름다운 바다에서 한갓지게 수영을 즐기는 섬 라이프를 다룬 이 프로그램이 인기를 끌면서 덩달아 길리 트라왕안의 본섬인 롬복까지 유명세를 치렀다. 길리 트라왕안과 롬복은 보트로 40여 분 거리다. 롬복은 바다거북과 헤엄을 칠 수 있는 곳으로도 유명하다. 섬 곳곳에서 스노클링을 즐길 수 있으며 남부는 파도가 거칠어서 서핑을 하기에도 좋다.

치앙마이

고아

# 대만 타이난 Tainan, Taiwan
## #식도락여행 #역사도시

대만

타이난

대만 남쪽에 위치한 타이난은 경주나 부여처럼 고즈넉한 역사도시다. 겨울의 타이난은 봄날의 한국처럼 싱그러운 날이 계속된다. 대만 내에서도 미식의 도시로 유명한데 디저트부터 고급 요리에 이르기까지 다양한 대만 음식을 즐길 수 있다. 혹시라도 한국을 떠나 살아야 한다면 타이난에 정착하고 싶다는 생각이 들 만큼 우리가 정말 좋아하는 도시다.

타이난의 겨울 시즌은 한국으로 치면 약간 변덕스러운 날씨의 봄이라고 생각하면 좋다. 어느 날은 더워서 반팔을 입었다가 또 어떤 날은 스웨터에 경량 패딩을 입어야 할 정도로 기온이 내려간다. 때문에 겨울의 타이난을 선택했다면 두꺼운 외투를 입는 대신 얇은 옷 여러 겹을 껴입는 방식을 추천한다.

대만인은 삼시 세끼를 바깥에서 사 먹는 걸 당연하게 생각한다. 덕분에 외식 산업이 발달했다. 우리 돈 2,000~3,000원으로도 고를 수 있는 메뉴가 다양하다. 아침은 샌드위치나 꽈배기처럼 밀가루를 길쭉하게 만들어 튀긴 요우티아오를 또 우장(두유)과 함께 먹는다. 대만에는 조식만 파는 가게들도 꽤 많다. 점심이나 저녁에는 대개 아침보다는 두 배의 돈을 지불해야 하지만 가격 대비 양을 생각한다면 서운함은 금세 가신다.

타이난은 타이베이에 비해 물가가 저렴하다. 숙소가 타이베이처럼 다양하진 않지만 한 달 장기 숙소를 구하기 어렵지 않다. 대만 사람들은 건물 외관에 신경 쓰지 않는다. 우리 눈에는 금방이라도 무너질 것처럼 낡아 보이지만 지진에 대비해 내진설계가 잘돼 있다. 겉모습에 치중하지 않고 내실을 찾는 대만인들의 성향이 건축에서도 고스란히 드러난다. 우리가 구한 방 한 칸 숙소는 400달러 선.

버스 노선이 잘 정비돼 있는 편이지만 배차 간격이 길다. 타이난 중심부에 숙소를 잡고 대중교통을 이용하는 방식을 추천한다. 스쿠터는 대만에서 대중적인 교통수단이다. 최근 우리나라와 대만이 국제운전면허증 상호 인정 양해각서를 체결하면서 손쉽게 스쿠터와 차량을 렌트할 수 있게 되었다.

타이난에서 할 일은 먹고 또 먹는 것이다. 문전성시를 이루는 인기 식당, 몇 대째 이어져 내려오는 전통 음식점, 가판에서 만날 수 있는 수많은 간식거리까지 어딜 가도 보통 이상의 맛을 선사한다. 제대로 된 대만 식도락 여행을 즐기고 싶다면 타이난으로 가자.

# 태국 치앙마이 Chiang Mai, Thailand
## #한달살기성지 #따뜻한겨울

치앙마이

태국

성탄절 분위기가 나지 않는다는 점을 빼면 치앙마이는 겨울을 보내기에 좋은 곳이다. 오죽하면 제주도의 카페, 게스트하우스 사장님들이 겨울철 비수기가 되면 문을 닫고 치앙마이로 한달살기를 떠난다는 말이 있을까. 치앙마이는 모든 면에서 한달살기에 적합한 도시. "거긴 어때요?"라고 묻는 이에게 설명 대신 "가 보면 알 거예요"라고 말할 수 있는 이유다.

추위를 피해 호주나 남미를 가라고 하기엔 너무 멀다. 동남아시아의 많은 도시는 겨울에도 더위와 축축한 기분을 벗어나기 힘들다. 하지만 온화한 기후 덕에 머무는 사람들의 마음마저 부드럽게 만드는 치앙마이라면 겨울을 따뜻하게 보낼 수 있다. 동남아의 저렴한 생활비, 겨울에 부는 산들바람이 한달살러를 반긴다. 다만 3월, 4월은 피하자. 화전 방식으로 농사를 짓기 때문에 이 계절에는 대규모 스모그가 발생한다.

방콕에 비한다면 물가가 절반 정도 저렴하다. 특히 치앙마이 대학교 내에 위치한 로열 프로젝트Royal Project를 추천한다. 상점과 레스토랑을 겸한 곳으로 신선한 유기농 채소와 과일 등을 구매할 수 있다. 모듬 샐러드는 2인분에 천 원도 안 된다. 치앙마이라면 돈 없는 여행자도 원하는 식단에 맞춰 양질의 식사를 할 수 있다.

워낙 장기 여행자가 많은 치앙마이답게 숙소 선택의 폭이 넓다. 에어비앤비로도 숙소를 구할 수 있지만 더 저렴한 방법은 현지에서 집을 찾는 것이다. 3~4일 다리품을 팔며 직접 콘도나 마트 등에 붙어 있는 전단지를 보고 집을 찾으면 된다. 다만 영어나 태국어 소통이 가능해야 한다. 우리가 빌린 숙소는 흡사 휴양지 리조트에 와 있는 듯한 착각에 빠질 만큼 근사했다. 야외 수영장과 체육관 이용이 포함된 집 전체 숙소비는 500달러였다.

 뚝뚝과 송태우가 대중교통 역할을 하지만 장기 여행자는 보통 스쿠터를 빌린다. 렌트비는 월 10만 원 선. 외국에서 합법적으로 운전하기 위해서는 한국에서 2종 소형 면허를 취득한 후 국제운전면허증을 발급, 지참해야 한다.

 새로운 언어 배우기를 좋아하는 여행자라면 치앙마이 대학교 어학원을 추천한다. 월요일부터 금요일까지 하루 세 시간씩 진행되는 15일짜리 코스가 있다. 어학원을 다닐 생각이라면 시기를 잘 조율해서 한달살기를 시작하자. 수업을 받고 나면 식당, 쇼핑몰 등에서 자유롭게 의사전달을 할 수 있게 된다.

# 인도 고아 Goa, India
## #서핑 #파티

인도

고아

고아는 1962년까지 포르투갈의 식민지였다. 때문에 기독교 문화가 주를 이룬다. 고아 사람들은 자신들을 인도보다는 고아 사람Goan이라고 칭하며 스스로를 인도 안에서 별종이라고 생각한다. 고아는 인도 여행자가 기대하는 자유, 히피 문화, 힐링, 그리고 음식까지 그 모든 것들을 충족시킨다.

한여름에 고아는 40도의 폭염이 이어져 더위에 익숙한 주민들조차 야외 활동을 꺼린다. 하지만 겨울만큼은 바다에 들어가기에도, 야외 활동을 즐기기에도 적당한 기온 30도가 유지된다. 약간 더운 정도. 환상적인 날씨 덕분인지 추운 겨울을 피해 크리스마스 휴가를 보내려는 전 세계 여행자들로 북적인다.

해변 부근에는 관광객들을 상대하는 식당이 대부분이다. 현지인 식당은 고아 시내인 파나지Panaji 등에 가야 볼 수 있다. 하지만 걱정은 금물! 관광객 위주의 식당이라고 해도 비용이 저렴한 편이다. 고아 음식은 한국인들 입맛에 잘 맞는다. 해산물이 풍부해서 게와 새우, 생선 요리가 많고 살짝 매콤하게 요리한다. 또 이 지역은 다른 인도 지역과 달리 주류세가 낮아서 술이 물보다 싸다. 술, 음식, 바다를 즐기려는 이들에게 지상낙원과도 같아 장기 체류자가 많다.

외국인 여행자를 위한 방갈로, 단독주택, 게스트하우스 등 다양한 형태의 숙소가 마련돼 있다. 대체로 시설이 노후하지만 그만큼 저렴하다. 단, 겨울 시즌은 평소보다 숙소비가 두세 배 뛰기 때문에 저렴한 숙소는 일찌감치 예약이 필요하다. 우리는 호스트와의 협상을 통해 500달러에 집 한 채를 구했다.

 해변과 시내를 연결하는 미니버스가 있지만 배차 시간이 엉망이다. 스쿠터나 차량을 빌릴 것을 추천한다. 주의해야 할 것은 그 어느 도시보다 사고 장면을 자주 목격하게 된다는 점이다. 연말 분위기에 취해 흥청망청 술 마시고 운전하는 여행자들이 많다. 헬멧은 필수고 늘 주변을 살피고 천천히 운전해야 사고를 피할 수 있다. 스쿠터 렌트비는 한 달 10만 원 선.

 고아의 바다는 백사장이 넓고 파도가 잔잔하다. 어린아이도 물놀이를 즐기기에 좋다. 또 초보가 서핑을 배우기에도 적합해 해변 곳곳에 서핑스쿨이 문을 열고 있다. 비용도 저렴하다. 특히 연말 시즌에 고아를 방문한다면 클러빙도 잊지 말자. 굳이 클럽에 가지 않더라도 이 시기에 여행자들은 방에서도 노래를 틀고 춤을 추고 소리를 지르며 파티를 즐긴다.

**아이와 함께 가면 좋은 도시** 3

린딘

쿠알라룸푸르

방콕

# 잉글랜드 런던 London, England
## #박물관무료 #공원투어

잉글랜드

런던

런던이 의외로 체류비가 적게 든다고 말하면 놀란 토끼 눈이 될지도 모르겠다. 물가가 비싸기로 손에 꼽히는 도시인데 한달살기가 부담스럽지 않다니 아이러니다. 숙소를 해결하고 나면 다른 비용은 크게 줄일 수 있다. 특히 아이와 함께 시간을 보내기 위한 한달살기라면 말이다.

아이의 여름방학에 맞춰 가길 권한다. 런던의 여름은 1년 치 일조량이 쏟아지는 계절이다. 햇볕은 뜨겁지 않고 선선한 바람에 맑은 하늘까지, 뭐 하나 부족함이 없다. 게다가 비가 오는 날도 드물어 아이와 함께 야외활동하기에 좋다. 런던은 도시 면적의 1/3이 녹지이고 이는 전 세계 수도 중에서 가장 높은 비율이다. 서울에서 편의점을 발견하는 빈도로 공원이 가까이 있다. 아이와 함께 화창한 여름날, 공원에서 시간을 보내는 것만으로도 한 달이 부족할 것이다.

런던은 사 먹는 음식값이 워낙 비싸 현지인들도 주로 일찍 귀가해서 집에서 식사를 해결한다. 점심에는 공원에서 과일과 샌드위치 등으로 간단히 해결하는 모습도 쉽게 볼 수 있다. 외출 전 도시락을 준비해 그 틈에서 식사를 즐겨 보자. 또한 영국 박물관, 내셔널 갤러리, 자연사 박물관 등 런던의 웬만한 관람시설은 무료다. 아이들을 위한 체험 프로그램도 누구나 신청하면 참여할 수 있다.

410

런던 한달살기의 단 하나 핸디캡은 숙박비다. 숙소를 찾다 보면 '아, 이래서 런던이구나' 싶다. 런던은 도심과의 거리에 따라 1~9존까지 나뉜다. 우리가 생각하는 런던의 이미지는 2존을 벗어나지 않으며 유명한 관광지는 1존에 몰려 있다. 시간이 많은 한달살기 여행자는 범위를 2~3존 경계까지 넓혀 숙소를 구해도 좋다. 물론 도심에서 멀어질수록 숙소비는 저렴해진다. 매번 지출할 교통비와 이동 시간까지 고려한다면 3존보다는 2존이 낫다. 집 전체를 빌리고자 한다면 2,000달러 정도는 생각해야 한다. 우리가 구한 숙소는 3존에 위치한 방 한 칸이었고 가격은 800달러 선이었다.

411

충전해서 쓰는 교통카드인 오이스터Oyster 카드가 있다. 하루, 일주일, 한 달 정액권이 존재하는데 한 달은 100파운드 정도(1~2존 해당)이고 원하는 날짜부터 사용이 가능하다. 어른과 동반할 경우, 만 10세 이하 어린이는 무료 승차가 가능하다.

한달살기는 좋아하는 것을 두 번, 세 번 할 수 있다는 장점이 있다. 아이가 그림 그리기를 좋아한다면 박물관, 미술관에 여러 차례 방문해 그림을 그릴 수도, 공원에서 놀기를 좋아한다면 매일 공원에 갈 수도 있다. 실제로 박물관에서 드로잉하는 전 세계 어린이들의 모습을 쉽게 목격할 수 있다.

# 말레이시아 쿠알라룸푸르 Kuala Lumpur, Malaysia
## #어학연수 #액티비티

쿠알라룸푸르

말레이시아

쿠알라룸푸르는 아이와 함께하는 한달살기 여행지로 각광받고 있다. 영국의 모교와 연계된 교육기관이 많아 아이 영어 교육을 위한 좋은 선택지가 되어 준다. 뿐만 아니라 영어 및 중국어도 공용 언어라 음식을 시킬 때나 이웃에게 인사를 건넬 때 자연스럽게 영어와 중국어를 사용할 수 있는 환경이다. 외국어 외에도 야외활동 수업이 가능하다. 수영, 피트니스 등 개인 강습도 활발하다. 물가, 인프라, 치안 등 한달살기에 어디 하나 빠지지 않는 쿠알라룸푸르라면 아이에게도 부모에게도 최고의 한달살기가 될 것이다.

쿠알라룸푸르는 1년 내내 고른 기온을 보인다. 다만 건기와 우기로 계절이 나뉜다. 건기는 4~10월, 습도가 조금 덜한 무더위다. 우기는 11~3월인데 하루 종일 비가 오는 게 아니라 하루 서너 차례 강한 소나기가 내린다. 잠시 비를 피하면 다시 여행할 수 있어서 열기를 식혀 주는 우기를 선호하는 여행자도 많다. 쿠알라룸푸르는 도시 곳곳에 수많은 쇼핑몰이 있어 우기나 건기나 여행 시기에 크게 구애받을 필요는 없다.

쿠알라룸푸르를 기반으로 하는 에어아시아가 있어서 항공권을 저렴하게 구할 수 있다. 다른 동남아 국가들보다는 약간 높은 물가 수준을 보이지만 그래도 현지인들이 찾는 식당은 여전히 저렴하고 매력적이다. 골프, 수영 등 레저활동 비용이 한국에 비해 저렴한 점도 이 도시를 추천하는 이유다.

태국, 베트남, 인도네시아에 비해서 숙박비가 비싼 편이지만 그만큼 시설이 좋다. 최근 아이들과 함께 한달살기하러 쿠알라룸푸르에 가는 가족 단위 여행자가 늘면서 방학 기간에는 저렴하고 괜찮은 숙소를 찾기 힘들다. 아이와 함께라면 출발 반년 전부터 예약을 서두르자. 야외수영장과 체육관이 포함된 방 한 칸 숙소의 가격은 350달러.

지하철, 모노레일, 버스 등 대중교통 접근성이 우수하다. 그 밖에 공유 택시(그랩)도 쉽게 이용할 수 있다. 그랩은 수요와 시간대에 따라 금액이 유동적이다. 출퇴근 시간, 쇼핑몰 마감 시간, 비가 내려 이용자가 증가하는 시간 등에는 금액이 오른다. 하지만 두 명 이상이 함께 움직인다면 대중교통보다 좋은 선택이 될 수 있다.

저가항공사의 거점 공항이 있기 때문에 쿠알라룸푸르에서 출발하는 항공권이 무척이나 저렴하다. 온 가족이 쿠알라룸푸르에 머무르면서 인근 도시로 여행 속 여행을 가 보자.

# 태국 방콕 Bangkok, Thailand
## #마사지 #쇼핑

태국

방콕

아이와 밀도 있는 시간을 보내기에 방콕만 한 도시도 없다. 교민 사회 규모가 커서 김치 등 한식을 편하게 주문할 수 있다는 점은 은퇴자들에게도 방콕이 매력적인 이유다. 체류비도 경제적이다. 방콕이라면 아이와 인생 체험을 함께하려는 부모도, 그리고 한달살기가 처음인 은퇴자도 모두 부담 없이 머물 수 있다.

덥고 더 덥고 매우 더운 날씨만이 존재한다는 방콕이지만 몇 가지 특징을 알고 간다면 나쁘지 않다. 우기인 여름에는 강한 스콜이 종종 내리지만 이 소나기가 한차례 지나가면 더위가 잠시 꺾인다. 겨울은 그나마 덜 덥고 밤에는 선선한 바람마저 불어와 여행 최적기다. 가장 피해야 할 계절은 3월, 4월이다. 이때는 태국인들도 밖에 나오기 꺼릴 정도로 무더운 날의 연속이다. 물총을 쏘며 더위를 식히는 송끄란 축제가 이 시기에 열린다.

방콕이라면 매일 밖에서 먹어도 식비가 부담스럽지 않다. 그러나 조미료, 설탕 등을 아낌없이 넣어 음식 자체가 자극적이다. 하루에 한 끼는 집에서 해 먹는 걸 추천한다. 모든 한식을 배달시켜 먹을 수 있고 한식 요리에 필요한 재료도 쉽게 구할 수 있다.

방콕은 숙소 선택의 폭이 가장 넓은 도시다. 월 단위로 머물 수 있는 콘도도 많고 단독주택도 넘친다. 아이와 함께라면 수영장이 딸린 숙소를 추천한다. 아이들은 한 달 내내 수영장에서 놀아도 질리지 않아 하고 자연스럽게 친구를 사귀기에 수영장만 한 곳도 없다. 우리가 구한 집 한 채 숙소는 500달러 선.

지하철, 버스, 수상버스 등을 이용하면 쉽게 목적지에 다다를 수 있다. 대중교통은 구글맵보다는 무빗의 정보가 정확하다. 방콕 택시는 바가지요금으로 악명 높다. 그랩을 이용하면 안전한 여행이 가능하다. 참고로 그랩으로 승용차 대신 스쿠터를 호출할 수도 있다.

방콕은 마사지 천국이다. 매장마다 마사지 10회권 등 가격 프로모션이 있으니 한 달 동안 여유롭게 마사지를 받아도 좋겠다. 최근 방콕에는 전 세계의 주목을 받는 레스토랑과 카페 들이 많이 들어섰다. 몇 주 뒤 예약이 가능한 경우도 있으니 한 달살기를 시작하자마자 준비하고 즐겨보자. 아이를 위한 영어캠프도 손쉽게 찾을 수 있다. 하지만 온전히 아이와 시간을 나누며 웃는 얼굴을 서로에게 보여 주는 것만으로도 방콕에서의 한달살기는 충분히 만족스러울 것이다.

## 물가가 저렴한 도시 3

포카라

달랏

만달레이

# 네팔 포카라 Pokhara, Nepal
## #휴양도시 #트레킹

포카라
네팔

히말라야를 트레킹하는 여행자들의 안식처, 포카라다. 여행자들은 이곳에서 트레킹 여독을 풀며 포카라가 주는 포근함을 만끽한다. 휴양도시로도 유명한 포카라는 호수라는 뜻의 네팔어 '포카리'에서 유래됐다. 페와호수Pewa Lake가 곧 포카라를 의미한다고 할 수 있다. 고즈넉한 호수 풍경과 히말라야의 광대한 자연경관까지 포카라라면 트레킹과 휴양 두 마리 토끼를 잡을 수 있다.

해발고도 900m로 여름에는 시원하고 겨울은 춥지 않다. 다만 햇볕이 무척이나 강해 꼼꼼하게 자외선 차단을 해 줘야 한다. 겨울 시즌 히말라야는 폭설이 내리는 등 기온이 낮은 편이므로 트레킹과 더불어 포카라 한달살기를 계획한다면 겨울은 피하는 것이 좋다.

관광객을 상대하는 여행사나 식당이 많아 물가는 그리 싼 편이 아니다. 우리 돈 5,000원은 줘야 여행자 거리에서 제대로 된 식사를 할 수 있다. 그런데 이는 스테이크, 돈까스, 파스타 그리고 한식이 포함된 가격이다. 포카라를 물가가 저렴한 도시로 꼽은 이유가 여기 있다. 포카라에서 먹는 메뉴를 다른 나라에서 찾는다면 두세 배는 더 들여야 할 것이다.

포카라에는 배낭여행자를 위한 숙소가 많다. 보통 게스트하우스는 장기로 예약하면 가격이 조정된다. 여러 숙소를 둘러보고 직접 가격 흥정에 들어간다. 하루 이틀 정도 먼저 묵어 보고 연장하거나 다른 숙소를 찾으면 된다. 포카라에서는 굳이 에어비앤비를 이용할 이유가 없다.

 여행자들은 보통 현지인과 같은 대중교통을 이용한다. 무척 낡았지만 버스가 다닌다. 또 포카라에는 그저 휴식을 즐기고픈 이들이 대부분이라 여행자 거리를 잘 벗어나지 않게 된다. 오토바이를 렌트하기보다는 천천히 걸으며 평화로이 마을을 둘러보자.

 트레킹을 가지 않는다면 포카라는 한 달씩이나 머물기에는 좀 심심한 구석이 있다. 하지만 호수와 산 등 자연을 즐기고픈 이들에게는 한 달도 모자랄 것이다. 포카라에는 50여 개의 히말라야 트레킹 시작점이 존재한다. 즉 한 달 내내 트레킹을 하며 보내도 된다는 의미다. 트레킹이 끝난 후에는 페와호수에서 뱃놀이, 낚시 등을 즐기며 지친 몸을 녹일 수 있다.

# 베트남 달랏 Da Lat, Vietnam
## #온화한날씨 #커피투어

베트남

달랏

달랏은 별종이다. 베트남인데 베트남이 아닌 것 같은 분위기 때문이다. 우선 달랏은 1년 내내 덥지 않다. 호숫가 주변에 옹기종기 들어선 산속 도시를 여행하다 보면 호찌민의 표정 없는 상인들, 스쿠터의 신경질적인 경적에 지쳐 있던 여행자의 마음이 푸근해진다. 호찌민에서 슬리핑 버스를 타고 여덟 시간을 달리면 달랏에 도착한다. 물론 편하게 인천-달랏 직항 노선을 이용할 수도 있다.

달랏에는 소나무와 전나무가 많다. 열대몬순 기후인 베트남에서 보기 드문 풍경이다. 해발고도 1,500m에 위치한 달랏은 소나무 숲이 만들어 내는 상쾌한 공기가 일품이다. 또한 365일 덥지도 춥지도 않다. 덕분에 '봄의 도시'라는 별명이 생겼다. 겨울에도 따뜻한 햇살이 가득해서 우리나라의 봄 같기도 하다. 여름에도 그다지 덥지 않아 사계절 내내 쾌적한 여행을 즐길 수 있다.

햇살 따뜻한 겨울, 시원한 여름, 저렴한 물가, 내륙도시, 풍부한 농산물, 느긋한 미소 등 달랏은 태국의 치앙마이와 여러모로 닮았다. 하지만 현지 물가는 치앙마이보다 저렴하다. 사람들에게 너무 많이 알려진 치앙마이의 번잡함을 피하고자 한다면 달랏이 좋은 대안이다.

수영장과 체육관이 딸린 숙소는 찾기 힘들다. 해변 리조트보다는 자연휴양림 같은 도시 분위기 때문이다. 달랏은 외국인보다 현지인의 여행지다. 2018년 한 해, 달랏을 찾은 관광객 수는 500만 명. 이 중 95%가 베트남인이라고 한다. 현지인을 대상으로 하는 하숙이 많다. 식당을 겸한 게스트하우스 개념인데 식당 곳곳에서 '룸 렌트'라는 푯말을 볼 수 있다. 물론 에어비앤비에 등록된 저렴한 숙소도 많은 편이다. 우리가 구한 집 한 채 숙소는 350달러 선.

워낙 택시비가 저렴한 베트남이지만 한 달 내내 택시만 이용할 수는 없는 노릇이다. 그렇다고 대중교통이 편리한 것도 아니니 오토바이를 빌리면 좋다. 호찌민, 하노이만큼 악명 높은 운전문화는 아니지만 달랏 사람들도 위험하게 오토바이를 몬다. 반드시 한국에서 면허를 딴 후에 렌트를 해야 사고 수습할 때도 이롭다. 안전 운전, 헬멧도 필수다.

425

달랏은 베트남 커피와 와인의 산지다. 커피 원두 농장을 기반으로 카페들이 성업 중이고 독특한 베트남 커피를 즐기려는 외국 여행자도 점차 늘고 있다. 커피와 관련된 관광 인프라도 부족함이 없다. 현지인들을 위한 카페 투어, 외국인들을 위한 커피 농장 투어 등 커피와 관련된 다양한 프로그램이 마련돼 있다. 달랏 카페는 인테리어, 전망, 커피맛, 가격까지 한국의 내로라하는 카페 못지않다. 달랏은 커피 애호가들의 마음을 훔칠 준비가 되어 있다.

# 미얀마 만달레이 Mandalay, Myanmar
## #오리엔탈리즘 #탁발공양

만달레이
**미얀마**

석가모니는 만달레이 언덕에 올라 2500년 뒤에 위대한 도시가 세워질 거라는 성스러운 예언을 했다. 이 덕분인지 만달레이는 요즘 서양 여행객에게 가장 인기 있는 여행지 중 하나로 꼽힌다. 불교문화의 하나인 파고다(탑)가 도시를 가득 채우고 있어 오리엔탈리즘의 이미지가 강렬하다. 새벽 탁발 공양의 경건함 속에서 한달살기를 해 보자.

한겨울에도 푸르른 풀밭이 가득한 축복받은 땅이다. 겨울은 초가을 날씨처럼 하늘이 푸르고 바람이 선선하다. 하지만 그 외 기간에는 비가 많이 내린다. 대체로 6~10월은 우기라는 점에 유의하자.

현지 물가는 상당히 저렴하다. 단, 여행자를 대상으로 하는 호텔, 식당, 여행사는 그 어느 도시보다 바가지가 심하다. 가능하면 현지인들이 이용하는 '깔끔한' 식당을 이용하자. 아직 위생 개념이 부족해 아무 식당에 들어갔다가는 눈살을 찌푸리는 경험을 하게 될 것이다. 중국과 태국 국경과 가까워 두 나라 음식도 쉽게 맛볼 수 있다. 미얀마 음식이 입에 안 맞는다면 중식당과 태국식당을 찾자.

미얀마는 한 달짜리 숙소를 구하기 힘든 곳이다. 아직까지 외국인이 머물 수 있는 숙소는 호텔이 대부분인데 외국인과 내국인의 요금에 차이를 두는 것을 당연하게 여긴다. 에어비앤비 호스트가 증가하는 추세인데 경제 개방으로 땅값이 가파르게 오르고 있어 숙소비가 상당히 비싸다. 이는 현지 물가에 비해 비싸다는 의미로, 숙소 컨디션에 크게 기대를 걸지 않으면 합리적인 가격에 숙소를 구할 수 있다. 우리가 구한 숙소는 방 한 칸 500달러 선. 매일 빨래와 청소, 조식이 포함된 가격이다.

대중교통이 부족해 현지인은 주로 스쿠터를 탄다. 국제운전면허증이 있으면 여행자도 운전이 가능하나 단속이 무척 심하다. 일방통행 도로가 많은 편이라 길을 잘 모르는 여행자는 단속을 피하기 어렵다. 물가에 비해 벌금 금액도 높고, 경찰서에 가야 하는 등 귀찮은 과정이 잇따른다. 이때 경찰관은 벌금 스티커 대신 약간의 뒷돈을 요구한다. 스쿠터를 이용할 계획이라면 미리 현지인 친구에게 이 경우에 대해 묻고 대비하자.

만달레이는 미얀마 불교의 중심지로 파고다가 730개나 있다. 그만큼 불교 문화를 잘 들여다볼 수 있는 도시다. 금빛으로 뒤덮인 불교 유적의 평화로운 이미지, 때 묻지 않은 순박한 사람들, 우베인 다리U-Bein Bridge의 목가적인 풍경은 덤이다. 겸허한 분위기 속에서 아침마다 이루어지는 탁발 공양도 여행자들을 모여들게 한다.

한달살기 도시 큐레이션

# 한달살기 베스트 도시 3

은덕

파리

푸껫

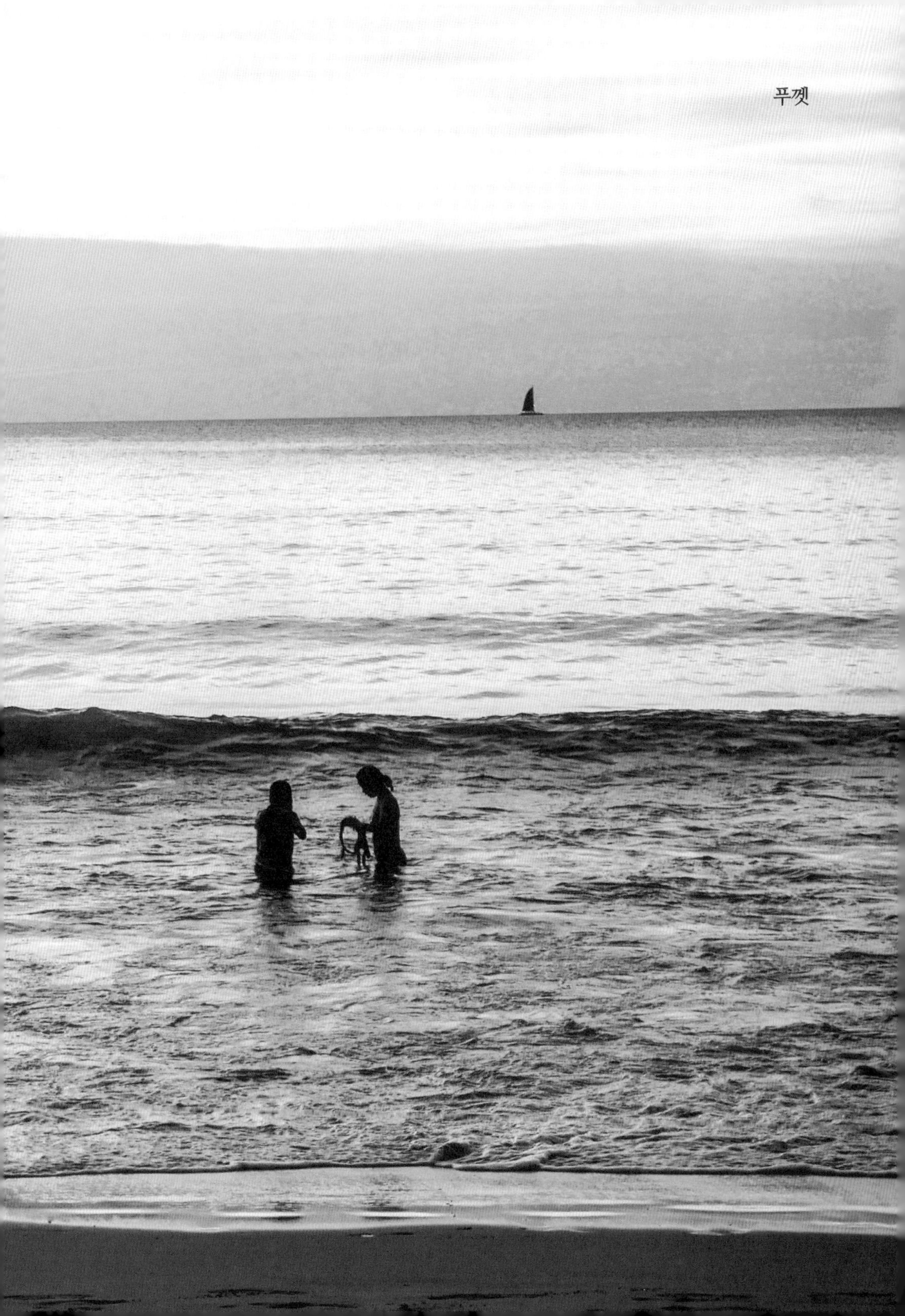

432

부에노스아이레스

# 프랑스 파리 Paris, France
## #낭만의도시 #미술관투어 #파리지앵

파리

프랑스

한달살기의 로망을 채워 줄 단 하나의 도시를 고르자면 프랑스 파리라고 하겠다. 문화와 예술, 음식, 거기에 건축물까지 뭐 하나 빠뜨릴 게 없다. 카페에 앉아 하루 종일 지나가는 사람들만 바라봐도 즐거운 곳이다. 분칠 하나 하지 않고 빨간 립스틱만 발랐을 뿐인데 왜 저렇게 귀티가 나는 것이며, 머플러와 베레모 하나로 어쩜 감쪽같이 단점을 커버했는지 신기한 노릇이다. 아무것도 하지 않아도 눈이 행복한 도시다.

파리는 겨울만 피한다면 언제 가든 여행객을 황홀경에 빠뜨릴 준비가 돼 있다. 여름도 습도가 높지 않아 여행하기 좋다. 봄, 가을은 그야말로 아름답다. 하지만 겨울은 비가 많이 내리고 기온도 낮아 뼈마디가 시리다. 우리가 머문 10월의 파리는 여행하기 최적기였다. 트렌치코트를 입고 낙엽이 수북이 쌓인 골목을 구석구석 걷노라면 어느덧 한달살러도 파리지앵이 된 것만 같은 착각이 든다.

점심시간 공원에서 간단하게 끼니를 때우는 시민들의 모습을 쉽게 볼 수 있다. 직장인과 학생 들이 샌드위치와 과일로 식사를 하는데 그들도 레스토랑의 가격이 부담되기 때문이다. 현지인들도 주로 퇴근길에 장을 봐서 직접 요리를 해 먹거나 짧은 피크닉을 즐기듯 야외에서 간단하게 준비해 온 음식을 먹는 식이다.

파리는 저렴한 비용으로 한 달짜리 숙소를 구하기가 힘든 도시다. 일단 장기 숙박에 대해 우호적인 호스트가 없는 편이다. 열 명의 호스트에게 메시지를 보내면 회신은 세 명한테 올까 말까다. 게다가 할인을 해 달라고 하면 그마저도 줄어든다. 그래서 여행자가 자신이 원하는 지역, 금액으로 파리에서 숙소를 얻게 될 확률이 낮다. 물론 1,500달러 이상을 지불하고자 한다면 상황은 달라지겠지만. 우리가 머문 숙소는 일명 '하녀의 방'이라 불리는 3평짜리 원룸이다. 고급 빌라 안에 마련된, 실제로 하녀가 살던 방인데 최근에는 대학생들이 머물거나 여행자에게 빌려주는 용도로 많이 사용된다. 이마저도 한 달에 800달러 선.

파리 교통카드인 나비고Navigo를 충전해서 사용할 수 있다. 버스, 지하철 등의 무제한 이용이 가능한 정액권 가격은 75.20유로. 매달 1일부터 말일까지 사용 가능하니 월초에 가는 여행객에게 유리하다. 월초에 도착하기 힘들다면 일주일권(22.80유로)을 충전하거나 열 개 묶음인 카르네carnet를 구입하는 방법도 있다. 나비고는 증명사진을 부착하게끔 되어 있으므로 사진이 필요하다.

435

파리 도심은 달팽이집처럼 1구부터 20구까지 구획이 나누어져 있다. 이 구역을 하루에 하나씩 둘러보는 재미가 있다. 구역마다 사는 사람과 그 안의 문화가 다르다. 예를 들어 파리 북동쪽에 위치한 19구는 생 마르탱 운하 주변으로 멋진 산책로가 펼쳐진다. 뷔트 쇼몽과 빌레트 공원이 가까이 있다. 주로 대학생들이 거주하는 밝고 경쾌한 지역이다. 반면 7구와 16구는 전형적인 중산층 지역으로 고풍스러운 건물이 특징이다.

# 태국 푸껫 Phuket, Thailand
## #휴양 #스노클링

태국

푸껫

한때 신혼여행지로 각광받던 태국 푸껫은 이제 한달살기하기에 매우 좋은 도시가 되었다. 은퇴 후 몰려든 외국인들과 일찍 시류를 탄 현지인들이 다양한 외식 산업과 숙소를 운영한다. 우리가 한달살기 도시로 푸껫을 선택한 건 단지 그해 겨울, 인천-푸껫행 편도 7만 원의 저가 항공권을 발견했기 때문이다. 덕분에 푸껫이 이동 비용도, 현지 인프라도 한달살기에 안성맞춤 도시임을 알 수 있었다.

11~2월의 푸껫은 휴양하기 알맞다. 건기인데 1년 중 습도가 가장 낮고 바다에서 물놀이하기에도 적당한 기온이다. 12월 평균 기온 최저 21도, 최고 32도로, 같은 시기 치앙마이나 방콕은 한낮이라도 물에 들어가기 추운 감이 있지만 푸껫이라면 걱정은 노!

푸껫은 태국 내에서 물가가 높은 지역이다. 섬이라는 지리적 특성상 방콕보다 인건비, 물류비 등이 비싸다는 의미지, 과일, 채소, 육류 등은 비슷한 수준이다. 오히려 유럽에서 건너온 외국인들이 자체적으로 공장을 만들어 생산하는 치즈, 햄, 빵 등 육가공품은 저렴하고 질도 좋다. 해변가 근처 레스토랑 대신 로컬 식당을 이용한다면 방콕 수준으로 식사할 수 있다. 해산물 요리는 방콕보다도 저렴하고 신선하다.

태국만큼 외국인을 위한 여행 인프라가 잘 마련된 나라도 드물다. 거기다 오래전부터 장기 여행객들로 넘치는 푸껫은 콘도와 단독주택 등 숙소 선택의 폭도 넓다. 저렴하게 숙소를 잡는 방법은 비수기를 선택해 현지에 가서 직접 다리품을 파는 것이다. 마트에만 가도 광고판에 한 달 단위로 임대하는 숙소가 많이 보인다. 그래도 미리 숙소를 마련하고 싶은 한달살러라면 에어비앤비를 이용하자. 우리가 구한 집 전체(수영장, 체육관 포함) 숙소는 500달러 선.

스쿠터와 자동차 렌트가 일반적이다. 송태우와 툭툭이 있지만 시간 맞춰 타기가 어렵다. 또 숙소를 외곽에 잡으면 이마저도 쉽지 않아 스쿠터는 필수다. 보통 한국 여행객은 국제면허증으로 차량을 빌릴 수 있다. 다만 영국과 일본처럼 차량이 우측으로 다니니 운전에 주의가 필요하다. 스쿠터를 대여할 예정이라면 미리 2종 소형 면허를 발급받아야 한다. 지역 경찰이 수시로 단속한다. 스쿠터 렌트비는 100cc 기준 월 10만 원 선.

푸껫은 태국에서 가장 큰 섬이다. 해변이 60km나 이어져 있고 어디서나 물놀이와 선탠을 즐길 수 있다. 내륙의 푸껫타운에서 현지인들의 일상을 마주하는 재미도 쏠쏠하다. 마트, 병원 등 편의시설도 잘 갖춰진 편이다. 간혹 힐링을 위해 외진 섬을 선택하기도 하는데 한 달씩이나 조용한 섬에서 지내다 보면 도시가 그리워진다. 이런 점에서 섬, 바다, 도시가 함께 있는 푸껫은 한달살기에 적합하다.

437

한달살기 도시 큐레이션

# 아르헨티나 부에노스아이레스 Buenos Aires, Argentina
## #건축투어 #탱고

부에노스아이레스

**아르헨티나**

지구 반대편에서의 한달살기는 어떤 모습일까? 한국과 가장 먼 곳이며 이름만 들어도 아득하게 느껴지는 도시. 머나먼 남미 땅 부에노스아이레스가 나만의 베스트 3 중 하나다.

부에노스아이레스의 겨울은 모피코트를 입어야 할 만큼 춥다. 여름에는 한국만큼 덥지만 냉방기기의 도움을 받기도 어렵다. 워낙 정전이 잦아 에어컨 사용이 어렵기 때문이다. 봄이나 가을을 추천한다. 실제 우리가 방문한 시기는 3월 늦여름으로 남미의 쨍한 햇살과 청명한 바람을 동시에 느끼기 충분했다. 남반구에 위치한 아르헨티나는 우리나라와 계절이 반대.

아르헨티나 사람들은 식사 때마다 고기를 먹고 주말에는 숯불구이 파티를 연다. 저렴하고 맛까지 훌륭한 소고기와 아르헨티나 와인 덕분에, 매끼를 채워도 가격 부담이 적다. 자국 내에서 생산되는 농산물과 과일도 저렴한 편이다. 다만 전자제품을 포함한 공산품은 질도 나쁘고 매우 비싼 편이므로 한국에서 필요한 것들은 모두 챙겨 가자.

남미 여행객은 주로 한인민박에 많이 머무는 편이나 현지인의 삶에 들어가 보길 원한다면 에어비앤비를 추천한다. 숙소는 큰 기대를 하지 않는 편이 좋다. 1970년대 이전에 지어진 건물이 대부분이라 내부 시설이 많이 낡았다. 주의할 점은 우범지대가 워낙 많아 가격이 비싸더라도 가능하면 중산층이 사는 지역을 찾아야 한다는 것. 우리가 머문 레골레타Recoleta는 대표적인 중산층 지역이다. 관광지인 레골레타 묘지가 가깝고 주말에는 벼룩시장이 열린다. 쇼핑센터, 관공서 등이 몰려 있어 비교적 치안도 안전하다. 우리가 구한 집 전체 숙소는 500달러 선.

부에노스아이레스의 지하철 역사는 1913년으로 거슬러 올라간다. 100년도 넘은 이 오래된 지하철은 도시 곳곳을 촘촘히 가로지른다. 여행객은 수베SUBE 카드라고 불리는 교통카드로 지하철과 버스를 이용할 수 있다. 버스 노선도 잘 마련되어 있다. 특히 부에노스아이레스의 버스들은 레트로한 외관으로 유명하다.

439

유럽을 떠나온 이민자들이 자신의 고향을 생각하며 만든 도시가 부에노스아이레스다. 100년 전, 세계 최강 국가 중 하나였던 아르헨티나의 화려한 영광이 건축물에 고스란히 남아 있다. 탱고를 비롯한 다채로운 공연도 즐길 수 있다. 탱고를 배워 볼 수도 있다. 다양한 단계의 과정이 마련돼 있고 수업료도 저렴하다. 밤마다 불야성을 이루며 수십 개의 공연이 펼쳐지는 코리엔테스Corrientes 거리도 놓치지 말자.

한달살기 베스트 도시 3

종민

에든버러

이스탄불

테헤란

# 스코틀랜드 에든버러 Edinburgh, Scotland
# #에든버러페스티벌

스코틀랜드

에든버러

에든버러를 떠나면서 '여름은 항상 이곳에서 보냈으면 좋겠다'는 생각을 했다. 스코틀랜드에 위치한 에든버러는 시도 때도 없이 내리는 비, 우중충한 하늘, 우산을 뒤집어 버리는 강한 바람으로 유명하다. 그래서인지 날 좋은 여름, 이때 아니면 못 논다는 듯 도시 전체를 화끈한 축제의 장으로 만든다. 바로 8월에 열리는 에든버러 페스티벌이다. 이 축제만으로도 에든버러에서 한 달을 머무를 가치가 충분하다.

겨울만큼은 피해야 할 도시다. 대신 여름 시즌은 최고다. 적당한 바람과 보송보송한 습도, 따사로운 햇살까지 이보다 완벽한 날씨는 없다. 다만 일교차가 크니 주의하자. 반팔티, 카디건, 바람막이, 재킷 등 하루 동안 이 모든 옷을 번갈아 입으며 멋을 부리는 여유를 누려 보자.

밖에서 사 먹는 건 비싸고 집에서 만들어 먹는 건 저렴하다. 우리의 경우, 점심식사는 테스코, 리들, 모리슨 등 마트에서 파는 샌드위치와 레토르트 식품으로 해결했다. 사실 공연에 집중하느라 음식은 그저 끼니를 때우는 수준에서 넘겼다. 마트에서 판매하는 샌드위치와 음료, 과자 또는 과일로 구성된 세트 메뉴가 3파운드 정도다.

한마디로 쉽지 않다. 페스티벌 기간인 8월은 6개월 전에도 숙소 잡기가 힘들다. 우리가 묵었던 숙소는 도심에서 버스로 20분 떨어진 한적한 주택가였다. 페스티벌 기간이 되면 호스트는 세 개의 방을 모두 여행자에게 내주고 자신은 거실에서 토끼와 잠을 잤다. 마당에도 여행자를 위해 텐트를 설치했으니 이 기간에 얼마나 많은 여행객이 몰리는지 짐작이 갈 것이다. 우리가 구한 방 한 칸 숙소는 700달러 선. 에든버러에서 여름 한달살기를 하려면 1년 전부터 준비하자.

에든버러에는 리다카드Ridacard라는 교통패스가 있다. 4주 정액권(57파운드+카드 발급비 3파운드)을 충전해서 사용할 수 있다. 에든버러 웨블리 기차역Edinburgh Waverley에 위치한 로디안 버시스 트래블숍Lothian Buses Travelshop에서 구매할 수 있으며 카드 발급 시 현장에서 사진을 찍어 부착해 준다.

에든버러 페스티벌의 꽃이라고 불리는 로열 밀리터리 타투는 평생에 꼭 한 번 볼 만한 공연이다. 오직 이 공연을 보기 위해서 20만 명이 에든버러를 찾는다.

# 튀르키예 이스탄불 Istanbul, Türkiye
## #오스만제국 #비잔틴제국 #이슬람국가

이스탄불

**튀르키예**

이스탄불은 세 번에 걸쳐 한달살기를 경험한 특별한 도시다. 아시아와 유럽 대륙 모두에 발을 딛고 있는 이 도시는 너무 매력적이어서 갈 때마다 경이롭다. 세상에 이렇게 드라마틱한 해협이 또 있을까 싶은 정도로 아름다운 보스포루스Bosporus는 한시도 지루할 틈이 없다. 해협을 건너면서 돌고래를 만나는 경험도 반갑다. 2022년 7월 현재, 환율 상황은 1리라에 한화 80원 정도다. 현지 물가가 한국보다 낮은 데다 환차익으로 더욱 저렴하게 여행할 수 있다.

448

계절에 구애받지 않고 떠나도 좋을 도시다. 바르셀로나만큼 날이 좋다고 하면 과장일까? 0도 이상을 유지하는 한겨울, 35도 이상을 넘지 않는 한여름까지, 양 극단을 오가는 추위와 더위는 존재하지 않는다. 물론 휴대용 선풍기, 전기장판 등 계절에 맞게 어느 정도 준비는 필요하다.

환율 하락으로 지금 이스탄불은 방콕 수준으로 물가가 낮다. 하지만 관광지에 가면 사정이 다르다. 환율이 내려간 틈을 타 관광업 종사자들이 재빠르게 식당, 투어 프로그램 등의 가격을 올려 버렸다. 그래서 관광지 위주로 이스탄불을 여행하는 사람은 여전히 비싼 물가를 경험한다. 하지만 로컬로 들어가면 이래도 되나 싶을 정도로 낮은 물가를 실감할 수 있다.

튀르키예 전역이 바겐세일이라고 할 만큼 물가가 저렴하다. 5성급 호텔도 10만 원이면 머물 수 있다. 달러가 필요한 현지인들에게 에어비앤비는 좋은 부업이 되어 준다. 때문에 숙소 선택의 폭이 굉장히 넓고 300달러로 한달살기가 가능하다. 물론 방 한 칸을 쓸 경우지만. 숙소비를 줄이는 대신 이스탄불의 다양한 볼거리, 즐길 거리, 음식 등 더 많은 경험을 채울 수 있다. 우리가 구한 방 한 칸 숙소는 350달러 선.

교통카드인 이스탄불 카르트Istanbul Cart 하나면 트램, 버스, 지하철, 페리까지 이용할 수 있다. 필요한 금액을 충전해서 사용한다. 대중교통 요금도 저렴해 한 번 탑승할 때마다 우리 돈 500원 정도를 지불한다. 환승 시스템도 잘 갖춰져 있어 다른 교통수단으로 갈아타는 경우에도 부담이 없다. 단, 같은 교통수단으로 갈아타면 환승 할인이 안 된다. 하나의 카드로 여러 사람이 이용할 수 있지만 한 달살기를 할 예정이라면 각자의 카드를 준비하길 권한다.

발길 닿는 곳마다 웅장한 역사를 품은 곳이 이스탄불이다. 비잔틴제국과 오스만 제국이 이 도시를 세웠고 제국의 신앙에 따라 기독교와 이슬람교의 흔적들이 곳곳에 남았다. 이스탄불 뮤지엄 패스로 그 유적을 살펴볼 수 있다. 주요 관광지를 둘러본 다음에는 서울보다 여섯 배가 넓은 이스탄불 구석구석을 살펴보자.

# 이란 테헤란 Tehran, Iran
## #환대의도시 #오해의땅

테헤란

이란

아라비아반도와 인도 사이에 위치한 이란은 '환대'라는 독특한 문화를 가지고 있다. 지도를 보고 있으면 직접 목적지까지 안내해 주겠다는 사람은 기본이고 택시비를 내주는 사람도 있을 정도다. 길을 걷다 만난 이란인들은 어느 나라에서 왔는지, 이름은 무엇인지, 여기는 왜 왔는지 꼭 물어본다. 도시 전체가 우리를 환대해 주는 느낌이다.

막상 테헤란을 말하면 중동의 모래사막을 연상하는 분들이 꽤 있다. 건조한 기후는 맞지만 이래 봬도 서울 못지않은 대도시다. 여름에는 40도에 육박하는 극한의 더위가 기승을 부린다. 겨울은 영하권으로 떨어지지 않지만 산유국의 위엄을 보이려는 듯 온 도시가 난로 같다. 11월의 테헤란은 춥지도 덥지도 않은 전형적인 가을 날씨다. 대신 일교차가 심하니 11월에도 두꺼운 점퍼는 필요하다.

일반 가정의 전기요금이 한 달에 5,000원, 휘발유는 1리터에 500원인 나라다. 물가는 무척 저렴하지만 외국인에게 받는 호텔, 입장료 등은 이에 비해 비싸다. 특히 택시 기사들은 담합이나 한 듯 외국인에게 바가지를 씌운다. 수입에 의존하는 공산품의 가격도 비싸다. 위로가 되는 것은 대중교통과 통신요금이 엄청나게 저렴하다는 것과 로컬 식당의 음식과 석류와 같은 과일, 그리고 견과류가 무척이나 싸다는 점이다. 또한 현지인들의 저녁식사 초대로 돈 쓸 기회가 없기도 하다.

한달살러가 이란에서 겪는 최대 난관이라면 바로 숙소다. 미국 기업인 에어비앤비 서비스를 허용하지 않는다. (맥도날드도 없다. 의외로 코카콜라는 존재한다.) 외국인 여행자는 정부가 허가한 호텔에서만 머물 수 있다. 여행자와 현지인 숙박요금이 별도로 존재한다. 가이드북에서 소개하는 저렴한 호텔은 1박에 3만 원 정도다. 우리가 머문 호텔 Asia Hotel은 조식이 없고 인터넷을 제공하지 않는 대신 1박에 25,000원이었다.

 지하철과 버스 시스템이 잘돼 있고 요금은 200원 가량이다. 충전식 교통카드도 존재한다. 시민의식은 우리 기준과 다르니 각오해야 한다. 지하철 안쪽은 텅텅 비어 있어도 출입구만 복잡하게 얽혀 있는 건 기본이고 '내린 후 탑승'이라는 개념도 희박하다. 또한 남녀 칸이 별도로 존재하므로 주의해서 승차해야 한다.

 자신의 집에 초대하겠다는 사람을 자주 만날 수 있다. 이 집 저 집 옮겨 다니며 그들과 어울리다 보면 금세 한 달이 지나간다. 비자 발급도 어렵고 항공권도 비싸며 숙소도 찾기 어려워 여러모로 악조건을 갖춘 도시지만 이들의 환대문화를 경험하고 나면 신이 사랑하는 도시에 다녀왔다는 기분이 든다. 단, 여성 여행객은 히잡을 써야 하고 대중교통은 여성칸을 이용해야 하는 등 제약이 많다. 남자들의 노골적인 시선도 감내해야 한다.

# 도시 점수표

*평점은 ★ 5개가 만점.

| 순위 | 도시 | 도시 규모 | 대중교통 | 즐길거리 | 음식 | 숙소 | 물가 | 의료 | 평점 | 비고 |
|---|---|---|---|---|---|---|---|---|---|---|
| 1 | 빌바오 | ★★★★ | ★★★★★ | ★★★★★ | ★★★★★ | ★★★★ | ★★ | ★★★★★ | ★★★★☆ | 유럽 |
| 2 | 바르셀로나 | ★★★★★ | ★★★★★ | ★★★★★ | ★★★★ | ★★★ | ★★★ | ★★★★★ | ★★★★☆ | 유럽 |
| 3 | 치앙마이 | ★★★ | ★★ | ★★★★★ | ★★★★★ | ★★★★★ | ★★★★★ | ★★★ | ★★★★ | 아시아 |
| 4 | 이스탄불 | ★★★★★ | ★★★★★ | ★★★★★ | ★★★ | ★★★★ | ★★★★ | ★★ | ★★★★ | 아시아 |
| 5 | 타이베이 | ★★★★ | ★★★★★ | ★★★★ | ★★★★ | ★★★ | ★★★★ | ★★★★ | ★★★★ | 아시아 |
| 6 | 쿠알라룸푸르 | ★★★★ | ★★★★★ | ★★★ | ★★★ | ★★★★★ | ★★★★★ | ★★★ | ★★★★ | 아시아 |
| 7 | 방콕 | ★★★★★ | ★★★★ | ★★★ | ★★★ | ★★★★ | ★★★ | ★★★ | ★★★☆ | 아시아 |
| 8 | 부에노스아이레스 | ★★★★ | ★★★★ | ★★★ | ★★★★★ | ★★★ | ★★★ | ★★★★ | ★★★☆ | 미주 |
| 9 | 이즈미르 | ★★★★ | ★★★★ | ★★★★ | ★★★★ | ★★★ | ★★★★★ | ★★★ | ★★★☆ | 아시아 |
| 10 | 발리 | ★★ | ★ | ★★★★★ | ★★★★ | ★★★★★ | ★★★★★ | ★★ | ★★★☆ | 아시아 |
| 11 | 파리 | ★★★★★ | ★★★★ | ★★★★★ | ★★★ | ★★ | ★ | ★★ | ★★★☆ | 유럽 |
| 12 | 세비야 | ★★★ | ★★★ | ★★ | ★★★★ | ★★★ | ★★★ | ★★★★★ | ★★★☆ | 유럽 |
| 13 | 트빌리시 | ★★★ | ★★★ | ★★ | ★★★★★ | ★★★ | ★★★★★ | ★★ | ★★★☆ | 아시아 |
| 14 | 쿤밍 | ★★★★ | ★★★★ | ★★ | ★★★ | ★★★ | ★★★ | ★★★ | ★★★☆ | 아시아 |
| 15 | 호찌민 | ★★★ | ★★ | ★★ | ★★ | ★★★★ | ★★★★★ | ★★ | ★★★ | 아시아 |
| 16 | 도쿄 | ★★★★★ | ★★★★ | ★★★★ | ★★★ | ★ | ★ | ★★★ | ★★★ | 아시아 |
| 17 | 멘도사 | ★★★ | ★★★ | ★★★ | ★★★★ | ★★ | ★★★ | ★★★ | ★★★ | 미주 |
| 18 | 삿포로 | ★★★★ | ★★★ | ★★★ | ★★★★ | ★ | ★★ | ★★★ | ★★☆ | 아시아 |
| 19 | 가오슝 | ★★★ | ★★ | ★★ | ★★★ | ★★★ | ★★★★ | ★★ | ★★☆ | 아시아 |
| 20 | 뉴욕 | ★★★★★ | ★★★★ | ★★★★★ | ★★★ | ★ | ★ | ★ | ★★☆ | 미주 |
| 21 | 타이난 | ★★ | ★★ | ★★ | ★★★★ | ★★ | ★★★★ | ★★★ | ★★☆ | 아시아 |
| 22 | 런던 | ★★★★★ | ★★★★ | ★★★★ | ★ | ★ | ★ | ★★ | ★★☆ | 유럽 |
| 23 | 취리히 | ★★★ | ★★★★★ | ★★★ | ★★ | ★ | ★ | ★★★ | ★★☆ | 유럽 |
| 24 | 피렌체 | ★★ | ★★ | ★★★ | ★★★ | ★ | ★ | ★★★★ | ★★☆ | 유럽 |
| 25 | 푸껫 | ★★ | ★ | ★ | ★★★★ | ★★★★ | ★★★ | ★ | ★★☆ | 아시아 |
| 26 | 테헤란 | ★★★ | ★★ | ★★★ | ★★★ | ★ | ★★★ | ★ | ★★☆ | 아시아 |
| 27 | 고아 | ★ | ★ | ★ | ★★★★ | ★★★ | ★★★★ | ★ | ★★ | 아시아 |
| 28 | 포카라 | ★ | ★ | ★★ | ★★ | ★★★ | ★★★★★ | ★ | ★★ | 아시아 |
| 29 | 마요르카 | ★★ | ★★ | ★ | ★★ | ★ | ★★ | ★★★★ | ★★ | 유럽 |
| 30 | 달랏 | ★★ | ★ | ★★ | ★ | ★★ | ★★★★★ | ★ | ★★ | 아시아 |
| 31 | 만달레이 | ★★ | ★★ | ★★ | ★★ | ★★ | ★★★ | ★ | ★☆ | 아시아 |
| 32 | 에든버러 | ★★ | ★★★ | ★★ | ★ | ★ | ★ | ★★ | ★☆ | 유럽 |
| 33 | 롬복 | ★ | ★ | ★ | ★★ | ★★ | ★★★★ | ★ | ★☆ | 아시아 |
| 34 | 더블린 | ★★★ | ★★ | ★★ | ★ | ★ | ★ | ★ | ★☆ | 유럽 |

| | |
|---|---|
| 도시 규모 | 한 달 동안 둘러보기에 적당한 도시 규모 |
| 대중교통 | 버스, 지하철, 트램 등 대중교통 여부와 한 달 정액권 및 가격 |
| 즐길거리 | 역사, 미술사적 의미, 다양한 문화적 특성 |
| 음식 | 선택의 폭(채식, 재료의 다양성 등)이 넓은 음식 문화 여부 |
| 숙소 | 에어비앤비를 비롯한 숙소 선택의 폭과 장기 숙박비 규모 |
| 생활물가 | 한 달을 머무는 동안 필요한 생필품 및 식재료 물가 |
| 의료 | 의료시설 접근성과 시설의 위생, 진료비 규모와 도시 내 종합병원 존재 여부 |

# 작가의 말

66
여기까지 오느라 수고 많았습니다.
한달살기를 위한 기본사항을 모두 숙지하셨으니
이제 당장 떠나셔도 좋습니다.
99

《한 달에 한 도시》라는 에세이를 낸 뒤 한달살기를 꿈꾸는 많은 분들을 만났습니다. 한결같이 어디서부터 시작해야 할지 막막하다고 하시더군요. 처음부터 살아 보는 여행의 전문가였을 것 같지만 저희에게도 첫 한달살기의 추억이 있습니다.

쿠알라룸푸르의 숙소는 설명된 내용과 달랐습니다. 호스트는 연락도 잘 되지 않았습니다. 이럴 때 어찌해야 하는지 물어볼 곳도 없었습니다. 그때만 해도 숙박 공유 플랫폼 사용자도 별로 없었고, 한국에서 한달살기는 너무 낯선 여행법이었으니까요. 직접 에어비앤비 싱가포르 지사에 가서 해결책을 묻고 나서야 답을 얻을 수 있었습니다. 하지만 이미 마음에 상처를 받은 우리에게 쿠알라룸푸르는 다시는 가고 싶지 않은 도시가 되어 버렸습니다.

그 후로 7년이 흐른 뒤에야 다시 쿠알라룸푸르에 갔습니다. 이 도시는 한달살기에 충분히 좋은 조건을 가지고 있었습니다. 다시 한 달을 머물며 평생 이어 갈 현지의 인연도 만났습니다. 이렇게 즐거운 도시에서 우리는 왜 행복하게 못 지냈을까 싶더군요. 결국 두 번째 쿠알라룸푸르 한달살기를 끝내고 이 도시가 문제였던 게 아니라 2013년의 우리가 살아 보는 여행을 즐길 줄 몰랐음을 알게 되었습니다. '살아 보는 여행을 위한 가이드북이 있었다면 이런 시행착오를 줄일 수 있었을 텐데' 하고 생각했습니다.

생애 첫 한달살기를 실행하기 어려운 건 이런 마음이 아닐까 싶어요. 한 달이란 귀한 시간을 잘 보내고 싶은데 낯선 도시에서 마주해야 하는 막막함과 두려움이 발목을 잡는 거죠. 이제 이 책을 가이드 삼아 출발하시면 되니 용기 내세요. 저희는 앞으로도, 가능하면 평생토록 살아 보는 여행을 떠날 겁니다. 언젠가 여러분과 한달살기 도시에서 만나길 기대하겠습니다.

이 책을 쓰며 여러분 모두에게 바쁨을 잠시 내려놓고 자신을 들여다볼 한 달이란 시간이 공평하게 주어지기를 바랐습니다. 여행 말고 한달살기, 살아 보는 여행이 시작되면서 저희 삶에 많은 것들이 변했습니다. 여러분도 선물 같은 한달살기를 경험하시길 간절히 바랍니다.

2020년 1월
김은덕, 백종민

# 개정판 작가의 말

2020년 1월, 이 책의 초판을 내고 바로 팬데믹 상황에 처했던 기억이 납니다. 많은 분들이 책을 읽고 용기 내어 한달살기를 떠날 수 있기를 바랐는데, 뜻하지도 않은 전염병이 우리의 발목을 잡더군요. 시간도, 돈도, 체력도 있을 때 떠나는 게 여행이라는데, 이제는 전염병이라는 불편한 옵션 하나가 더 붙었습니다. 이렇게 떠나지 못할 이유가 점점 늘어 가는 와중에 개정판을 내게 되었습니다.

　그럼에도 우리는 왜 한달살기를 떠나는 것일까? 팬데믹 상황 속에 누구보다 먼저 스위스, 조지아, 튀르키예에서 한달살기를 하며 이 질문을 떠올려 보았습니다. 한달살기는 무뎌진 칼날을 세우는 숫돌, 연마석 같은 게 아닐까 싶어요. 한곳에서 정주하며 오래 머물다 보면 삶이, 일상이 무뎌지는 순간이 있습니다. 하지만 한달살기라면 그리고 저희처럼 1년에 서너 달씩 말이 안 통하는 외국을 계속 여행하다 보면, 삶의 엣지를 잃지 않을 수 있더군요. 긴장감과는 조금 다른, 새로운 것을 즐길 수 있는 여유라고 하면 좋겠습니다.

한 달씩 어딘가에 머물면 우리가 알던 삶의 모습 외에 정말 다양한 인생이 존재하는구나 느낄 수 있습니다. 내가 아는 세상이 전부가 아니며, 내 머리에 존재하는 것들로 판단할 수 있는 세상보다 그럴 수 없는 세상이 더 넓다는 사실을 깨닫게 되죠. '그건 틀렸어'라고 단정하지 않고 늘 '그럴 수도 있지'라고 되뇌고요. 나이가 든다는 건 슬프게도 머리가 굳는다는 의미입니다. 저희도 어쩔 수 없이 살아온 경험에 빌어서 모든 걸 판단하게 되더군요. 그런 저희에게 한달살기는 우리가 아는 한 가장 명징한 가르침입니다. 그래서 저희는 팬데믹에도 한달살기를 멈출 수 없었나 봅니다.

늘 떠나고 싶은 한달살기. 꼭 떠나야만 한다면 무엇보다 안전하게, 불안감을 최대한 덜고 떠나시기를 바라며, 개정판을 세상에 내놓습니다.

2022년 9월
김은덕, 백종민

457

# 사진 설명

# 도시명 찾아보기

459

460

461

# 여 행 말 고 한 달 살 기
Don't Be Trip, Just Stay

ⓒ 김은덕, 백종민, 배중열 Printed in Korea

2판 3쇄 2023년 12월 15일
2판 1쇄 2022년 10월 20일
1판 3쇄 2020년 6월 10일
1판 1쇄 2020년 1월 10일
ISBN 979-11-89385-33-0

지은이. 김은덕, 백종민
그린이. 배중열
펴낸이. 김정옥
편집. 김정옥, 조용범
마케팅. 황은진
디자인. 이지은, 풀밭의 여치
종이. 한승지류유통
제작. 정민문화사
물류. 런닝북

펴낸곳. 도서출판 어떤책
주소. 03706 서울시 서대문구 성산로 253-4, 402호
전화. 02-333-1395
팩스. 02-6442-1395
전자우편. acertainbook@naver.com 블로그. blog.naver.com/acertainbook
페이스북. www.fb.com/acertainbook 인스타그램. www.instagram.com/acertainbook_official

안녕하세요, 어떤책입니다. 여러분의 책 이야기가 궁금합니다.

블로그 acertainbook.blog.me
페이스북 www.fb.com/acertainbook
인스타그램 www.instagram.com/acertainbook_official

점선을 따라 가위로 오려서 보내 주세요. 우표 없이 우체통에 넣으시면 됩니다. ✂

보내는 분

이름

주소

이메일

도서출판 어떤책

03706 서울시 서대문구 성산로 253-4 402호

a certain book

우편요금
수취인 후납

발송유효기간
2023.7.1~2025.6.30
서대문우체국
제40454호

저희 책을 읽어 주셔서 감사합니다. 독자엽서를 보내 주시면 지난 책을 돌아보고 새 책을 기획하는 데 참고하겠습니다.

1. 《여행 맞고 한달살기》를 구입하신 이유

2. 구입하신 서점

3. 한달살기를 떠나고 싶은 도시는 어디인가요?

4. 김은덕, 백종민 작가에게 하고 싶은 말씀이나 궁금하신 점

5. 출판사에 하고 싶은 말씀

보내 주신 내용은 어떤책 SNS에 무기명으로 인용될 수 있습니다. 이해 바랍니다.